Angelika Caputo · Ludwig Fahrmeir
Rita Künstler · Stefan Lang
Iris Pigeot-Kübler · Gerhard Tutz

Arbeitsbuch Statistik

Fünfte, verbesserte Auflage

Springer

Dr. Angelika Caputo
Novartis Pharma AG
4056 Basel
Schweiz
angelika.caputo@novartis.com

Prof. Dr. Ludwig Fahrmeir
Universität München
Institut für Statistik
Ludwigstraße 33/II
80539 München
ludwig.fahrmeir@stat.uni-muenchen.de

Dr. Rita Künstler
Rita_Kuenstler@web.de

Prof. Dr. Stefan Lang
Universität Innsbruck
Institut für Statistik
Universitätsstraße 15
6020 Innsbruck
Österreich
stefan.lang@uibk.ac.at

Prof. Dr. Iris Pigeot-Kübler
Universität Bremen
ZWE BIPS
Linzerstraße 10
28359 Bremen
pigeot@bips.uni-bremen.de

Prof. Dr. Gerhard Tutz
Universität München
Institut für Statistik
Akademiestraße 1/IV
80799 München
gerhard.tutz@stat.uni-muenchen.de

ISBN 978-3-540-85082-3

e-ISBN 978-3-540-85083-0

DOI 10.1007/978-3-540-85083-0

Springer-Lehrbuch ISSN 0937-7433

Bibliografische Information der Deutschen Nationalbibliothek
Die Deutsche Nationalbibliothek verzeichnet diese Publikation in der Deutschen Nationalbibliografie; detaillierte bibliografische Daten sind im Internet über http://dnb.d-nb.de abrufbar.

Herstellung: le-tex publishing services oHG, Leipzig
Umschlaggestaltung: WMX Design GmbH, Heidelberg

Gedruckt auf säurefreiem Papier

9 8 7 6 5 4 3 2 1

springer.de

Vorwort

Das vorliegende Arbeitsbuch dient zur Vertiefung der Lehrinhalte des 1997 in erster Auflage im Springer-Verlag erschienenen Lehrbuchs *Statistik – Der Weg zur Datenanalyse* von L. Fahrmeir , R. Künstler, I. Pigeot und G. Tutz. Es enthält einen Großteil der im obigen Buch bereitgestellten Aufgaben und deren Lösungen. Ergänzend werden Aufgaben mit Lösungen angegeben, die sich in Übungen bewährt haben oder in Klausuren zum Einsatz kamen. Dabei werden sämtliche Kapitel des Lehrbuchs abgedeckt, d.h. im einzelnen werden Aufgaben zu Methoden der deskriptiven und explorativen Datenanalyse, der induktiven Statistik, der Regressions- und Varianzanalyse sowie der Analyse von Zeitreihen und zu den Grundlagen der Stochastik gestellt. Bei den Lösungen wird auf die entsprechenden Abschnitte des Lehrbuchs verwiesen, um so eine Nutzung beider Materialen als Lehreinheit zu ermöglichen. Selbstverständlich kann diese Aufgabensammlung auch unabhängig vom obigen Lehrbuch zur Einübung statistischer Methoden genutzt werden. Als Erweiterung zu diesen Aufgaben, die mit Papier und Bleistift gelöst werden können, dienen Computeraufgaben, die in umfassender Weise bestimmte Themenkomplexe anhand größerer Datensätze behandeln. Die Datensätze entstammen realen Fragestellungen, die im ersten Kapitel des Lehrbuchs ausführlich vorgestellt werden. Sowohl die Originaldaten als auch die Lösungen der Computeraufgaben können via Internet
`http://www.stat.uni-muenchen.de/~fahrmeir/uebbuch/uebbuch.html`
abgerufen werden. Bei der Erstellung dieser Aufgabensammlung sind zahlreiche Aufgaben aus früheren Übungen und Klausuren eingeflossen, deren Urheber uns im einzelnen nicht mehr bekannt waren. Ihnen allen gilt unser ganz besonderer Dank. Bedanken möchten wir uns zudem bei all denjenigen, die uns reale Daten zur Verfügung gestellt haben. Für die sorgfältige Erstellung eines großen Teils des LaTeX-Manuskripts sei Thomas Billenkamp, Anne Goldhammer, Dieter Gollnow, Alexander Jerak, Tobias Lasser, Rainer Vollnhals und Dietmar Walbrunn herzlich gedankt. Schließlich gilt unser Dank dem Springer-Verlag für die stets gute Zusammenarbeit und besonders Herrn Müller für die Anregung zu diesem Arbeitsbuch.

München
im April 1999

Angelika Caputo
Ludwig Fahrmeir
Rita Künstler
Stefan Lang
Iris Pigeot
Gerhard Tutz

Vorwort zur zweiten Auflage

Bei der vorliegenden Auflage handelt es sich um eine durchgesehene und korrigierte Version der Erstauflage des Buches. Wir bedanken uns bei Rüdiger Krause und Günter Rasser für Hinweise auf Fehler und für Verbesserungsvorschläge.

München
im Oktober 2000

Angelika Caputo
Ludwig Fahrmeir
Rita Künstler
Stefan Lang
Iris Pigeot
Gerhard Tutz

Vorwort zur dritten Auflage

Die vorliegende Auflage enthält ein zusätzliches Kapitel (Kapitel 15), das kapitelübergreifende Aufgaben enthält. Bei der Bearbeitung werden Methoden aus unterschiedlichen Abschnitten des Buches benötigt. Wir bedanken uns bei Jochen Einbeck, Günter Raßer und unseren Studenten für Hinweise auf Fehler und Verbesserungen.

München
im März 2002

Angelika Caputo
Ludwig Fahrmeir
Rita Künstler
Stefan Lang
Iris Pigeot
Gerhard Tutz

Vorwort zur vierten Auflage

In dieser Auflage sind zahlreiche Aufgaben an das Eurozeitalter angepaßt. Die Aufgaben zum Münchener Mietspiegel basieren nicht mehr auf dem Mietspiegel von 1994, sondern dem aktuellen Mietspiegel für München 2003. Einige Fehler in den Lösungen der Aufgaben wurden beseitigt. Wir bedanken uns bei Jochen Einbeck und unseren Studenten für Hinweise auf Fehler und Verbesserungen.

München
im Juli 2004

Angelika Caputo
Ludwig Fahrmeir
Rita Künstler
Stefan Lang
Iris Pigeot
Gerhard Tutz

Vorwort zur fünften Auflage

Diese Auflage enthält im Vergleich zur vierten Auflage circa 50 Seiten neue Aufgaben mit dazu gehörenden Lösungen. Einige weniger interessante bzw. veraltete Aufgaben wurden gestrichen. Wir bedanken uns bei Oliver Joost, Sylvia Schmidt, Nikolaus Umlauf und Peter Wechselberger für die Unterstützung bei der Erstellung der neuen Aufgaben.

Innsbruck und München
im Juli 2008

Angelika Caputo
Ludwig Fahrmeir
Rita Künstler
Stefan Lang
Iris Pigeot
Gerhard Tutz

Inhaltsverzeichnis

1

Einführung

Aufgaben

Aufgabe 1.1

Diskutieren Sie die im Rahmen des Münchener Mietspiegels erhobenen Merkmale Nettomiete, Wohnfläche, Baualter, Zentralheizung, Warmwasserversorgung, Lage der Wohnung und Ausstattung des Bads hinsichtlich ihres jeweiligen Skalenniveaus. Entscheiden Sie zudem, ob es sich um diskrete oder stetige bzw. quantitative oder qualitative Merkmale handelt.
(Lösung siehe Seite 3)

Aufgabe 1.2

Um welchen Studientyp handelt es sich bei

(a) dem Münchener Mietspiegel,
(b) den Aktienkursen,
(c) dem IFO-Konjunkturtest?

(Lösung siehe Seite 3)

Aufgabe 1.3

Eine statistische Beratungsfirma wird mit folgenden Themen beauftragt:

(a) Qualitätsprüfung von Weinen in Orvieto,
(b) Überprüfung der Sicherheit von Kondomen in der Produktion,
(c) Untersuchung des Suchtverhaltens Jugendlicher.

Als Leiterin oder Leiter der Abteilung Datenerhebung sollen Sie zwischen einer Vollerhebung und einer Stichprobenauswahl zur Gewinnung der benötigten Daten entscheiden. Begründen Sie Ihre Entscheidung.
(Lösung siehe Seite 3)

Aufgabe 1.4

Eine Firma interessiert sich im Rahmen der Planung von Parkplätzen und dem Einsatz von firmeneigenen Bussen dafür, in welcher Entfernung ihre Beschäftigten von der Arbeitsstätte wohnen und mit welchen Beförderungsmitteln die Arbeitsstätte überwiegend erreicht wird. Sie greift dazu auf eine Untersuchung zurück, die zur Erfassung der wirtschaftlichen Lage der Mitarbeiterinnen und Mitarbeiter durchgeführt wurde. Bei der Untersuchung wurden an einem Stichtag 50 Beschäftigte ausgewählt und zu folgenden Punkten befragt:

- Haushaltsgröße (Anzahl der im Haushalt lebenden Personen),
- monatliche Miete,
- Beförderungsmittel, mit dem die Arbeitsstätte überwiegend erreicht wird,
- Entfernung zwischen Wohnung und Arbeitsstätte,
- eigene Einschätzung der wirtschaftlichen Lage mit 1 = sehr gut, ..., 5 = sehr schlecht.

(a) Geben Sie die Grundgesamtheit und die Untersuchungseinheiten an.
(b) Welche Ausprägungen besitzen die erhobenen Merkmale, und welches Skalenniveau liegt ihnen zugrunde?
(c) Welcher Studientyp liegt vor?

(Lösung siehe Seite 3)

Lösungen

Lösung 1.1

Nettomiete, Wohnfläche und Baualter sind verhältnisskalierte, stetige und quantitative Merkmale. Bei den Merkmalen Zentralheizung, Warmwasserversorgung und Ausstattung des Bads handelt es sich um nominalskalierte (oder ordinalskalierte), diskrete und qualitative Merkmale. Die Lage der Wohnung ist ordinalskaliert, diskret und qualitativ.

Lösung 1.2

(a) Bei dem Mietspiegel handelt es sich um eine Querschnittstudie.
(b) Die Aktienkurse stellen eine Zeitreihenanalyse dar.
(c) Hier liegt eine Längsschnittstudie vor.

Lösung 1.3

(a) Da bei der Überprüfung der Weine die Untersuchungseinheit zerstört wird, kann nur eine Stichprobe gezogen werden.
(b) In diesem Fall ist eine Vollerhebung unerläßlich.
(c) Da nicht alle süchtigen Jugendlichen untersucht werden können, muß man sich hier auf eine Stichprobe beschränken.

Lösung 1.4

(a) Die Mitarbeiter der Firma stellen die Grundgesamtheit dar, die 50 ausgewählten Mitarbeiter sind die Untersuchungseinheiten.
(b) Die Ausprägungen und das Skalenniveau der erhobenen Merkmale entnimmt man folgender Tabelle:

Merkmal	Ausprägungen	Skalenniveau
Haushaltsgröße	1,2,3,4, ... , (Obergrenze)	verhältnisskaliert
Miete	$\mathbb{R}_0^+$	verhältnisskaliert
Beförderungsmittel	Bus, Bahn, Auto usw.	nominalskaliert
Entfernung	$\mathbb{R}_0^+$	verhältnisskaliert
Einschätzung der Lage	1, 2, 3, 4, 5	ordinalskaliert

(c) Es handelt sich um eine Querschnittstudie.

2

Univariate Deskription und Exploration von Daten

Aufgaben

Aufgabe 2.1

Abbildung 2.1 zeigt die Verteilung der Buchstaben A-Z in Texten, die in deutscher Sprache verfasst sind.

(a) Bestimmen sie (approximativ) die relative Häufigkeit, mit der Vokale und Konsonanten in Texten der deutschen Sprache vorkommen.
(b) Bestimmen Sie (approximativ) die relative Häufigkeit, mit der die Buchstaben A-X in Texten der deutschen Sprache vorkommen.
(c) Welche der Ihnen bekannten Lagemaße sind zur Beschreibung der Verteilung der Buchstaben geeignet, welche sind nicht geeignet (mit Begründung)? Bestimmen Sie die von Ihnen gewählten Lagemaße.

Abbildung 2.2 zeigt die Verteilung der Buchstaben A-Z für einen längeren deutschen Text, der in einer Geheimsprache verfasst wurde. Der folgende kleine Ausschnitt gibt den ersten Satz des Textes in Geheimsprache wieder:

IEL XCEIN DGFIZA 90 RELFAIL.

Bei der verwendeten Geheimsprache wurden die Buchstaben des Alphabets zufällig permutiert. Beispiel: Dem ursprünglichen Buchstaben a wird der Buchstabe g zugewiesen, dem Buchstaben b der Buchstabe t, usw.

(d) Wie könnte man die statistischen Informationen in den Abbildungen 2.1 und 2.2 nutzen, um den verschlüsselten Text zu dekodieren?
(e) Versuchen Sie obigen Textauschnitt zu entschlüsseln.

(Lösung siehe Seite 24)

Aufgabe 2.2

Um die Berufsaussichten von Absolventen des Diplomstudiengangs Soziologie einschätzen zu können, wurde am Institut für Soziologie der LMU ein

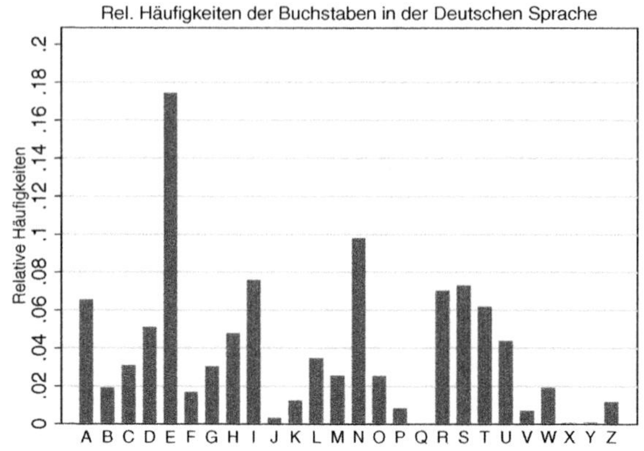

Abbildung 2.1. *Säulendiagramm der relativen Häufigkeiten des Auftretens der Buchstaben A-Z in Texten, die in deutscher Sprache verfasst sind.*

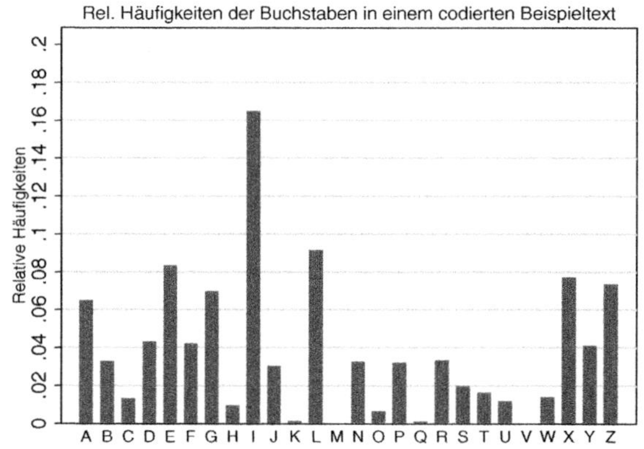

Abbildung 2.2. *Säulendiagramm der relativen Häufigkeiten des Auftretens der Buchstaben A-Z bei dem in einer Geheimsprache verfassten deutschen Text.*

spezieller Fragebogen konzipiert, der insgesamt 82 Fragen umfaßt. Der Fragebogen deckt zahlreiche inhaltliche Aspekte ab wie etwa den Studienverlauf, den Studienschwerpunkt, mögliche Zusatzqualifikationen, aber auch Aspekte zur Person.

Der in den folgenden beiden Tabellen abgedruckte Teildatensatz mit 36 Absolventen und fünf Variablen soll nun für eine erste Analyse mit Hilfe von graphischen Verfahren dargestellt werden.

G	:	Geschlecht (1 = weiblich, 2 = männlich)
S	:	Studiendauer in Semestern
E	:	Engagement im Studium mit 5 Kategorien: 1 = sehr engagiert ⋮ 5 = gar nicht engagiert
D	:	Ausrichtung der Diplomarbeit mit 4 Kategorien: 1 = empirisch-Primärerhebung 2 = empirisch-Sekundärerhebung 3 = empirisch-qualitativ 4 = Literaturarbeit
N	:	Note der Diplomprüfung

Person i	G	S	E	D	N	Person i	G	S	E	D	N
1	1	12	1	3	2	19	2	12	2	2	2
2	1	13	3	4	2	20	1	15	2	3	3
3	1	12	5	4	3	21	1	13	3	4	2
4	1	12	2	3	3	22	2	13	4	3	3
5	1	9	3	4	2	23	1	15	1	4	2
6	1	12	2	1	1	24	1	13	3	2	2
7	2	14	5	3	5	25	2	15	4	4	3
8	2	10	1	4	2	26	1	12	2	4	2
9	1	18	3	3	1	27	1	14	1	3	2
10	2	10	3	4	3	28	1	10	2	4	2
11	1	13	4	4	3	29	1	12	3	3	2
12	1	15	4	3	2	30	1	17	2	3	2
13	2	13	2	2	2	31	1	11	1	4	2
14	1	16	3	3	2	32	1	14	3	2	3
15	1	14	3	4	2	33	1	11	2	1	2
16	1	13	2	3	2	34	2	13	2	4	3
17	1	13	2	4	2	35	2	11	3	4	3
18	1	17	1	4	3	36	2	7	1	4	2

(a) Erstellen Sie eine Häufigkeitstabelle für das Merkmal "Note", bestehend aus den absoluten, relativen und kumulierten Häufigkeiten.
(b) Erstellen Sie nun ein Säulen- und ein Kreisdiagramm des Merkmals "Note".
(c) Zeichnen Sie den Box-Plot zu den Studiendauern der Absolventen.
(d) Unterteilen Sie die Stichprobe in Absolventen mit Prädikatsexamen (Note 1 oder 2) und Absolventen ohne Prädikatsexamen (Note 3 und schlechter). Zeichnen Sie nun für beide Gruppen getrennt das Säulendiagramm der Studiendauer, und interpretieren Sie das Ergebnis.
(e) Erstellen Sie die empirischen Verteilungsfunktionen der jeweiligen Studiendauer der Absolventen mit und ohne Prädikatsexamen. Wieviele Se-

mester benötigten die 25 % schnellsten Studenten in jeder Teilstichprobe höchstens? Wieviele Semester brauchen dagegen die 25 % langsamsten Studenten mindestens?

(Lösung siehe Seite 25)

Aufgabe 2.3

Die folgende Tabelle zeigt die Anzahl der Privathaushalte in München aufgeteilt nach ihrer Haushaltsgröße (Stand: 1995).

Haushaltsgröße	Anzahl der Haushalte
1	380131
2	182838
3	87444
4	52033
5	20235
$\sum$	722681

(a) Bestimmen Sie zunächst die relativen Häufigkeiten, und zeichnen Sie anschließend ein Säulendiagramm für die angegebenen Daten.

(b) In der Süddeutschen Zeitung konnte man (nicht ganz wörtlich) folgende Zeilen nachlesen:
In nahezu 100 Jahren haben sich die Lebensformen stark gewandelt. Anfang dieses Jahrhunderts war das Miteinander in der Großfamilie Normalität. Fast die Hälfte der Bevölkerung wohnte in Haushalten mit fünf und mehr Personen. Ganz anders heute: mehr als die Hälfte der Bevölkerung lebt allein.
Können Sie dieser Aussage zustimmen? Zeichnen Sie dazu ein Säulendiagramm mit dem prozentualen Anteil der *Personen*, die in 1-5 Personenhaushalten leben.

(Lösung siehe Seite 31)

Aufgabe 2.4

Die folgende Graphik zeigt für $n = 100$ Beobachtungen eines Merkmals X die empirische Verteilungsfunktion:

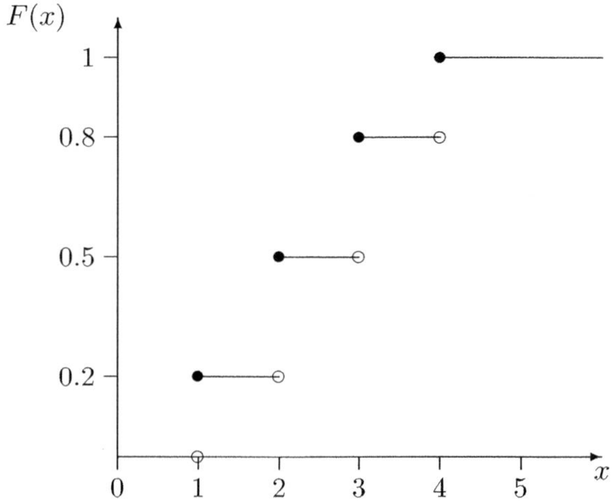

(a) Welche verschiedenen Merkmalsausprägungen wurden für X beobachtet?
(b) Bestimmen Sie mit Hilfe der Graphik sowohl die relative als auch die absolute Häufigkeitsverteilung von X.
(c) Berechnen Sie $\bar{x}$ und $\tilde{s}^2$.
(d) Es wird eine Stichprobe mit zehn weiteren Beobachtungen erhoben. Alle zehn Beobachtungen haben den Wert $X = 4$. Wie lautet die neue relative Häufigkeitsverteilung für die nunmehr $n = 110$ Beobachtungen?

(Lösung siehe Seite 32)

Aufgabe 2.5

Welche der folgenden Graphiken können *keine* empirischen Verteilungsfunktionen darstellen? Begründung!

(a)

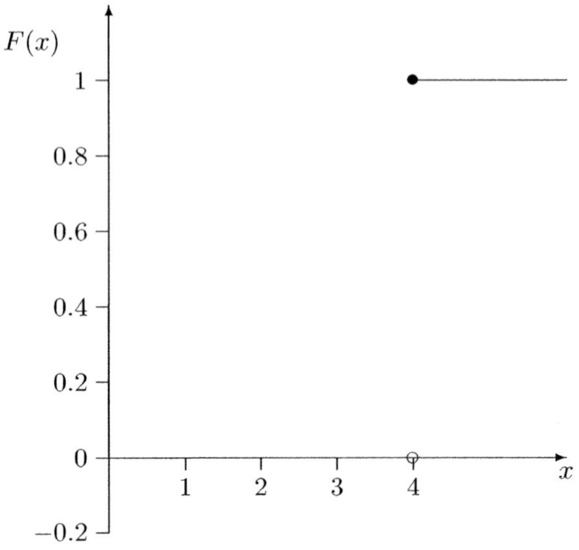

(b)

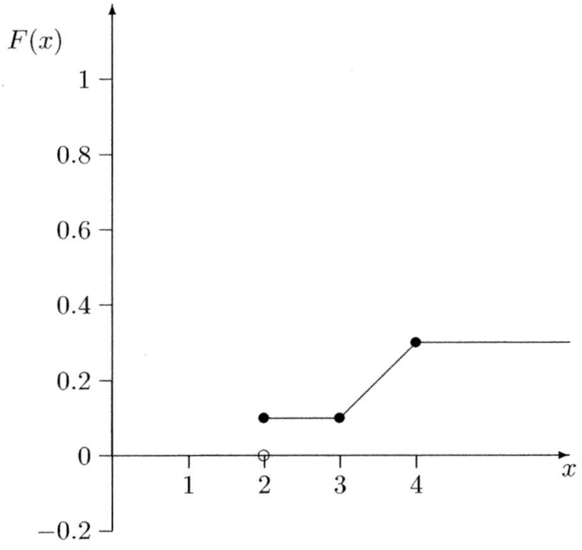

(c)

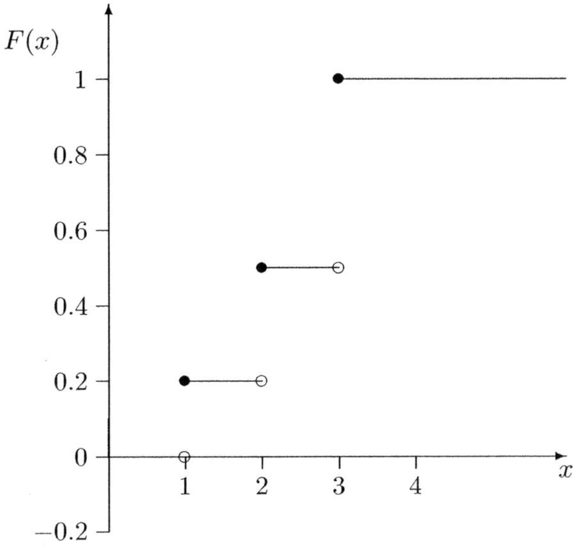

(d)

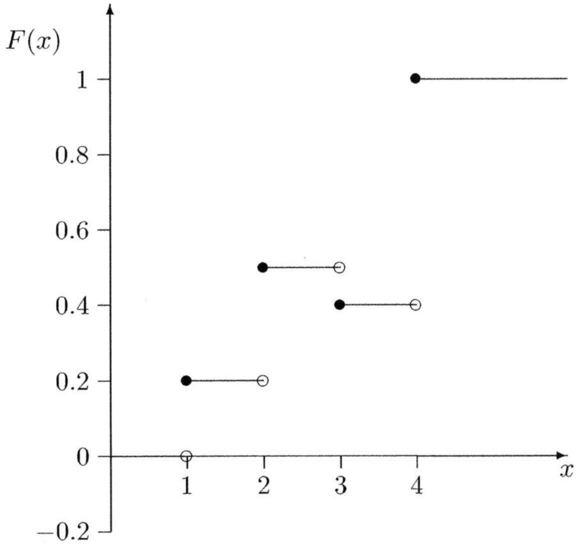

(e)

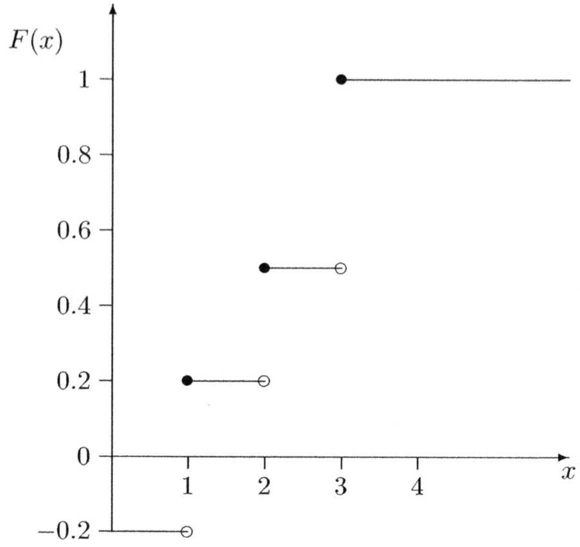

(Lösung siehe Seite 32)

Aufgabe 2.6

Um die zukünftige Bonität eines potentiellen Kreditnehmers abschätzen zu können, wurden von einer großen deutschen Bank Daten von früheren Kreditkunden erhoben.
Neben der Bonität der Kunden wurden unter anderem die folgenden Merkmale erhoben:

X_1 Laufendes Konto bei der Bank (nein (kein Konto) = 1, mittel (Konto mit mittlerem Vermögen) = 2, gut (Konto mit großem Vermögen) = 3),
X_2 Laufzeit des Kredits in Monaten,
X_3 Kredithöhe in DM,
X_4 Rückzahlung früherer Kredite (gut/schlecht),
X_5 Verwendungszweck (privat/beruflich),
X_6 Geschlecht (weiblich/männlich).

Die folgende Tabelle gibt für 300 schlechte ($Y = 1$) und 700 gute ($Y = 0$) Kredite jeweils die Prozentzahlen der Ausprägungen einiger ausgewählter Merkmale an:

X_1: laufendes Konto	$Y = 1$	$Y = 0$
nein	45.0	19.9
mittel	39.7	30.2
gut	15.3	49.7
X_3: Kredithöhe in DM	$Y = 1$	$Y = 0$
$0 < \ldots \leq 500$	1.00	2.14
$500 < \ldots \leq 1000$	11.33	9.14
$1000 < \ldots \leq 1500$	17.00	19.86
$1500 < \ldots \leq 2500$	19.67	24.57
$2500 < \ldots \leq 5000$	25.00	28.57
$5000 < \ldots \leq 7500$	11.33	9.71
$7500 < \ldots \leq 10000$	6.67	3.71
$10000 < \ldots \leq 15000$	7.00	2.00
$15000 < \ldots \leq 20000$	1.00	.29
X_4 : Frühere Kredite	$Y = 1$	$Y = 0$
gut	82.33	94.85
schlecht	17.66	5.15
X_5: Verwendungszweck	$Y = 1$	$Y = 0$
privat	57.53	69.29
beruflich	42.47	30.71

(a) Stellen Sie die Information aus obiger Tabelle auf geeignete Weise graphisch dar. Beachten Sie dabei insbesondere die unterschiedliche Klassenbreite des gruppierten Merkmals "Kredithöhe in DM".

(b) Berechnen Sie die Näherungswerte für das arithmetische Mittel, den Modus und den Median der Kredithöhen.

(Lösung siehe Seite 33)

Aufgabe 2.7

Die folgende Abbildung zeigt zwei Histogramme der Monatsmittel der Zinsen deutscher festverzinslicher Wertpapiere mit einjähriger Laufzeit (im Zeitraum Januar 1967 bis Januar 1994). Woraus resultiert ihre unterschiedliche Gestalt?

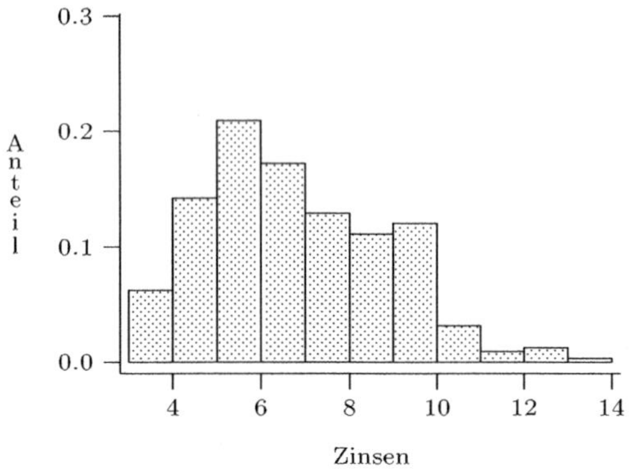

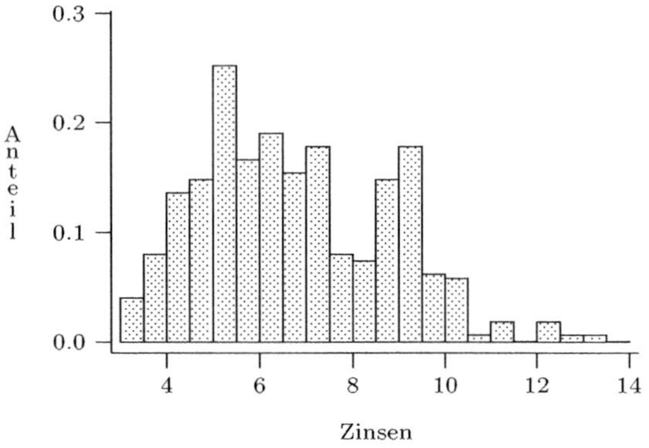

(Lösung siehe Seite 36)

Aufgabe 2.8

Bestimmen Sie aus dem folgenden Stamm-Blatt-Diagramm der Zinssätze deutscher festverzinslicher Wertpapiere den Median, sowie das untere und das obere Quartil der dargestellten $n = 325$ Zinssätze.

Einheit 3 | 2 = 0.032

3	23334
3	55566667788999
4	00112233333333444
4	55555555555666778888888999
5	00000000001111111111111112222222333344444
5	55555555555666667777788888999999
6	000000111111222222233333344444444
6	55555677777788888899999999
7	00 66678899
8	001222234
8	55555556667777788888999999
9	00000112222233333333334444444
9	55567777788
10	0011122233
10	9
11	13
11	5
12	024
12	6
13	1

(Lösung siehe Seite 36)

Aufgabe 2.9

Um die Entwicklung der Telefonkosten X des letzten Jahres zu analysieren wird Tochter Bärbel von ihrem Vater beauftragt, die mittleren Telefonkosten und deren Streuung zu berechnen. Die Rechnungen betrugen jeweils in Euro:

Jan	Feb	Mrz	Apr	Mai	Jun
35.46	33.60	40.44	34.20	36.18	36.84

Jul	Aug	Sep	Okt	Nov	Dez
31.44	30.18	41.04	33.60	38.16	132.30

(a) Berechnen Sie das arithmetische Mittel und die Standardabweichung der monatlichen Telefonkosten.

(b) Bärbel, die im Monat Dezember auf Anraten ihrer Freundinnen häufig bei den teuren 0190-Talklines angerufen hat, ist entsetzt über den hohen Mittelwert und befürchtet Taschengeldentzug durch den Vater. Können Sie Bärbel aus der Patsche helfen?

(c) Wieviele Einheiten wurden im Mittel jeden Monat telefoniert? Eine Einheit kostet 0.06 Euro und die monatliche Grundgebühr beträgt 12.30 Euro. Bestimmen Sie ferner die Standardabweichung der pro Monat telefonierten Einheiten.

(Lösung siehe Seite 36)

Aufgabe 2.10

Die neugegründete Firma SAFERSEX hat sich auf die Herstellung von Kondomen spezialisiert. Insgesamt sind $n = 9$ verschiedene Kondomtypen im Angebot. In der folgenden Tabelle sind jeweils die Preise (X) für eine Packung (mit 10 Kondomen) aufgeführt:

x_i	x_1	x_2	x_3	x_4	x_5	x_6	x_7	x_8	x_9
Preis in Euro	3.75	4.43	5.50	3.50	3.00	3.00	6.50	6.25	2.50

(a) Bestimmen Sie den Durchschnittspreis für eine Packung Kondome (arithmetisches Mittel). Bestimmen Sie auch den häufigsten Preis (Modus).

(b) Bestimmen Sie auch die 25, 50 und 75 Prozent Quantile $x_{0.25}$, $x_{0.5}$ und $x_{0.75}$.

(c) Welchen Verteilungstyp (symmetrisch, links oder rechtssteil) vermuten Sie aufgrund Ihrer Ergebnisse in (a) und (b)? Begründung!

(d) SAFERSEX will nun die Preise ihrer Kondome mit den Preisen der alteingesessenen Firma ENJOY vergleichen, die ebenfalls Kondome herstellt. Für die Preise (Y) von ENJOY gilt:

$$\begin{aligned} \bar{y} &= 6.10, \\ y_{0.25} &= 4.60, \\ y_{0.5} &= 5.50, \\ y_{0.75} &= 7.60, \\ y_{(1)} &= 3.80 \quad \text{(minimaler Wert)}, \\ y_{(n)} &= 8.80 \quad \text{(maximaler Wert)}. \end{aligned}$$

Zeichnen Sie nun für beide Merkmale X und Y jeweils einen Boxplot in dieselbe Graphik, und vergleichen Sie beide Boxplots.

(e) Wie ändern sich $\bar{x}, x_{0.5}$ und x_{mod}, wenn SAFERSEX die Preise aller 9 Kondomtypen um jeweils 20 % erhöht?

(f) Wie ändern sich $\bar{x}, x_{0.5}$ und x_{mod}, wenn der Preis für die teuerste Kondompackung ($\hat{=} x_7 = 6.50$) verdoppelt wird? Es reicht anzugeben, ob die Werte größer oder kleiner werden oder gleich bleiben. Begründen Sie Ihre Antwort!

(Lösung siehe Seite 37)

Aufgabe 2.11

Elf Filialen eines Kaufhauskonzerns erzielten 2002 folgende Umsätze (in Mio Euro):

Filiale i	1	2	3	4	5	6	7	8	9	10	11
Umsatz x_i	110	75	70	65	55	70	140	90	90	55	90

Hinweis:

$$\sum_{i=1}^{11} x_i = 910, \sum_{i=1}^{11} x_i^2 = 81700$$

(a) Geben Sie das arithmetische Mittel, die (empirische) Standardabweichung und den Variationskoeffizienten an.
(b) Zeichnen Sie die zugehörige empirische Verteilungsfunktion.
(c) Bestimmen Sie graphisch das untere und obere Quartil sowie den Median. Zeichnen Sie den zugehörigen (einfachen) Box-Plot.
(d) Geben Sie eine lineare Transformation $y_i = a \cdot x_i$ der x_i an, so daß die empirische Varianz der y-Werte gleich 1 ist. Wie ändern sich die Quartile und der Median? Welchen Wert besitzt der Variationskoeffizient der y-Werte (Begründung oder Berechnung)?

(Lösung siehe Seite 38)

Aufgabe 2.12

Der Markt für Computerhersteller läßt sich in drei Kategorien einteilen: Billiganbieter (Kategorie 1), Direktanbieter (Kategorie 2) und Markenhersteller (Kategorie 3). In einer von Greenpeace gesponsorten Studie wurden alle angebotenen Computer hinsichtlich ihres Stromverbrauchs untersucht. Es ergaben sich die folgenden mittleren Stromverbräuche und Standardabweichungen, geschichtet nach Herstellerkategorie:

Kategorie	absolute Häufigkeiten der Klasse j : n_j	$\bar{x}_j$	$\tilde{s}_j$
1	45	2.3 kW	0.3
2	35	1.6 kW	0.4
3	50	1.4 kW	0.2

(a) Interpretieren Sie obige Tabelle.
(b) Berechnen Sie das arithmetische Mittel $\bar{x}$ und die Standardabweichung $\tilde{s}$ für den gesamten Datensatz.

(Lösung siehe Seite 39)

Aufgabe 2.13

Zeigen Sie, daß sich die Summe der Abweichungen der Daten vom arithmetischen Mittel zu null aufsummiert, d.h. daß

$$\sum_{i=1}^{n}(x_i - \bar{x}) = 0 \qquad \text{gilt.}$$

(Lösung siehe Seite 40)

Aufgabe 2.14

Beweisen Sie, daß das arithmetische Mittel bei Schichtenbildung durch

$$\bar{x} = \frac{1}{n}\sum_{j=1}^{r} n_j \bar{x}_j$$

bestimmt werden kann, wenn r Schichten mit Umfängen $n_1, \ldots, n_r$ und arithmetischen Mitteln $\bar{x}_1, \ldots, \bar{x}_r$ vorliegen.
(Lösung siehe Seite 40)

Aufgabe 2.15

Die Fachzeitschrift *Mein Radio und Ich* startet alljährlich in der Weihnachtswoche eine Umfrage zu den Hörgewohnheiten ihrer Leser. Zur Beantwortung der Frage "Wieviele Stunden hörten Sie gestern Radio?" konnten die Teilnehmer zehn Kategorien ankreuzen. In den Jahren 1950, 1970 und 1990 erhielt die Redaktion folgende Antworten:

Stunden	[0,1)	[1,2)	[2,3)	[3,4)	[4,5)
1950	5	3	10	9	13
1970	6	7	5	20	29
1990	35	24	13	8	9

Stunden	[5,6)	[6,7)	[7,8)	[8,9)	[9,10)
1950	18	21	27	12	3
1970	27	13	5	3	2
1990	4	2	1	0	1

(a) Bestimmen Sie aus den gruppierten Daten die Lagemaße arithmetisches Mittel, Modus und Median.
(b) Wie drücken sich die geänderten Hörgewohnheiten durch die drei unter (a) berechneten Lagemaße aus?

(Lösung siehe Seite 40)

Aufgabe 2.16

Die folgende Zeitreihe beschreibt die Zinsentwicklung deutscher festverzinslicher Wertpapiere mit einjähriger Laufzeit im Jahr 1993:

Monat	Jan	Feb	Mrz	Apr	Mai	Jun
Zinsen (%)	7.13	6.54	6.26	6.46	6.42	6.34
Monat	Jul	Aug	Sep	Okt	Nov	Dez
Zinsen (%)	5.99	5.76	5.75	5.45	5.13	5.04

Berechnen Sie den durchschnittlichen Jahreszinssatz.
(Lösung siehe Seite 41)

Aufgabe 2.17

Bernd legt beim Marathonlauf die ersten 25 km mit einer Durchschnittsgeschwindigkeit von 17 km/h zurück. Auf den nächsten 15 km bricht Bernd etwas ein und schafft nur noch 12 km/h. Beim Endspurt zieht Bernd nochmals an, so daß er es hier auf eine Durchschnittsgeschwindigkeit von 21 km/h bringt.

(a) Berechnen Sie Bernds Durchschnittsgeschwindigkeit über die gesamte Strecke von 42 km.
(b) Wie lange war Bernd insgesamt unterwegs?

(Lösung siehe Seite 41)

Aufgabe 2.18

Gegeben sei eine geordnete Urliste $x_1 \leq \ldots \leq x_n$ eines Merkmals X.

(a) Zeigen Sie, daß für die Fläche F unter der Lorenzkurve

$$F = \frac{1}{2n}(2V - 1)$$

gilt, wobei $V = \sum_{j=1}^{n} v_j$ die Summe der kumulierten relativen Merkmalssummen ist.

(b) Zeigen Sie unter Verwendung von Teilaufgabe (a), daß für G^*

$$G^* = \frac{n + 1 - 2V}{n - 1}$$

gilt.

(Lösung siehe Seite 42)

Aufgabe 2.19

Fünf Hersteller bestimmter Großgeräte lassen sich hinsichtlich ihrer Marktanteile in zwei Gruppen aufteilen: Drei Hersteller besitzen jeweils gleiche Marktanteile von 10 Prozent, der Rest des Marktes teilt sich unter den verbleibenden Herstellern gleichmäßig auf. Zeichnen Sie die zugehörige Lorenzkurve, und berechnen Sie den (unnormierten) Gini-Koeffizienten. Betrachten Sie die Situation, daß in einer gewissen Zeitperiode vier der fünf Hersteller kein Großgerät verkauft haben. Zeichnen Sie die zugehörige Lorenzkurve, und geben Sie den Wert des Gini-Koeffizienten an.
(Lösung siehe Seite 42)

Aufgabe 2.20

In einer Branche konkurrieren zehn Unternehmen miteinander. Nach ihrem Umsatz lassen sich diese in drei Klassen einteilen: fünf kleine, vier mittlere und ein großes Unternehmen. Bei den mittleren Unternehmen macht ein Unternehmen im Schnitt einen Umsatz von 1.5 Mio Euro. Insgesamt werden in der Branche 15 Mio Umsatz jährlich gemacht. Bestimmen Sie den Umsatz, der in den verschiedenen Gruppen erzielt wird, wenn der Gini-Koeffizient 0.42 beträgt.
(Lösung siehe Seite 44)

Aufgabe 2.21

In einer Großgemeinde gibt es zehn Facharztniederlassungen, die sich bezüglich ihres Einkommens in drei Gruppen mit kleinem, mittlerem und großem Einkommen einteilen lassen (wobei einfachheitshalber angenommen wird, daß innerhalb jeder Gruppe das gleiche Einkommen erzielt wurde). Im Jahre 2002 erzielten alle Ärzte zusammen ein Gesamteinkommen von insgesamt 1.5 Millionen Euro. Allein 40 Prozent davon entfielen auf die einzige große Facharztniederlassung, während die fünf kleinen Niederlassungen nur ein Einkommen von insgesamt 300.000 Euro erzielten.

(a) Bestimmen Sie die Werte der Lorenzkurve, und zeichnen Sie diese anschließend. Berechnen Sie außerdem den Gini-Koeffizienten.
(b) Die größte Facharztniederlassung konnte im darauffolgenden Jahr ihr Einkommen nocheinmal um 50 Prozent steigern, während der Umsatz der übrigen Niederlassungen stagnierte. Wie ändern sich die Lorenzkurve und der Gini-Koeffizient?

(c) Wir schreiben inzwischen das Jahr 2004. Um der großen Facharztniederlassung Paroli zu bieten, schließen sich die 4 mittleren zu einer Praxisgemeinschaft zusammen. Bestimmen Sie wiederum die Lorenzkurve und den Gini-Koeffizienten.

(Lösung siehe Seite 45)

Aufgabe 2.22

Wir betrachten den Umsatz von vier Unternehmen. Bei welchen der in Abbildung 2.3 abgedruckten Kurven handelt es sich um Lorenzkurven? Welche Kurven können keine Lorenzkurven darstellen? Bestimmen Sie gegebenenfalls den normierten Ginikoeffizienten. Begründen Sie Ihre Antwort genau.

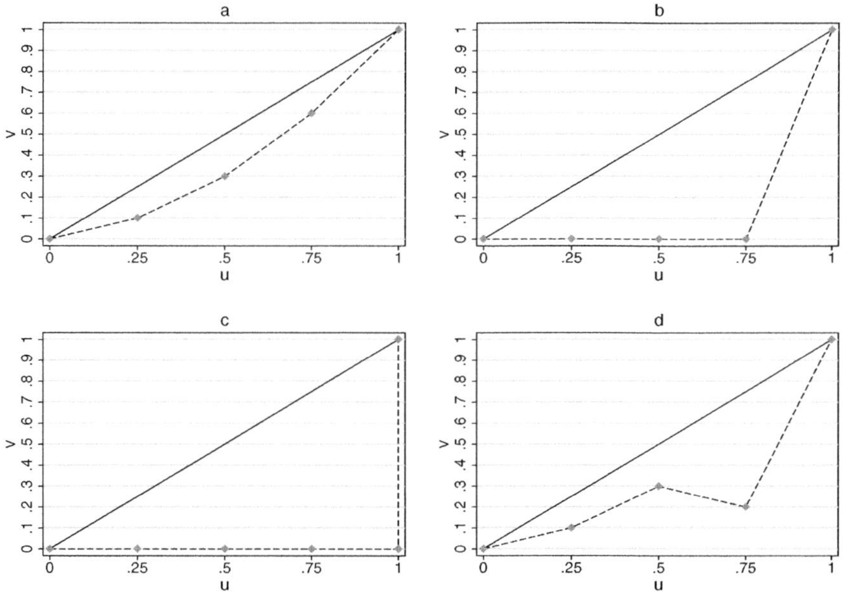

Abbildung 2.3. *Vier mögliche Lorenzkurven.*

(Lösung siehe Seite 48)

Aufgabe 2.23

Für die Nettomieten von Wohnungen des Münchner Mietspiegels, das Lebensalter von Magenkrebspatienten und Renditen der BMW-Aktie sind die folgenden Schiefemaße und das Wölbungsmaß nach Fisher bestimmt worden, wobei die Information verlorenging, welche Ergebnisse zu welchen Daten gehören:

$g_{0.25}$	0.16	0.06	0.00
g_m	1.72	−0.17	−0.49
γ	6.58	8.01	0.17

Können Sie mit Hilfe der folgenden NQ-Plots die Werte den einzelnen Datensätzen zuordnen?

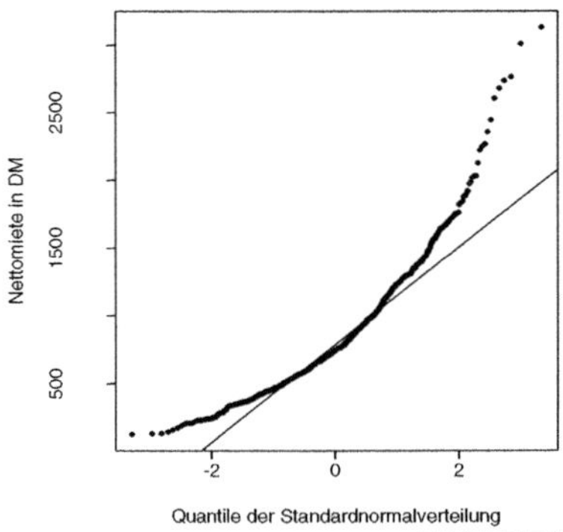

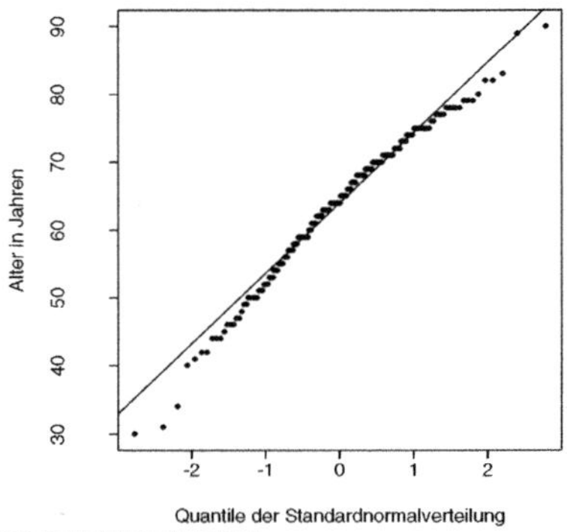

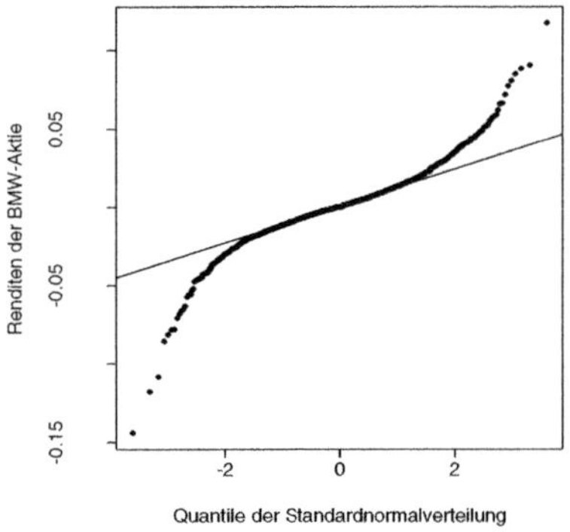

(Lösung siehe Seite 49)

Aufgabe 2.24

Die folgende Abbildung zeigt zwei Kerndichteschätzer der Zinsen deutscher festverzinslicher Wertpapiere (siehe auch Aufgabe 2.16), wobei die Bandbreite gleich 1 bzw. 2 gewählt wurde. Welche Bandbreite gehört zu welcher Graphik?

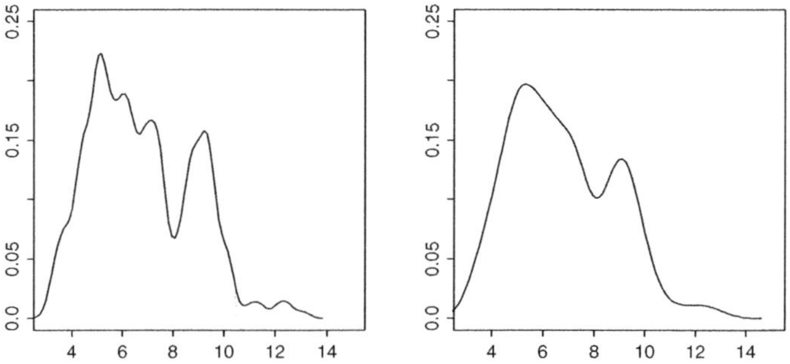

(Lösung siehe Seite 49)

Lösungen

Lösung 2.1

(a) Durch Ablesen aus Abbildung 2.1 erhält man die relativen Häufigkeiten:

$$\begin{aligned} f(A) &\approx 0.065 \\ f(E) &\approx 0.175 \\ f(I) &\approx 0.075 \\ f(O) &\approx 0.025 \\ f(U) &\approx 0.045 \end{aligned}$$

Daher beträgt die relative Häufigkeit der Vokale etwa

$$f(\text{Vokale}) = 0.065 + 0.175 + 0.075 + 0.025 + 0.045 = 0.385.$$

Durch Übergang zum Gegenereignis ergibt sich die relative Häufigkeit für Konsonanten:

$$f(\text{Konsonanten}) = 1 - 0.385 = 0.615.$$

(b) Durch Ablesen erhält man die relative Häufigkeit der Buchstaben Y und Z: $f(Y) \approx 0$ und $f(Z) \approx 0.01$. Somit ist die relative Häufigkeit für die Buchstaben A-X etwa $f(A - X) = 1 - 0 - 0.01 = 0.99$.

(c) Von den bekannten Lagemaßen kommt nur der Modalwert in Frage. Median und arithmetisches Mittel sind nicht geeignet, da es sich um ein nominalskaliertes Merkmal handelt. Zur sinnvollen Berechnung des Median ist ein mindestens ordinalskaliertes Merkmal nötig, für das arithmetische Mittel wird sogar ein metrisches Merkmal benötigt.
Der Modus ist die Beobachtung mit der größten relativen Häufigkeit, also hier der Buchstabe E mit $f(E) \approx 0.175$.

(d) In hinreichend großen Stichproben sollten die beobachteten relativen Häufigkeiten in etwa mit den in Abbildung 2.1 dargestellten übereinstimmen. Ein Vergleich der Häufigkeiten in Abbildung 2.2 mit denen in Abbildung 2.1 lässt also Rückschlüsse auf den verschlüsselten Buchstaben zu. Beispiel: Der Buchstabe I kommt in dem verschlüsselten Text mit Abstand am häufigsten vor, daher entspricht er wahrscheinlich dem Buchstaben E. Am zweithäufigsten kommt der Buchstabe L vor, könnte also dem in Texten deutscher Sprache am zweithäufigsten auftauchenden Buchstaben N entsprechen. Auf diese Weise lassen sich zumindest die häufigsten Buchstaben entschlüsseln und der Rest aus dem Kontext bzw. durch Probieren herausfinden.

(e) Verschlüsselte Buchstaben:

$A = T$	$C = P$	$D = D$	$E = I$	$F = U$	$G = A$
$I = E$	$L = N$	$N = L$	$R = M$	$X = S$	$Z = R$

Damit heißt der entschlüsselte Satz: EIN SPIEL DAUERT 90 MINUTEN.

Lösung 2.2

(a) Man erhält folgende Häufigkeitstabelle für das Merkmal Note:

Note	absolute H.	relative H.	kumulierte H.
1	2	2/36	2/36
2	22	22/36	24/36
3	11	11/36	35/36
4	0	0	35/36
5	1	1/36	1
$\sum$	36	1	

(b) Das Säulendiagramm für das Merkmal Note hat die folgende Gestalt:

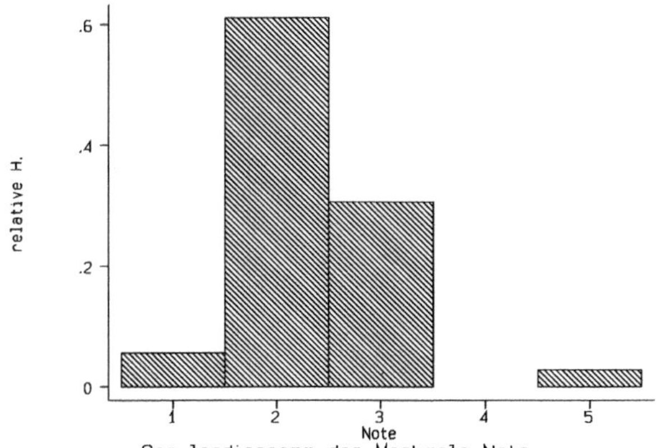

Saeulendiagramm des Merkmals Note

Zur Erstellung des Kreisdiagramms bestimme man zunächst die Winkel, die zu den einzelnen Noten gehören und der folgenden Tabelle entnommen werden können:

Note	Winkel in Grad ($f_i \cdot 360$)
1	20
2	220
3	110
4	0
5	10

Mit den Angaben aus der Tabelle ergibt sich das Kreisdiagramm als:

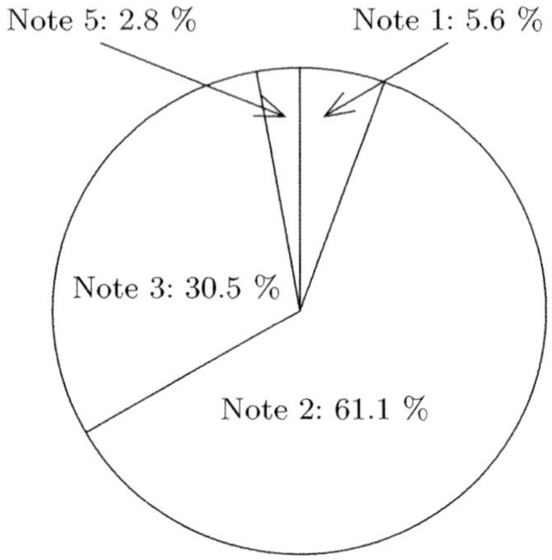

(c) Box-Plot der Studiendauer

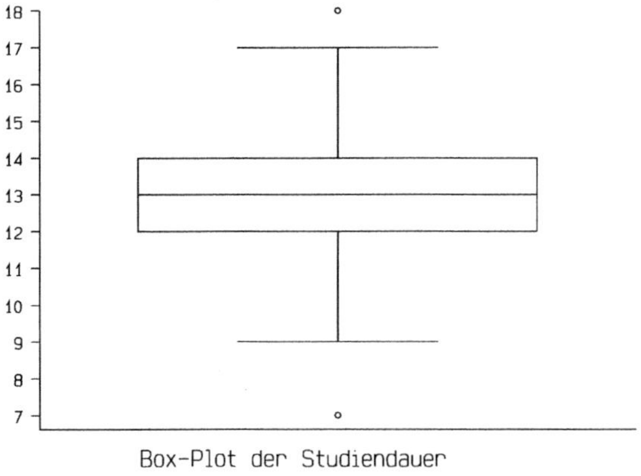

(d) Das Säulendiagramm des Merkmals Studiendauer für Studierende *mit* Prädikatsexamen hat folgende Gestalt:

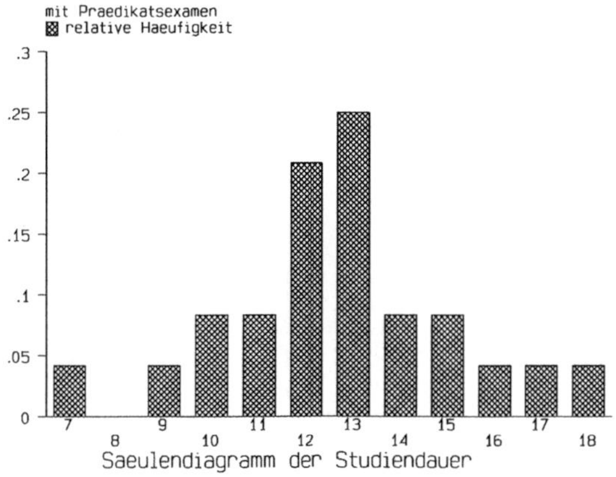

Entsprechend erhält man das Säulendiagramm des Merkmals Studiendauer für Studierende *ohne* Prädikatsexamen:

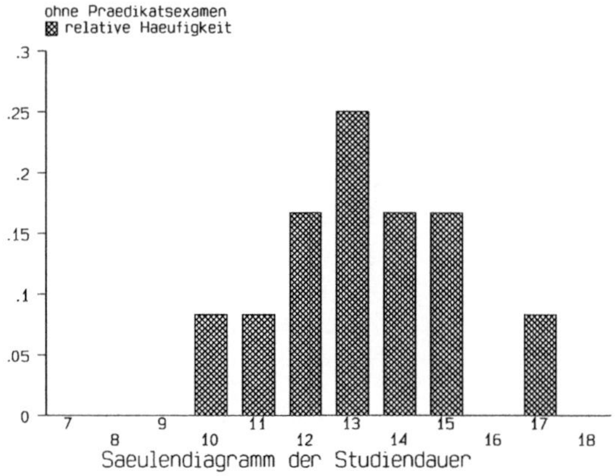

Zum Vergleich sei hier das Säulendiagramm des Merkmals Studiendauer mit allen Daten angegeben:

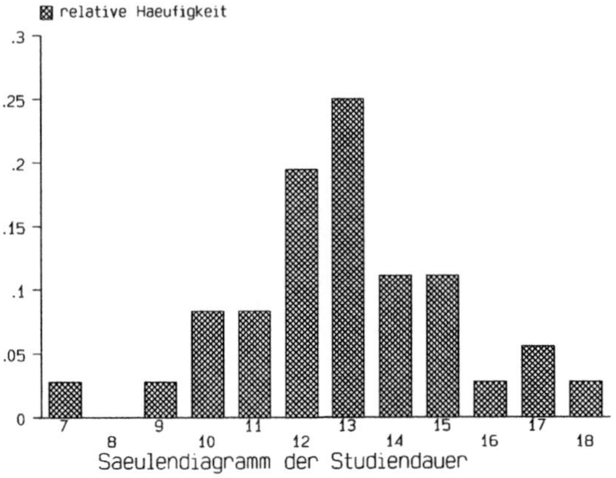

Interpretation: Die Verteilung der Studiendauer ohne Prädikat ist gegenüber der Verteilung der Studiendauer mit Prädikat etwas nach rechts verschoben. Absolventen ohne Prädikatsexamen studieren also im Mittel etwas länger als Absolventen mit Prädikatsexamen.

(e) Zur Erstellung der empirischen Verteilungsfunktionen der jeweiligen Studiendauer werden zunächst die entsprechenden Häufigkeitstabellen ermittelt.

Häufigkeitstabelle des Merkmals Studiendauer: *mit* Prädikat

Studiendauer	h_i	f_i	$F(x_i)$
7	1	0.0417	0.0417
8	0	0	0.0417
9	1	0.0417	0.0833
10	2	0.0833	0.1667
11	2	0.0833	0.25
12	5	0.2083	0.4583
13	6	0.25	0.7083
14	2	0.0833	0.7917
15	2	0.0833	0.8750
16	1	0.0417	0.9167
17	1	0.0417	0.9583
18	1	0.0417	1
$\sum$	24	1	

Häufigkeitstabelle des Merkmals Studiendauer: *ohne* Prädikat

Studiendauer	h_i	f_i	$F(x_i)$
7	0	0	0
8	0	0	0
9	0	0	0
10	1	0.0833	0.0833
11	1	0.0833	0.1667
12	2	0.1667	0.3333
13	3	0.2500	0.5833
14	2	0.1667	0.75
15	2	0.1667	0.9167
16	0	0	0.9167
17	1	0.0833	1
18	0	0	1
$\sum$	12	1	

Zum Vergleich: Häufigkeitstabelle des Merkmals Studiendauer mit allen Daten

Studiendauer	h_i	f_i	$F(x_i)$
7	1	0.0278	0.0278
8	0	0	0.0278
9	1	0.0278	0.0556
10	3	0.0833	0.1389
11	3	0.0833	0.2222
12	7	0.1944	0.4167
13	9	0.25	0.6667
14	4	0.1111	0.7778
15	4	0.1111	0.8889
16	1	0.0278	0.9167
17	2	0.0556	0.9722
18	1	0.0278	1
$\sum$	36	1	

Aus der entsprechenden Häufigkeitstabelle läßt sich nun die Verteilungsfunktion des Merkmals Studiendauer für Studierende *mit* Prädikatsexamen ermitteln als:

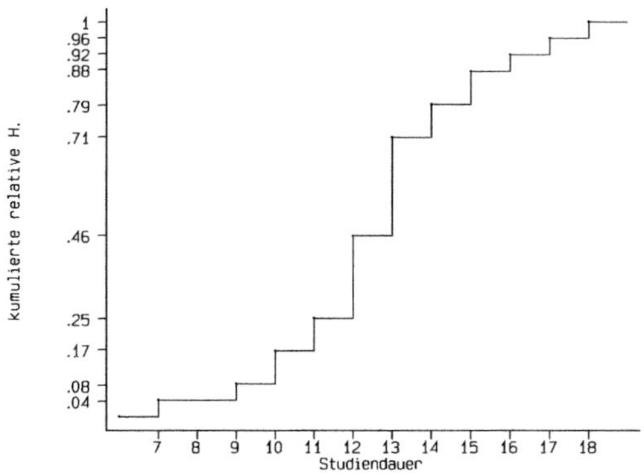

Die Verteilungsfunktion des Merkmals Studiendauer für Studierende *ohne* Prädikatsexamen hat folgende Gestalt:

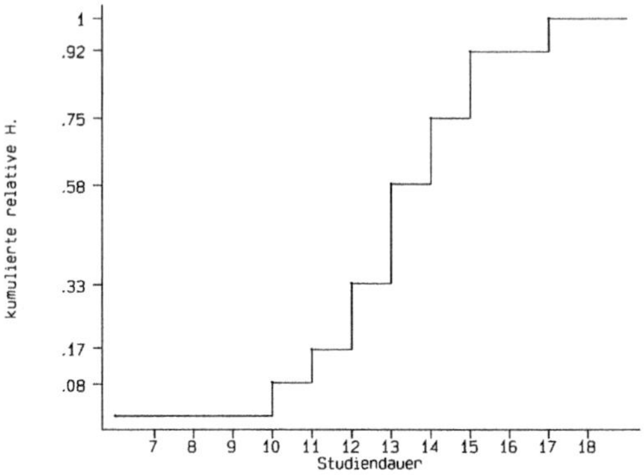

Zum Vergleich sei nachfolgende Verteilungsfunktion des Merkmals Studiendauer mit allen Daten dargestellt:

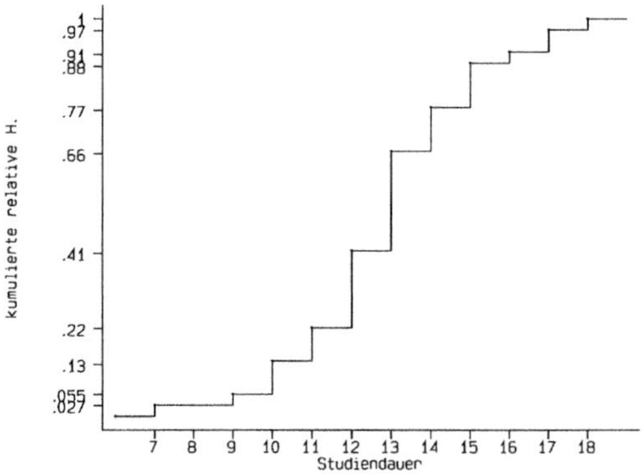

Der nachfolgenden Tabelle können Sie entnehmen, wie viele Semester die 25 % schnellsten/langsamsten Studierenden höchstens/mindestens benötigen:

	mit Prädikat	ohne Prädikat
schnellsten	11	12
langsamsten	14	15

Lösung 2.3

Man erhält folgende Tabelle mit den relativen Häufigkeiten:

Haushalts-größe	rel. H. der Haushalte (a)	rel. H. der Personen (b)
1	0.526	0.2885
2	0.253	0.2776
3	0.121	0.1991
4	0.072	0.158
5	0.028	0.0768
$\sum$	1	1

(a) Mit obigen Angaben erhält man das folgende Säulendiagramm der Haushalte:

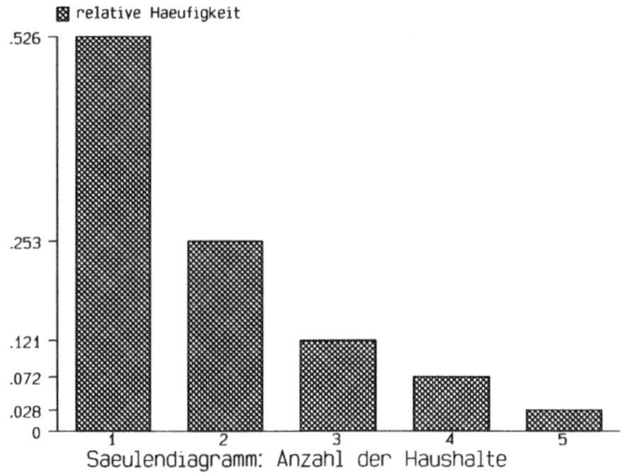

(b) Entsprechend zeichnet man das Säulendiagramm der Personen:

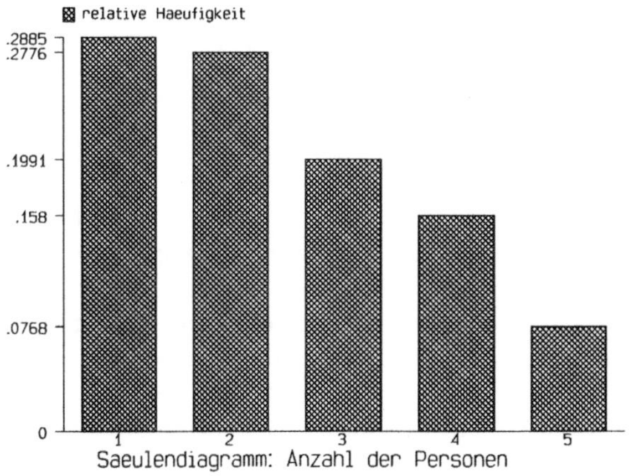

Aus dem Säulendiagramm ist abzulesen, daß lediglich 28.85 % aller Personen in Single-Haushalten leben, demnach ist die Behauptung der Süddeutschen Zeitung nicht korrekt.

Lösung 2.4

(a) Für X wurden vier Merkmalsausprägungen beobachtet, nämlich $X = 1$, $X = 2$, $X = 3$ und $X = 4$.

(b) Als absolute und relative Häufigkeitsverteilung von X erhält man:

x	f_j	h_j
1	0.2	20
2	0.3	30
3	0.3	30
4	0.2	20
$\sum$	1	100

(c) Das arithmetische Mittel und die empirische Varianz berechnen sich als:

$$\begin{aligned}
\bar{x} &= 1 \cdot 0.2 + 2 \cdot 0.3 + 3 \cdot 0.3 + 4 \cdot 0.2 = 2.5, \\
\tilde{s}^2 &= (1 - 2.5)^2 \cdot 0.2 + (2 - 2.5)^2 \cdot 0.3 \\
&\quad + (3 - 2.5)^2 \cdot 0.3 + (4 - 2.5)^2 \cdot 0.2 \\
&= 1.05.
\end{aligned}$$

(d) Die relative Häufigkeitsverteilung von X nach 10 weiteren Beobachtungen ergibt sich als:

x	f_j
1	0.18
2	0.27
3	0.27
4	0.27
$\sum$	1

Lösung 2.5

(a) Hier liegt eine korrekte empirische Verteilungsfunktion vor.

(b) Diese Darstellung ist nicht korrekt, da es sich nicht um eine Treppenfunktion handelt.

(c) Hier liegt erneut eine korrekte empirische Verteilungsfunktion vor.

(d) Diese Darstellung ist nicht die einer empirischen Verteilungsfunktion, da die dargestellte Funktion nicht monoton steigend ist.

(e) Auch diese Darstellung ist nicht korrekt, da die Funktion nicht ausschließlich größer oder gleich null ist.

Lösung 2.6

(a) Für die Variablen X_1, X_4 und X_5 werden Säulendiagramme erstellt. Die Variable X_3 wird in zwei Histogrammen graphisch dargestellt.

Variable X_1: laufendes Konto

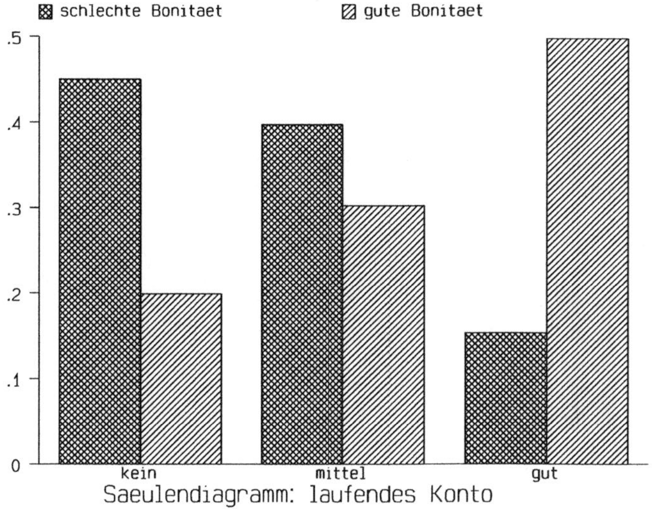

Variable X_4: Frühere Kredite

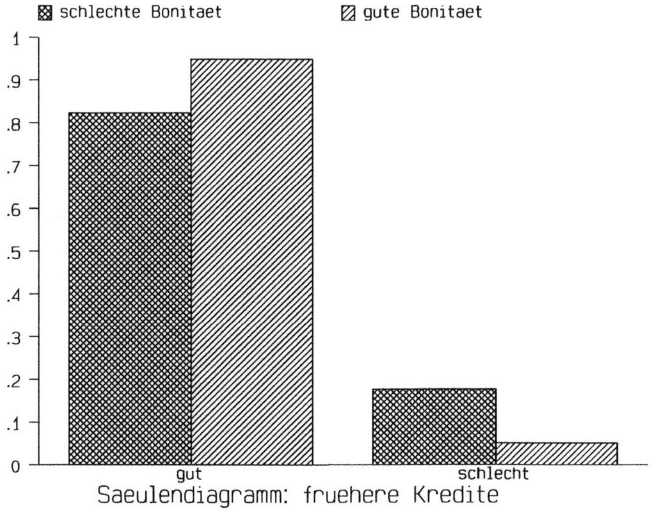

Variable X_5: Verwendungszweck

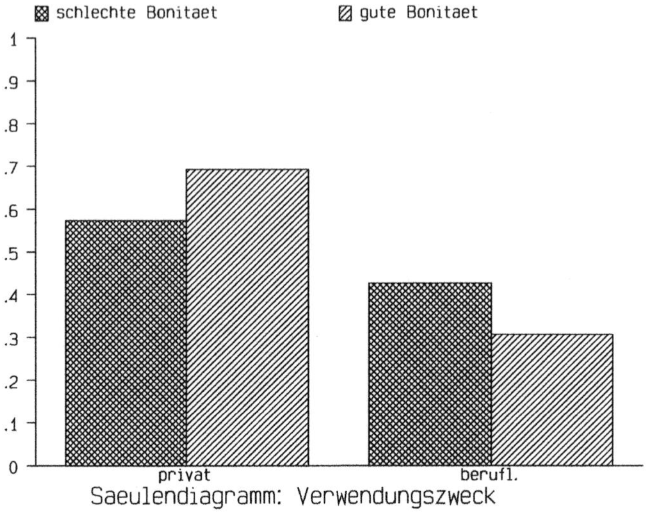

Zur Erstellung der Histogramme für die Variable X_3 wird zunächst die folgende Tabelle ermittelt:

Klasse	Breite d_j	Höhe: $Y = 1$	Höhe: $Y = 0$
$[0, 500)$	500	0.00002	0.0000428
$[500, 1000)$	500	0.00022	0.0001828
$[1000, 1500)$	500	0.00034	0.0003972
$[1500, 2500)$	1000	0.00019	0.0002457
$[2500, 5000)$	2500	0.0001	0.00011428
$[5000, 7500)$	2500	0.000044	0.00003884
$[7500, 10000)$	2500	0.0000268	0.00001484
$[10000, 15000)$	5000	0.000014	0.000004
$[15000, 20000)$	5000	0.000002	0.00000058

Mit Hilfe der Tabelle erhält man schließlich die folgenden Graphiken:

Histogramm für das Merkmal Kredithöhe: schlechte Bonität ($Y = 1$)

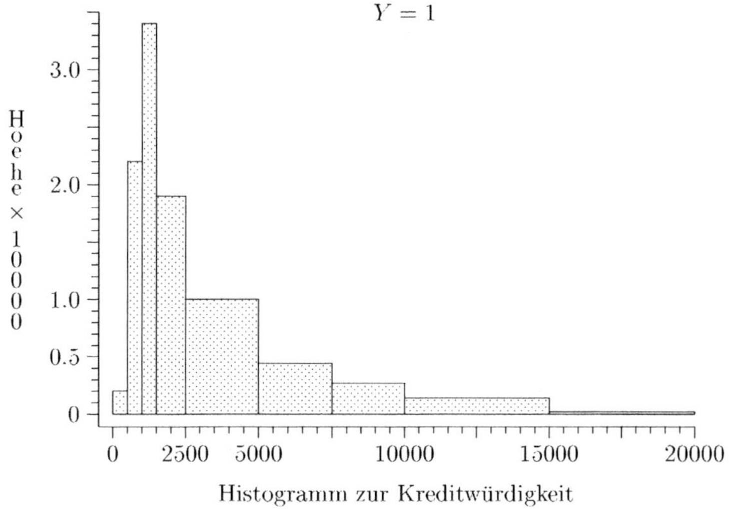

Histogramm für das Merkmal Kredithöhe: gute Bonität ($Y = 0$)

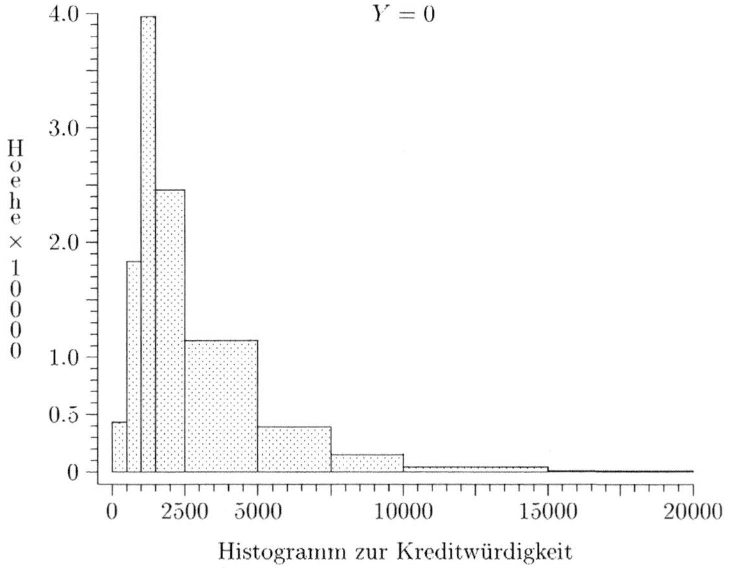

(b) Die Näherungswerte für die Lagemaße werden wie folgt berechnet.

Arithmetisches Mittel:

$$\begin{aligned}\bar{x}_{Y=1} &= 0.01 \cdot 250 + 0.1133 \cdot 750 + \ldots + 0.01 \cdot 17500 = 3972.625,\\ \bar{x}_{Y=0} &= 0.0214 \cdot 250 + 0.0914 \cdot 750 + \ldots + 0.0029 \cdot 17500 = 3117.18,\\ \bar{x} &= 0.3 \cdot 3972.625 + 0.7 \cdot 3117.175 = 3373.81.\end{aligned}$$

Modus und Median:

	x_{mod}	x_{med}
$Y = 1$	3750	3750
$Y = 0$	3750	2000
Gesamt	3750	2000

Lösung 2.7

Die unterschiedliche Gestalt der Histogramme resultiert aus den unterschiedlichen Klassenbreiten.

Lösung 2.8

Der Median und die beiden Quantile ergeben sich mit $n = 325$ wie folgt:

$$\begin{aligned}325 \cdot 0.5 &= 162.5 \Rightarrow x_{med} = x_{(163)} = 0.064,\\ 325 \cdot 0.25 &= 81.25 \Rightarrow x_{0.25} = x_{(82)} = 0.051,\\ 325 \cdot 0.75 &= 243.75 \Rightarrow x_{0.75} = x_{(244)} = 0.085.\end{aligned}$$

Lösung 2.9

(a) Arithmetisches Mittel, Varianz, Standardabweichung ergeben sich als:

$$\begin{aligned}\bar{x} &= 43.62 \text{ Euro},\\ \tilde{s}_x^2 &= 724.76 \text{ Euro}^2,\\ \tilde{s}_x &= 26.92 \text{ Euro}.\end{aligned}$$

(b) Verwende als Mittelwert den ausreißerunempfindlichen Median:

$$x_{med} = 35.82 \text{ Euro} \quad (\text{vergleiche dazu } \bar{x}_{\text{ohne Dez.}} = 35.56 \text{ Euro}).$$

(c) Sei Y = Anzahl der telefonierten Einheiten, d.h.

$$Y = \frac{X - 12.30 \text{ Euro}}{0.06 \text{ Euro}} = \frac{1}{0.06}X - 205\,.$$

Unter Verwendung der Regeln für lineare Transformationen erhält man

$$\bar{y} = \frac{1}{0.06}\bar{x} - 205 = 522\,,$$
$$\tilde{s}_y = \frac{1}{0.06}\tilde{s}_x = 448.69\,.$$

Lösung 2.10

(a) Als Durchschnittspreis und als häufigsten Preis ermittelt man

$$\bar{x} = 4.27,$$
$$x_{mod} = 3.00.$$

(b) Bestimme zunächst eine geordnete Urliste:

$x_{(i)}$	$x_{(1)}$	$x_{(2)}$	$x_{(3)}$	$x_{(4)}$	$x_{(5)}$
Preis (Euro)	2.50	3.00	3.00	3.50	3.75
$x_{(i)}$	$x_{(6)}$	$x_{(7)}$	$x_{(8)}$	$x_{(9)}$	
Preis (Euro)	4.43	5.50	6.25	6.50	

Mit Hilfe der geordneten Urliste erhält man

$$x_{0.25} = x_{(3)} = 3.00,$$
$$x_{0.5} = x_{(5)} = 3.75,$$
$$x_{0.75} = x_{(7)} = 5.50.$$

(c) Wegen $\bar{x} > x_{med} > x_{mod}$ lassen die Lageregeln in Abschnitt 2.2.1 in Fahrmeir et al. (2004) auf eine linkssteile Verteilung schließen.

(d) Box-Plot: ENJOY

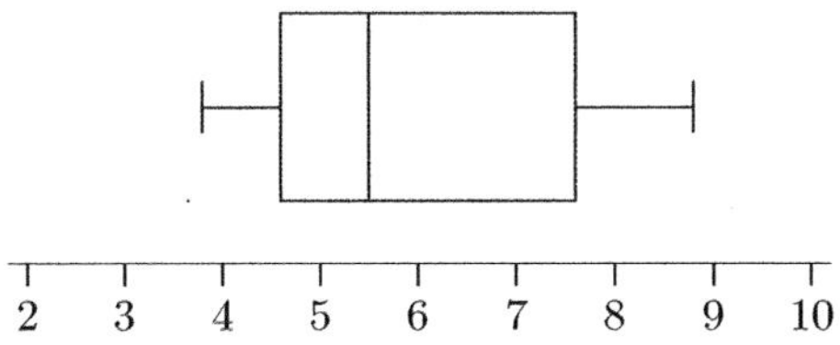

Box-Plot: SAFERSEX

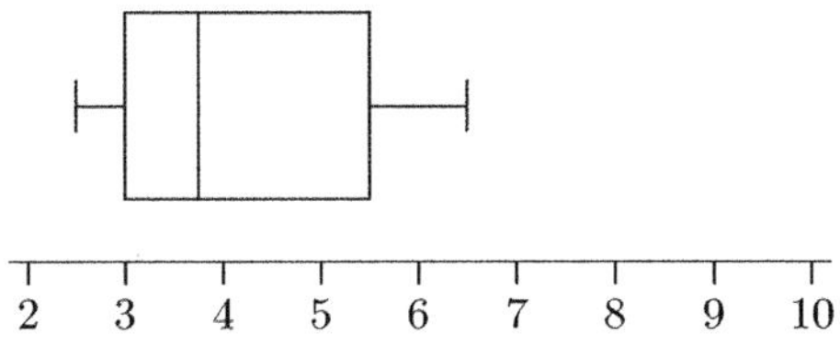

Die Kondome von ENJOY sind im Mittel teurer als Kondome von SAFERSEX. Außerdem streuen die Preise von ENJOY mehr als die Preise von SAFERSEX.

(e) Definiere Z = Preis der Kondome nach der Preiserhöhung $= 1.2X$. Damit erhält man

$$\begin{aligned} \bar{z} &= 5.12, \\ z_{0.5} &= 4.50, \\ z_{mod} &= 3.60. \end{aligned}$$

(f) $\bar{x}$ wird größer, $x_{0.5}$ und x_{mod} bleiben gleich, da sich in der geordneten Urliste lediglich $x_{(9)}$ ändert.

Lösung 2.11

(a) Die geforderten Maßzahlen berechnen sich wie folgt:

$$\begin{aligned} \bar{x} &= \frac{910}{11} = 82.7273, \\ \tilde{s}^2 &= \frac{1}{11}\sum_{i=1}^{n} x_i^2 - \bar{x}^2 = \frac{81700}{11} - 82.7273^2 = 583.4666, \\ \tilde{s} &= 24.1551, \\ v &= \frac{\tilde{s}}{\bar{x}} = 0.292. \end{aligned}$$

(b), (c) Die empirische Verteilungsfunktion hat die folgende Gestalt, wobei in der graphischen Darstellung die Quantile eingezeichnet sind:

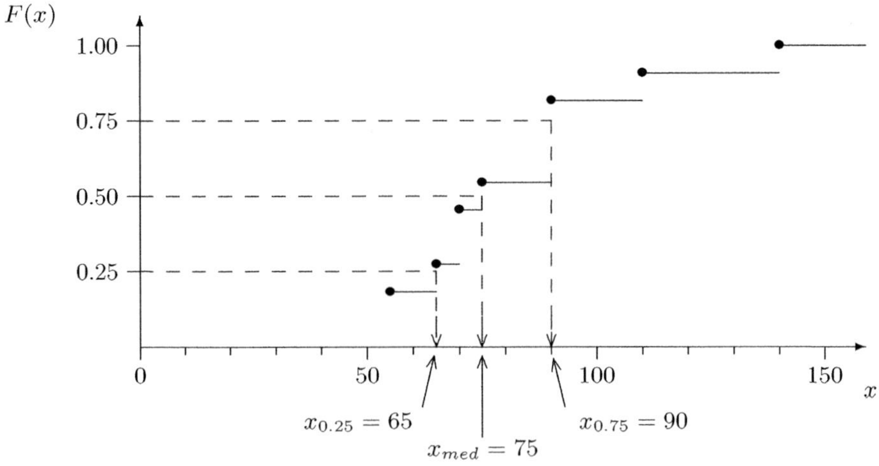

Der Box-Plot der Umsätze ergibt sich wie folgt:

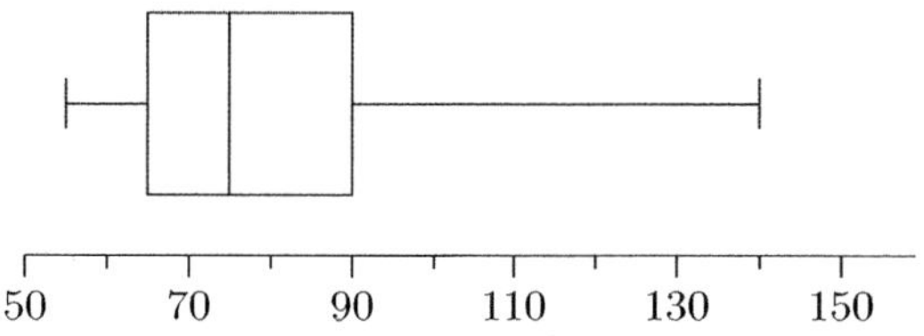

(d) Setze $y_i = \dfrac{x_i}{\tilde{s}}$, d.h. $a = \dfrac{1}{\tilde{s}} = \dfrac{1}{24.155}$. Für die Quartile und den Variationskoeffizienten erhält man:

$$
\begin{aligned}
y_{0.25} &= \frac{x_{0.25}}{24.155} = \frac{65}{24.155} = 2.69, \\
y_{med} &= \frac{x_{med}}{24.155} = \frac{75}{24.155} = 3.105, \\
y_{0.75} &= \frac{x_{0.75}}{24.155} = \frac{90}{24.155} = 3.726, \\
v_y &= \frac{\tilde{s}_y}{\bar{y}} = \frac{1}{\bar{x}/\tilde{s}_x} = \frac{\tilde{s}_x}{\bar{x}} = v_x = 0.292.
\end{aligned}
$$

Lösung 2.12

(a) Den geringsten Stromverbrauch weisen Geräte von Markenherstellern auf. Auch Computer von Direktanbietern haben einen geringeren Stromverbrauch als Computer von Billiganbietern, die mit Abstand den größten Stromverbrauch aufweisen. Die Streuung ist bei Direktanbietern am größten, gefolgt von den Billiganbietern und den Markenherstellern.

(b) Das arithmetische Mittel und die empirische Standardabweichung bestimmt man als:

$$
\begin{aligned}
\bar{x} &= \frac{1}{45+35+50}(45 \cdot 2.3 + 35 \cdot 1.6 + 50 \cdot 1.4) \\
&= 1.76, \\
\tilde{s}^2 &= \frac{1}{130}\left(45 \cdot 0.3^2 + 35 \cdot 0.4^2 + 50 \cdot 0.2^2\right) + \\
&\quad \frac{1}{130}\left(45 \cdot (2.3-1.76)^2 + 35 \cdot (1.6-1.76)^2 + 50 \cdot (1.4-1.76)^2\right) \\
&= 0.247, \\
\tilde{s} &= \sqrt{\tilde{s}^2} = 0.497.
\end{aligned}
$$

Lösung 2.13

Es gilt

$$\begin{aligned}\sum_{i=1}^{n}(x_i - \bar{x}) &= (x_1 - \bar{x}) + (x_2 - \bar{x}) + \ldots + (x_n - \bar{x}) \\ &= x_1 + x_2 + \ldots + x_n - n \cdot \bar{x} \\ &= x_1 + x_2 + \ldots + x_n - n \cdot \frac{1}{n}(x_1 + x_2 + \ldots + x_n) \\ &= 0.\end{aligned}$$

Lösung 2.14

Es bezeichnen $x_{j1}, \ldots, x_{jn_j}$ die Daten in der j-ten Schicht, $j = 1, \ldots, r$. Dann gilt für das arithmetische Mittel

$$\begin{aligned}\bar{x} &= \frac{1}{n}(x_{11} + x_{12} + \ldots + x_{1n_1} + \\ &\quad x_{21} + x_{22} + \ldots + x_{2n_2} + \\ &\quad \ldots \\ &\quad x_{r1} + x_{r2} + \ldots + x_{rn_r}) \\ &= \frac{1}{n}(n_1 \cdot \bar{x}_1 + n_2 \cdot \bar{x}_2 + \ldots + n_r \cdot \bar{x}_{n_r}) \\ &= \frac{1}{n}\sum_{j=1}^{r} n_j \bar{x}_j.\end{aligned}$$

Lösung 2.15

(a) Man bestimmt die folgenden Lagemaße:

$$\begin{aligned}\bar{x}^{1950} &= \frac{1}{121}(0.5 \cdot 5 + \cdots + 9.5 \cdot 3) = 5.71, \\ \bar{x}^{1970} &= \frac{1}{117}(0.5 \cdot 6 + \cdots + 9.5 \cdot 2) = 4.63, \\ \bar{x}^{1990} &= \frac{1}{97}(0.5 \cdot 35 + \cdots + 9.5 \cdot 1) = 2.13, \\ x_{med}^{1950} &= 6 + \frac{1 \cdot (0.5 - 0.48)}{0.17} = 6.12, \\ x_{med}^{1970} &= 4 + \frac{1 \cdot (0.5 - 0.32)}{0.25} = 4.72, \\ x_{med}^{1990} &= 1 + \frac{1 \cdot (0.5 - 0.36)}{0.25} = 1.56, \\ x_{mod}^{1950} &= 7.5,\end{aligned}$$

$$\begin{aligned} x_{mod}^{1970} &= 4.5, \\ x_{mod}^{1990} &= 0.5. \end{aligned}$$

(b) An den im Laufe der Jahre kleiner werdenden Lagemaßen läßt sich ablesen, daß die Leser der Zeitschrift immer weniger Zeit mit Radiohören verbringen.

Lösung 2.16

Die monatlichen Zinssätze r_i sind Wachstumsraten. Den durchschnittlichen Jahreszins für 1993 erhält man als geometrisches Mittel der Wachstumsfaktoren $x_i = 1 + r_i$:

Monat	Jan	Feb	Mrz	Apr	Mai	Jun
x_i	1.0713	1.0654	1.0626	1.0646	1.0642	1.0634
Monat	Jul	Aug	Sep	Okt	Nov	Dez
x_i	1.0599	1.0576	1.0575	1.0545	1.0513	1.0504

$$\begin{aligned} \bar{x}_{geom} &= (x_1 \cdot x_2 \cdot \ldots \cdot x_{12})^{\frac{1}{12}} \\ &= (1.0713 \cdot 1.0654 \cdot \ldots \cdot 1.0504)^{\frac{1}{12}} \\ &= 1.0602. \end{aligned}$$

Der durchschnittliche Jahresumsatz beträgt somit 6.02 Prozent.

Lösung 2.17

(a) Als sinnvoller Durchschnittswert für Bernds Laufgeschwindigkeit wird ein gewichtetes harmonisches Mittel bestimmt. Seien dazu l_i = Länge des i-ten Streckenabschnitts und x_i = Geschwindigkeit auf dem i-ten Streckenabschnitt, $i = 1, 2, 3$. Dann gilt:

$$\bar{x}_{har} = \frac{l_1 + l_2 + l_3}{\frac{l_1}{x_1} + \frac{l_2}{x_2} + \frac{l_3}{x_3}} = \frac{25 + 15 + 2}{\frac{25}{17} + \frac{15}{12} + \frac{2}{21}} = 14.916.$$

Bernds durchschnittliche Laufgeschwindigkeit beträgt somit 14.9 km/h.

(b) Bernd war $42/14.916 = 2.816$ Stunden unterwegs.

Lösung 2.18

(a) Es gilt mit $u_j = j/n$, $v_j = \sum_{i=1}^{j} x_i / \sum_{i=1}^{n} x_i$, $\tilde{V} = \sum_{i=1}^{n} x_i$:

$$\begin{aligned}
F &= \frac{1}{2}u_1v_1 + (u_2 - u_1)v_1 + \frac{1}{2}(u_2 - u_1)(v_2 - v_1) + \ldots \\
&= \frac{1}{2}u_1v_1 + \sum_{i=2}^{n}(u_i - u_{i-1})v_{i-1} + \frac{1}{2}(u_i - u_{i-1})(v_i - v_{i-1}) \\
&= \frac{1}{2}\frac{1}{n}v_1 + \sum_{i=2}^{n}\left\{\frac{1}{n}v_{i-1} + \frac{1}{2}\frac{1}{n}\frac{x_i}{\tilde{V}}\right\} \\
&= \frac{v_1}{2n} + \frac{1}{n}\sum_{i=1}^{n-1} v_i + \frac{1}{2n\tilde{V}}\sum_{i=2}^{n} x_i \\
&= \frac{v_1}{2n} - \frac{v_n}{n} + \frac{1}{n}V - \frac{x_1}{2n\tilde{V}} + \frac{1}{2n\tilde{V}}\sum_{i=1}^{n} x_i \\
&= \frac{v_1 - 2v_n}{2n} + \frac{1}{n}V - \frac{v_1}{2n} + \frac{1}{2n} \\
&= \frac{-2v_n}{2n} + \frac{1}{n}V + \frac{1}{2n} = \frac{1}{n}V - \frac{1}{2n} \\
&= \frac{1}{2n}(2V - 1).
\end{aligned}$$

(b) Daraus folgt

$$G = \left(\frac{1}{2} - \frac{1}{2n}(2V - 1)\right) / \frac{1}{2} = \frac{1}{n}(n + 1 - 2V)$$

und damit

$$G^* = \frac{n}{n-1}G = \frac{n + 1 - 2V}{n - 1}.$$

Lösung 2.19

Aus den Angaben erstellt man die folgende Tabelle:

j	u_j	$\frac{x_j}{\sum_{j=1}^{5} x_j}$	v_j
1	0.2	0.1	0.1
2	0.4	0.1	0.2
3	0.6	0.1	0.3
4	0.8	0.35	0.65
5	1.0	0.35	1.0

Mit Hilfe der Tabelle erhält man folgende Lorenzkurve:

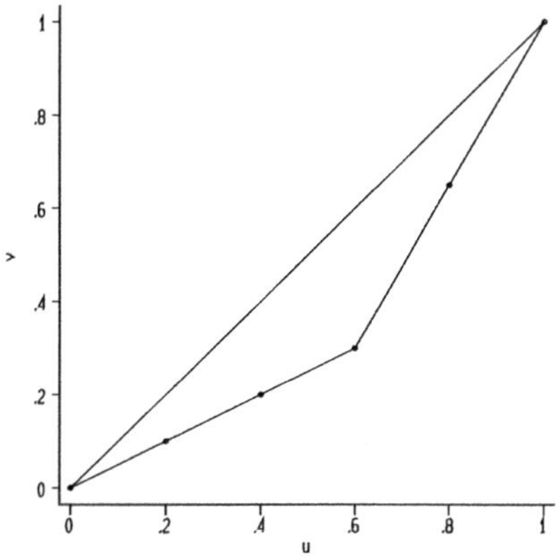

Den Gini-Koeffizienten erhält man mit

$$
\begin{aligned}
G &= \frac{2\sum_{j=1}^{n} j x_j}{n\sum_{j=1}^{n} x_j} - \frac{n+1}{n} = \frac{2}{n}\sum_{j=1}^{n} j \frac{x_j}{\sum_{j=1}^{n} n x_j} - \frac{n+1}{n} \\
&= \frac{2}{5}(1 \cdot 0.1 + 2 \cdot 0.1 + 3 \cdot 0.1 + 4 \cdot 0.35 + 5 \cdot 0.35) - \frac{6}{5} \\
&= 0.3.
\end{aligned}
$$

Haben vier der fünf Hersteller kein Großgerät verkauft, so ergibt sich die Tabelle:

j	u_j	$\frac{x_j}{\sum_{j=1}^{5} x_j}$	v_j
1	0.2	0	0
2	0.4	0	0
3	0.6	0	0
4	0.8	0	0
5	1.0	1.0	1.0

und daraus der Gini-Koeffizient als

$$G = \frac{2}{5} \cdot 5 \cdot 1 - \frac{6}{5} = 0.8.$$

Die Lorenzkurve ist gegeben durch

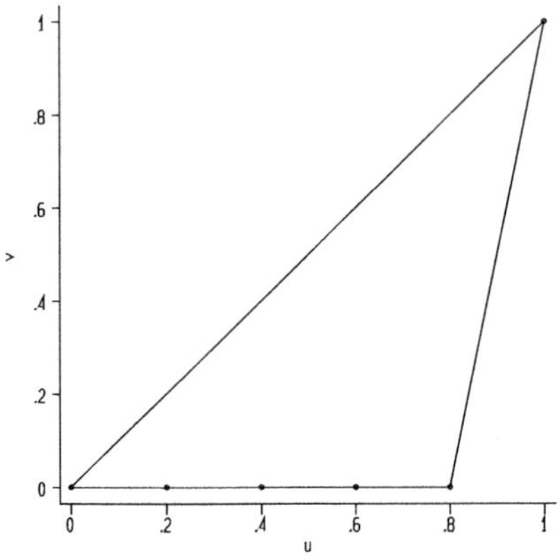

Lösung 2.20

Aus den Angaben erstellt man die folgende Tabelle:

	h_i	f_i	u_i	$h_i a_i$
klein	5	0.5	0.5	$5 \cdot a_1$
mittel	4	0.4	0.9	6
groß	1	0.1	1	a_3
				Summe = 15

Damit berechnet sich aus dem Gini-Koeffizient $G = 0.42$ mit

$$\begin{aligned} G &= \frac{\sum_{j=1}^{k}(u_{j-1}+u_j)h_j a_j}{\sum_{j=1}^{k} h_j a_j} - 1 \\ &= \frac{0.5 \cdot 5a_1 + 1.4 \cdot 6 + 1.9a_3}{15} - 1 \\ &= \frac{1}{15}(2.5a_1 + 1.9a_3) - 0.44 = 0.42. \end{aligned}$$

Daraus folgt $2.5a_1 + 1.9a_3 = 12.9$. Ferner gilt $5a_1 + 6 + a_3 = 15$, d.h. $a_3 = 9 - 5a_1$. In obige Gleichung eingesetzt ergibt sich:

$$\begin{aligned} 2.5a_1 + 1.9(9 - 5a_1) &= 12.9 \\ \iff \quad 7a_1 &= 4.2 \\ \iff \quad a_1 &= 0.6. \end{aligned}$$

Man erhält

$$a_3 = 9 - 5 \cdot 0.6 = 6.$$

Die fünf kleinen Unternehmen erzielen somit zusammen einen Umsatz von 3 Mio Euro, die vier mittleren erreichen zusammen 6 Mio Euro, und das größte erwirtschaftet alleine 6 Mio Euro.

Lösung 2.21

(a) Bezeichne x_i den Umsatz der i-ten Facharztniederlassung. Jede der 5 kleinen Praxen hat einen Umsatz von $0.3/5 = 0.06$ Mio Euro. Die große Praxis hat insgesamt 0.6 Mio Euro Umsatz. Schließlich haben die 4 mittleren Praxen zusammen einen Umsatz von $1.5 - 0.3 - 0.6 = 0.6$ Mio Euro, jede einzelne also 0.15 Mio Euro Umsatz.

Als Tabelle ergibt sich:

Praxis i	u_i	x_i	$\sum x_i$	v_i
1	0.1	0.06	0.06	0.04
2	0.2	0.06	0.12	0.08
3	0.3	0.06	0.18	0.12
4	0.4	0.06	0.24	0.16
5	0.5	0.06	0.3	0.2
6	0.6	0.15	0.45	0.3
7	0.7	0.15	0.6	0.4
8	0.8	0.15	0.75	0.5
9	0.9	0.15	0.9	0.6
10	1	0.6	1.5	1

Die Lorenzkurve hat die Form:

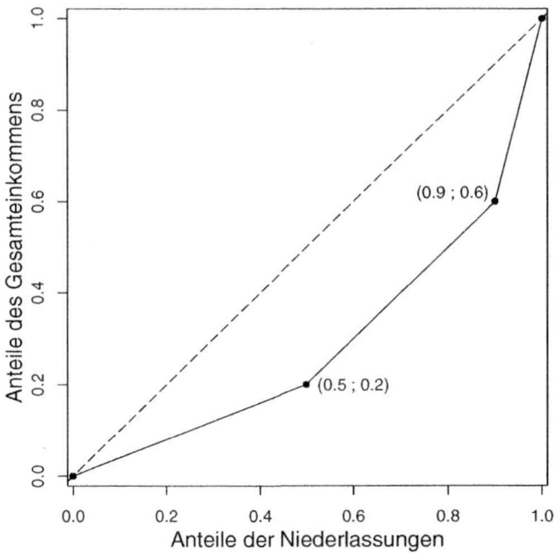

Mit den Formeln aus Aufgabe 2.18 ergibt sich:

$$G^* = \frac{n+1-2V}{n-1} = \frac{11 - 2 \cdot 3.4}{9} = 0.46 \qquad \text{mit} \quad V = \sum_{i=1}^{10} v_i = 3.4.$$

Aus der Häufigkeitstabelle

Klasse	h_i	a_i	u_i	$h_i a_i$	v_i
klein	5	0.06	0.5	0.3	0.2
mittel	4	0.15	0.9	0.6	0.6
groß	1	0.6	1	0.6	1

ergibt sich der Gini-Koeffizient aus

$$\begin{aligned} G &= \frac{\sum_{j=1}^{k}(u_{j-1}+u_j)h_j a_j}{\sum_{j=1}^{k} h_j a_j} - 1 \\ &= \frac{0.5 \times 0.3 + 1.4 \times 0.6 + 1.9 \times 0.6}{0.3 + 0.6 + 0.6} - 1 \\ &= 0.42, \\ G^* &= \frac{n}{n-1} G = \frac{10}{9} 0.42 = 0.46. \end{aligned}$$

(b) Die neue Tabelle hat die Form:

Praxis i	u_i	x_i	$\sum x_i$	v_i
1	0.1	0.06	0.06	0.033
2	0.2	0.06	0.12	0.066
3	0.3	0.06	0.18	0.099
4	0.4	0.06	0.24	0.133
5	0.5	0.06	0.3	0.166
6	0.6	0.15	0.45	0.25
7	0.7	0.15	0.6	0.33
8	0.8	0.15	0.75	0.41
9	0.9	0.15	0.9	0.5
10	1	0.9	1.8	1

Die Lorenzkurve ist damit gegeben durch:

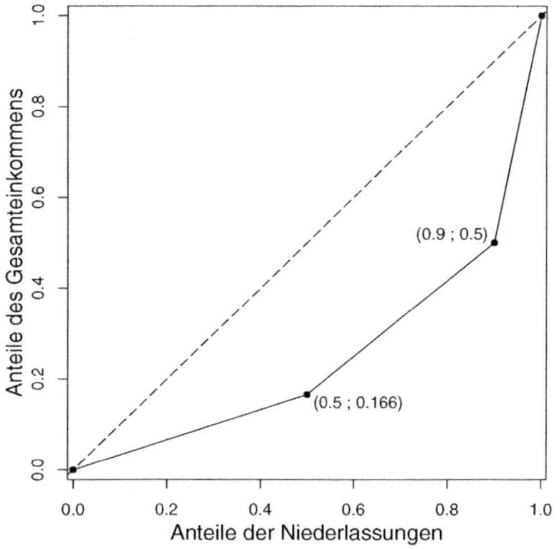

Unter Berücksichtigung der Formeln aus Aufgabe 2.18 berechnet sich der Gini-Koeffizient als

$$G^* = \frac{11 - 2V}{9} = \frac{11 - 2 \cdot 2.987}{9} = 0.558 \qquad \text{mit} \quad V = \sum_{i=1}^{10} v_i = 2.987.$$

Ein Vergleich der beiden Gini-Koeffizienten zeigt, daß die Konzentration zunimmt.

(c) Es gibt nunmehr nur noch sieben Praxen, fünf kleine Praxen mit einem Umsatz von jeweils 0.06 Mio Euro, eine mittlere mit 0.6 Mio Euro Umsatz und eine große Praxis mit 0.9 Mio Euro Umsatz.

Klasse	n_i	jew. Umsatz
klein	5	0.06
mittel	1	0.6
groß	1	0.9

Als Tabelle ergibt sich:

Praxis i	u_i	x_i	$\sum x_i$	v_i
1	0.143	0.06	0.06	0.033
2	0.286	0.06	0.12	0.066
3	0.429	0.06	0.18	0.099
4	0.571	0.06	0.24	0.133
5	0.714	0.06	0.3	0.166
6	0.857	0.6	0.9	0.5
7	1	0.9	1.8	1

Damit erhält man als Lorenzkurve:

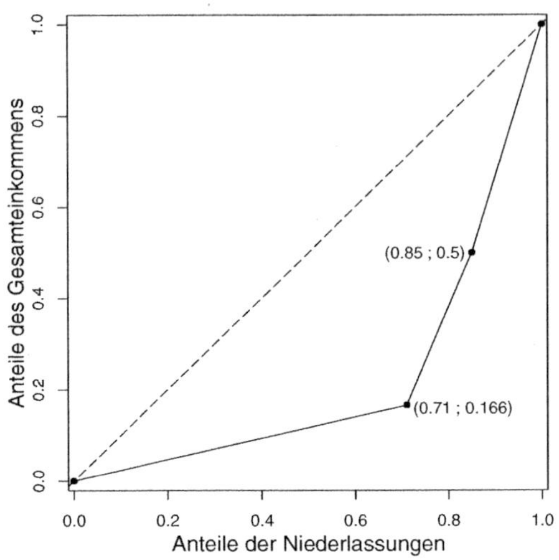

Der Gini-Koeffizient bestimmt sich durch

$$G^* = \frac{8 - 2V}{6} = \frac{8 - 2 \cdot 2}{6} = \frac{2}{3} \qquad \text{mit} \quad V = \sum_{i=1}^{7} v_i = 2.$$

(Hinweis: Im vorliegenden Fall lassen sich keine allgemeinen Aussagen treffen, d. h. die Konzentration kann zu- oder abnehmen.)

Lösung 2.22

Grafik a) ist eine Lorenzkurve. Es handelt sich um eine monotone konvexe Kurve. Das kleinste Unternehmen hat einen Umsatz von 10%, das 2. kleinste von 20%, das Nächste einen Umsatz von 30% und das größte Unternehmen von 40%. Grafik b) ist ebenfalls eine Lorenzkurve. Die Funktion ist wieder monoton und konvex. Die drei kleinsten Unternehmen haben keinen Umsatz, das größte Unternehmen macht 100% des Umsatzes (maximale Konzentration). Grafik c) stellt keine Lorenzkurve dar, da die Funktion nicht durch den Punkt (1,0) gehen darf. Grafik d) ist ebenfalls keine Lorenzkurve, da die dargestellte Funktion nicht monoton steigend ist.
Der Ginikoeffizient für die Lorenzkurve aus Grafik a) ist gegeben durch

$$G^* = \frac{n + 1 - 2V}{n - 1} = \frac{4 + 1 - 2(4 + 1 - 2(0.1 + 0.3 + 0.6 + 1)}{3} = \frac{1}{3}.$$

Für Grafik b) erhalten wir

$$G^* = \frac{4 + 1 - 2(0 + 0 + 0 + 1)}{3} = 1.$$

Zur Berechnung von G^* haben wir die Ergebnisse aus Aufgabe 2.18 verwendet.

Lösung 2.23

Ein Momentenkoeffizient von $g_m = 1.72$ in der linken Spalte weist auf eine linkssteile Verteilung hin, genauso wie ein positiver Quartilskoeffizient von $g_{0.25} = 0.16$. Das Wölbungsmaß $\gamma = 6.58$ spricht für eine überdurchschnittlich gewölbte Verteilung. Dies trifft unter den drei Datenbeispielen auf die Nettomieten zu, die in dem NQ-Plot eine unsymmetrische linkssteile Verteilung zeigen. In der mittleren Spalte stehen $g_{0.25} = 0.06$ und $g_m = -0.17$ für eine eher symmetrische Verteilung, die aber aufgrund von $\gamma = 8.01$ relativ spitz ist und über breitere Enden als die Normalverteilung verfügt. Wegen der vielen Ausreißer trifft dies auf die Renditen der BMW-Aktie zu. In der rechten Spalte weist ein negativer Momentenkoeffizient $g_m = -0.49$ auf eine rechtssteile Verteilung hin, die wegen $\gamma = 0.17$ wenig gewölbt ist. Dies paßt zu der Lebensalterverteilung der Magenkrebspatienten, die um den Median eher symmetrisch ist, so daß $g_{0.25} = 0$ gilt, aber aufgrund des hohen Alters mehrerer Patienten ansonsten eine rechtssteile Gestalt zeigt.

Lösung 2.24

Das rechte Bild zeigt einen glatteren Verlauf des Kerndichteschätzers, was einer größeren Bandbreite, hier also 2, entspricht. Dem linken Bild liegt die kleinere Bandbreite gleich 1 zugrunde.

3

Multivariate Deskription und Exploration

Aufgaben

Aufgabe 3.1

In der sogenannten Sonntagsfrage wird regelmäßig die folgende Frage gestellt: *"Welche Partei würden Sie wählen, wenn am nächsten Sonntag Bundestagswahl wäre?"*. Für den Befragungszeitraum 11.1.–24.1.1995 ergab sich die folgende Kontingenztafel

	CDU/CSU	SPD	FDP	Grüne	Rest	
Männer	144	153	17	26	95	435
Frauen	200	145	30	50	71	496
	344	298	47	76	166	931

Bei der Untersuchung des Zusammenhangs zwischen dem Geschlecht und der Parteipräferenz betrachte man die sich ergebenden (2×2)-Tabellen, wenn man die CDU/CSU jeweils lediglich einer anderen Partei gegenüberstellt. Bestimmen und interpretieren Sie jeweils die relativen Chancen, den χ^2-Koeffizienten und den Kontingenzkoeffizienten.
(Lösung siehe Seite 61)

Aufgabe 3.2

In einem Experiment zur Wirkung von Alkohol auf die Reaktionszeit wurden insgesamt 400 Versuchspersonen zufällig in zwei Gruppen aufgeteilt. Eine der beiden Gruppen erhielt dabei eine standardisierte Menge Alkohol. Abschließend ergab sich die folgende Kontingenztabelle

	Reaktion			
	gut	mittel	stark verzögert	
ohne Alkohol	120	60	20	
mit Alkohol	60	100	40	

(a) Bestimmen Sie die Randhäufigkeiten dieser Kontingenztabelle, und interpretieren Sie diese, soweit dies sinnvoll ist.
(b) Bestimmen Sie diejenige bedingte relative Häufigkeitsverteilung, die sinnvoll interpretierbar ist.
(c) Bestimmen Sie den χ^2- und den Kontingenzkoeffizienten.
(d) Welche relativen Chancen lassen sich aus dieser Kontingenztafel gewinnen?

(Lösung siehe Seite 62)

Aufgabe 3.3

Die im folgenden gegebene Kontingenztafel mit relativen Häufigkeiten ist unvollständig. Vervollständigen Sie die Tabelle unter der Annahme, daß die beiden Merkmale *unabhängig* sind.

	b_1	b_2	b_3	
a_1	0.16			0.8
a_2			0.06	

(Lösung siehe Seite 63)

Aufgabe 3.4

(a) Zeigen Sie

$$\chi^2 = n \sum_{i=1}^{k} \sum_{j=1}^{m} \frac{(f_{ij} - f_{i.}f_{.j})^2}{f_{i.}f_{.j}}$$

(b) Wie ändert sich χ^2, wenn der Stichprobenumfang verdoppelt wird (bei gleichbleibenden relativen Häufigkeiten)?

(Lösung siehe Seite 64)

Aufgabe 3.5

Der Fachserie 16 "Bildung und Wissenschaft" des statistischen Bundesamts 1998 können Sie folgende gemeinsame Verteilung der Merkmale Schulart und Staatsangehörigkeit von Schülern an bayerischen weiterführenden Schulen entnehmen:

	Staatsangehörigkeit	
Schulart	deutsch	ausländisch
Hauptschule	173244	145917
Realschule	154255	7323
Gymnasium	290057	10043

Bestimmen Sie

(a) die gemeinsame Verteilung von Schulart und Staatsangehörigkeit und die Randverteilung der beiden Merkmale in relativen Häufigkeiten.
(b) die bedingten Verteilungen der Schulart gegeben die Staatsangehörigkeit.

Beschreiben Sie mit Hilfe der berechneten Verteilungen, welcher Zusammenhang zwischen den beiden Merkmalen der Tendenz nach besteht.

(c) Beurteilen Sie diesen Zusammenhang mit einem geeigneten statistischen Maß.

(Lösung siehe Seite 64)

Aufgabe 3.6

In einer Studie zur Auswirkung von Fernsehprogrammen mit gewalttätigen Szenen auf das Sozialverhalten von Kindern wurden ein Aggressivitätsscore Y, die Zeitdauer in Minuten X, während der das Kind pro Tag gewöhnlich solche Sendungen sieht, und das Geschlecht Z des Kindes mit $1 =$ weiblich und $0 =$ männlich erfaßt. Sowohl der Aggressivitätsscore als auch die Zeitdauer lassen sich wie metrische Variablen behandeln. Nehmen wir folgende Beobachtungen für eine zufällig ausgewählte Kindergartengruppe an:

i	1	2	3	4	5	6	7	8	9	10	11	12	13
y_i	4	5	2	6	6	8	7	2	7	3	5	1	3
x_i	10	50	30	70	80	60	90	40	10	20	30	50	60
z_i	0	0	0	0	0	0	0	1	1	1	1	1	1

(a) Zeichnen Sie ein Streudiagramm für die 13 Kinder, und berechnen Sie den Korrelationskoeffizienten nach Bravais-Pearson zwischen X und Y ohne Berücksichtigung des Geschlechts.
(b) Zeichen Sie nun für Jungen und Mädchen getrennt jeweils ein Streudiagramm, und berechnen Sie für beide Geschlechter den Korrelationskoeffizienten.
(c) Vergleichen Sie Ihre Ergebnisse aus (a) und (b). Welche Art von Korrelation beobachten Sie hier, und wie ändert sich Ihre Interpretation des Zusammenhangs zwischen aggressivem Verhalten und dem Beobachten gewalttätiger Szenen im Fernsehen?

(Lösung siehe Seite 66)

Aufgabe 3.7

Ein Medikament zur Behandlung von Depressionen steht im Verdacht, als Nebenwirkung das Reaktionsvermögen zu reduzieren. In einer Klinik wurde deshalb eine Studie durchgeführt, an der zehn zufällig ausgewählte Patienten teilnahmen, die das Präparat in verschiedenen Dosierungen verabreicht bekamen. Das Reaktionsvermögen wurde mit Hilfe des folgenden Experiments gemessen: Der Patient mußte einen Knopf drücken, sobald er ein bestimmtes Signal erhalten hat. Die Zeit zwischen Signal und Knopfdruck wurde als Maß für das Reaktionsvermögen betrachtet. Es ergeben sich folgende Werte für die Dosierung X in mg und die dazugehörige Reaktionszeit Y in Sekunden:

i	1	2	3	4	5	6	7	8	9	10
x_i	1	5	3	8	2	2	10	8	7	4
y_i	1	6	1	6	3	2	8	5	6	2

(a) Was sagt das Streudiagramm über den Zusammenhang von X und Y aus?

(b) Passen Sie eine Gerade an die beobachteten Datenpunkte unter Verwendung der Kleinste-Quadrate Methode an. Beurteilen Sie die Güte Ihrer Anpassung. Nutzen Sie, daß der Korrelationskoeffizient nach Bravais-Pearson r_{XY} hier 0.8934 beträgt. Was sagt dieser Wert über den Zusammenhang von X und Y aus?

(c) Ein Patient wird mit einer Dosis von 5.5 mg des Medikaments behandelt. Welche Reaktionszeit prognostizieren Sie?

(d) Wie läßt sich der in (b) geschätzte Steigungsparameter interpretieren?

Hinweis:

$$\sum_{i=1}^{10} x_i = 50, \ \sum_{i=1}^{10} x_i^2 = 336, \ \sum_{i=1}^{10} y_i = 40, \ \sum_{i=1}^{10} y_i^2 = 216, \ \sum_{i=1}^{10} x_i y_i = 262.$$

(Lösung siehe Seite 69)

Aufgabe 3.8

Bei einer Studie zur Situation ausländischer Kinder in deutschen Kindergärten wurden zehn ausländische Kinder eines Münchner Kindergartens untersucht. Dabei interessierte vor allem, welche Bedeutung der Erwerb der deutschen Sprache für die Integration der Kinder in die Gruppe hat.
Dazu wurde der Grad der Integration über verschiedene Variablen, wie zum Beispiel die Anzahl der Spielkontakte mit deutschen Kindern, erfaßt. Jedes Kind erhielt einen Integrationsscore auf einer Skala von 0 (völlige Isolation) bis 10 (völlige Integration).
Außerdem nahmen die zehn Kinder an einem Sprachtest teil. In diesem Test konnten die Kinder 0 (keinerlei Kenntnisse der deutschen Sprache) bis 20

(mit gleichaltrigem deutschen Kind vergleichbare Kenntnisse der deutschen Sprache) Punkte erzielen.
Die Tabelle zeigt die Ergebnisse für die zehn Kinder:

Kind	1	2	3	4	5	6	7	8	9	10
Ergebnis des Sprachtests	15	4	10	7	20	5	0	3	8	12
Integrationsscore	9	0	8	7	10	2	1	3	4	6

(a) Tragen Sie die Daten in ein Streudiagramm ein.
(b) Berechnen Sie den Rangkorrelationskoeffizienten nach Spearman. Verteilen Sie dazu zunächst die Ränge in beiden Datenreihen.
(c) In einem anderen Kindergarten ergab sich für vier ausländische Kinder folgendes Streudiagramm:

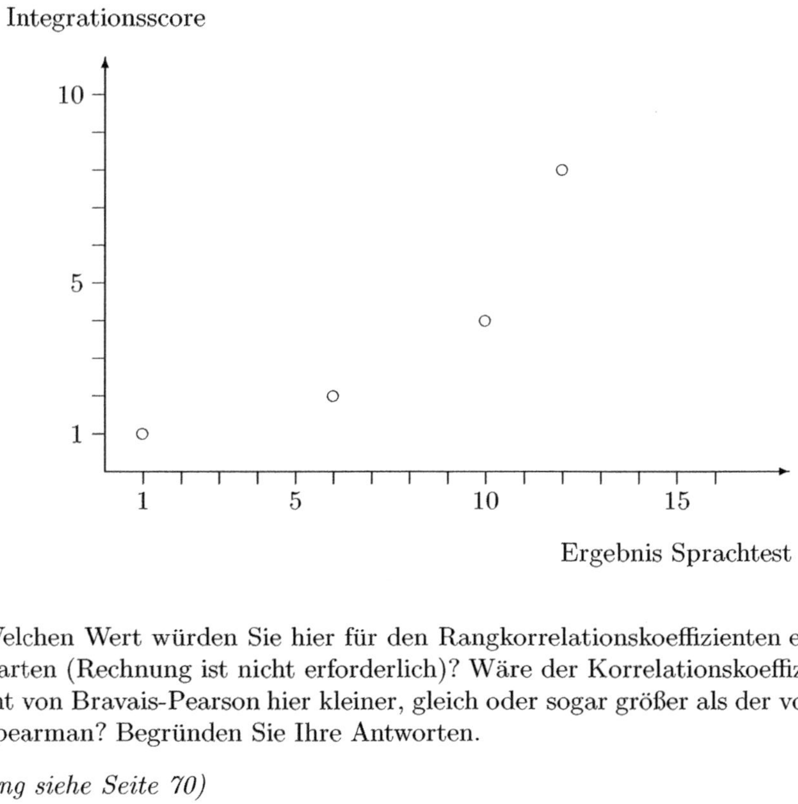

Welchen Wert würden Sie hier für den Rangkorrelationskoeffizienten erwarten (Rechnung ist nicht erforderlich)? Wäre der Korrelationskoeffizient von Bravais-Pearson hier kleiner, gleich oder sogar größer als der von Spearman? Begründen Sie Ihre Antworten.

(Lösung siehe Seite 70)

Aufgabe 3.9

Bei der Untersuchung des Zusammenhangs zwischen zwei Variablen X und Y ergaben sich folgende Beobachtungen

i	1	2	3	4	5	6	7	8	9	10	11
x_i	1	2	3	4	5	6	7	8	9	10	20
y_i	−.09	2.37	3.14	4.26	5.48	4.77	7.3	6.45	9.14	11.13	0

Wenn nur die ersten zehn Beobachtungen berücksichtigt werden, erhält man als Korrelationskoeffizient nach Bravais-Pearson $r_{XY} = 0.9654$ und als Rangkorrelationskoefizient nach Spearman $r_{SP} = 0.9758$.

(a) Zeichnen Sie zunächst ein Streudiagramm zwischen Y und X unter Berücksichtigung *aller* Daten (also auch der elften Beobachtung).

(b) Bestimmen Sie nun beide Korrelationskoeffizienten unter Berücksichtigung aller elf Daten. Verwenden Sie dabei folgende Größen, die man bei der Berechnung der Korrelationskoeffizienten mit lediglich den ersten zehn Datenpunkten erhalten hat: $\bar{x} = 5.5$, $\bar{y} = 5.396$, $\sum x_i y_i = 383.46$, $\sum x_i^2 = 385$, $\sum y_i^2 = 388.88$.

(c) Interpretieren Sie die in (a) und (b) erhaltenen Ergebnisse.

(Lösung siehe Seite 71)

Aufgabe 3.10

Die folgende Graphik zeigt das Streudiagramm zwischen zwei Merkmalen y und x. Insgesamt sind fünf Punkte abgebildet, die alle auf einer Geraden liegen.

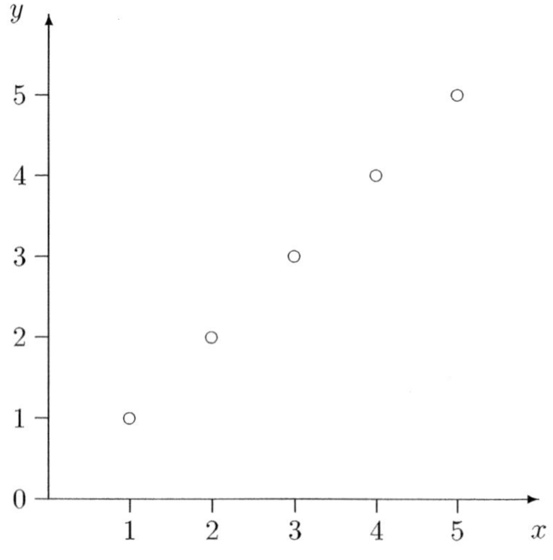

(a) Welchen Wert nehmen r_{XY} und r_{SP} an?
(b) Wie ändern sich r_{XY} und r_{SP}, wenn
   (b1) alle y_i $(i = 1, \dots, 5)$ quadriert werden?
   (b2) der Punkt $(x, y) = (5, 5)$ ersetzt wird durch (8,5), d.h. der Punkt nach rechts verschoben wird?
   (b3) alle y_i $(i = 1, \dots, 5)$ mit -1 multipliziert werden?
   (b4) alle y_i und x_i $(i = 1, \dots, 5)$ mit -1 multipliziert werden?

(Lösung siehe Seite 72)

Aufgabe 3.11

Wir betrachten den folgenden Datensatz mit $n = 11$ Beobachtungen der Variablen X_1, X_2, Y_1, Y_2, Y_3 und Y_4 (Anscomb Daten):

x_1	x_2	y_1	y_2	y_3	y_4
10.00	8.00	8.04	9.14	7.46	6.58
8.00	8.00	6.95	8.14	6.77	5.76
13.00	8.00	7.58	8.74	12.74	7.71
9.00	8.00	8.81	8.77	7.11	8.84
11.00	8.00	8.33	9.26	7.81	8.47
14.00	8.00	9.96	8.10	8.84	7.04
6.00	8.00	7.24	6.13	6.08	5.25
4.00	19.00	4.26	3.10	5.39	12.50
12.00	8.00	10.84	9.13	8.15	5.56
7.00	8.00	4.82	7.26	6.42	7.91
5.00	8.00	5.68	4.74	5.73	6.89

Tabelle 3.1. *Datensatz mit den Beobachtungen der Variablen X_1, X_2, Y_1, Y_2, Y_3 und Y_4.*

(a) Die empirische Kovarianzmatrix der Variablen X_1, X_2, Y_1, Y_2, Y_3 und Y_4 besitzt die folgende Gestalt:

	X_1	X_2	Y_1	Y_2	Y_3	Y_4
X_1	11.00					
X_2	−5.50	11.00				
Y_1	5.50	−3.57	4.13			
Y_2	5.50	−4.84	3.10	4.13		
Y_3	5.50	−2.32	1.93	2.43	4.12	
Y_4	−2.12	5.50	−2.02	−1.97	−0.64	4.12

Die Matrix gibt die empirischen Kovarianzen zwischen allen beteiligten Variablen an. Aufgrund der Symmetrie der Kovarianz müssen die Elemente oberhalb der Diagonalen nicht angegeben werden. Zum besseren

Verständnis beachten Sie bitte noch das folgende Ablesebeispiel. Die empirische Kovarianz zwischen X_1 und Y_1 beträgt 5.50, d.h. $\tilde{s}_{X_1,Y_1} = 5.50$. Die Varianzen der Variablen befinden sich auf der Diagonalen der obigen Kovarianzmatrix. Die Varianz $\tilde{s}^2_{X_1}$ von X_1 ist beispielsweise 11.00.

(i) Berechnen Sie unter Zuhilfenahme der gegebenen Kovarianzmatrix die Korrelationskoeffizienten (nach Bravais-Pearson) r_{X_1,Y_1}, r_{X_1,Y_2}, r_{X_1,Y_3} und r_{X_2,Y_4}. Runden Sie bitte Ihre Ergebnisse auf die zweite Nachkommastelle.

(ii) Interpretieren Sie Ihre bisherigen Ergebnisse?

(b) Abbildung 3.1 zeigt die Streudiagramme der Variablenpaare (X_1, Y_1), (X_1, Y_2), (X_1, Y_3) und (X_2, Y_4). Zusätzlich wurden die jeweiligen Regressionsgeraden bestimmt. Diese sind bei allen Variablenpaaren identisch, d.h. die geschätzten Regressionsparameter sind genau gleich mit Werten $\hat{\alpha} = 3$ und $\hat{\beta} = 0.5$.

(i) Zeichnen Sie die Regressionsgeraden in Abbildung 3.1 ein.

(ii) Wie ändert sich Ihre Interpretation aus Aufgabenteil (a), wenn Abbildung 3.1 in Ihre Überlegungen einfließt? Welches Fazit können Sie ziehen?

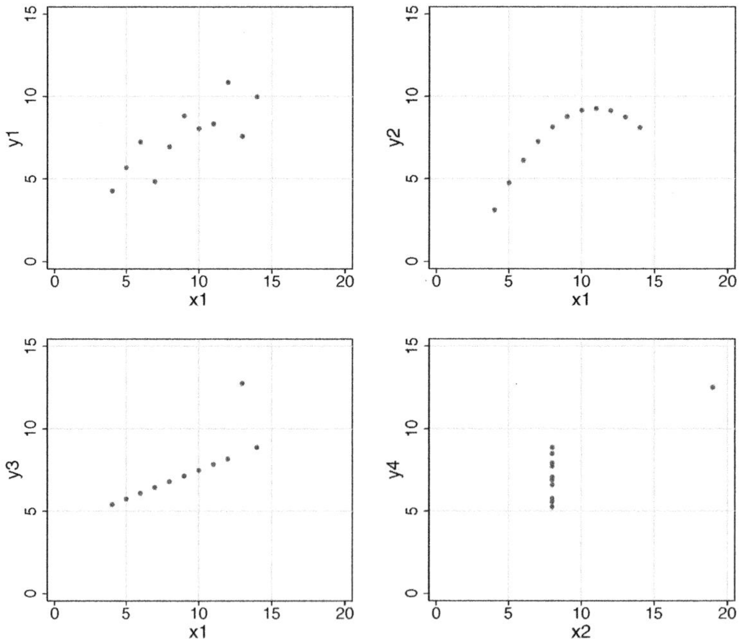

Abbildung 3.1. *Streudiagramme für X_1 vs. Y_1, X_1 vs. Y_2, X_1 vs. Y_3 und X_2 vs. Y_4.*

(Lösung siehe Seite 72)

Aufgabe 3.12

Shepard und Cooper haben Experimente entwickelt, mit denen sich die Vorstellung räumlicher Bewegungen näher untersuchen läßt: Die Versuchsteilnehmer sollten jeweils zwei vom Computer erzeugte perspektivische Strichzeichnungen miteinander vergleichen. Bei einigen Zeichnungen waren die beiden Objekte identisch, aber aus verschiedenen Perspektiven dargestellt. Die Probanden mußten nun möglichst schnell die beiden Figuren miteinander vergleichen und dann kenntlich machen, ob sie gleich sind oder nicht. Sei X die Drehung einer Zeichnung in der Bildebene, gemessen in Grad, und Y die Reaktionszeit in Sekunden. Beobachtet wurden folgende Werte:

x_i	0	20	40	60	80	100	120	140	160	180
y_i	1.15	1.65	2.00	2.46	2.77	3.15	3.66	3.95	4.45	4.69

Nehmen Sie an, daß sich der Zusammenhang zwischen X und Y durch folgende Beziehung beschreiben läßt:

$$y_i = \alpha + \beta x_i + \epsilon_i, \quad i = 1, \ldots, 10.$$

(a) Schätzen Sie α und β aus den obigen Beobachtungen. Wie sieht damit die geschätzte Regressionsgerade aus?
(b) Was läßt sich über die Güte der Modellanpassung sagen? Berechnen Sie dazu das Bestimmtheitsmaß.

(Lösung siehe Seite 74)

Aufgabe 3.13

In einem Schwellenland wurde eine Studie durchgeführt, die den Zusammenhang zwischen Geburtsgewicht von Kindern und zahlreichen sozioökomischen Variablen untersucht. Hier sei speziell der Zusammenhang zwischen dem Geburtsgewicht und dem monatlichen Einkommen von Interesse. Es wurden acht Kinder zufällig ausgewählt und für diese sowohl das Geburtsgewicht Y in Pfund als auch das monatliche Einkommenen X der Eltern in 1000 Einheiten der Landeswährung erfaßt. Die Daten sind in der folgenden Tabelle zusammengefaßt.

Kind i	1	2	3	4	5	6	7	8
Einkommen x_i	2.7	1.9	3.1	3.9	4.0	3.4	2.1	2.9
Geburtsgewicht y_i	5	6	9	8	7	6	7	8

(a) Tragen Sie die Beobachtungen in ein Streudiagramm ein.
(b) Man möchte nun anhand des Einkommens mit Hilfe eines linearen Regressionsmodells $y_i = \alpha + \beta x_i + \varepsilon_i, \quad i = 1, \ldots, n$, das Geburtsgewicht vorhersagen.

Schätzen Sie die Regressionsgerade, und zeichnen Sie diese in das Streuungsdiagramm.
Ein Ehepaar verdient 3×1000 Einheiten der Landeswährung im Monat. Welches Geburtsgewicht prognostizieren Sie?

(c) Berechnen Sie das Bestimmtheitsmaß. Was sagt es hier aus? Glauben Sie, daß das Einkommen zur Vorhersage des Geburtsgewichts geeignet ist (mit Begründung)?

Hinweis:

$$\sum_{i=1}^{8} x_i = 24, \sum_{i=1}^{8} x_i^2 = 76.1, \sum_{i=1}^{8} y_i = 56, \sum_{i=1}^{8} y_i^2 = 404,$$

$$\sum_{i=1}^{8} x_i y_i = 170.3, \sum_{i=1}^{8} \hat{y}_i^2 = 393.3, \quad SQR = 10.7.$$

(Lösung siehe Seite 75)

Lösungen

Lösung 3.1

Zunächst betrachtet man die (2×2)-Tabelle, die sich ergibt, wenn man die CDU/CSU der SPD gegenüberstellt:

	CDU/CSU	SPD	$\sum$
Männer	144	153	297
Frauen	200	145	345
$\sum$	344	298	642

Daraus berechnet man

$$\begin{aligned}
\gamma &= \frac{144/153}{200/145} = \frac{0.9412}{1.3793} = 0.6828, \\
\chi^2 &= \frac{642 \cdot (144 \cdot 145 - 153 \cdot 200)^2}{297 \cdot 344 \cdot 298 \cdot 345} = 5.7745, \\
K &= \sqrt{\frac{5.7745}{642 + 5.7745}} = 0.0944, \\
K^* &= \frac{K}{K_{\max}} = \frac{K}{\sqrt{\frac{M-1}{M}}} = \frac{0.0944}{\sqrt{0.5}} = 0.1335 \quad \text{mit} \quad M = \min\{2,2\} = 2.
\end{aligned}$$

Entsprechend erhält man die (2×2)-Tabelle CDU/CSU vs. FDP:

	CDU/CSU	FDP	$\sum$
Männer	144	17	161
Frauen	200	30	230
$\sum$	344	47	391

mit

$$\gamma = 1.2706,\ \chi^2 = 0.5528,\ K = 0.0376,\ K^* = 0.0532.$$

Abschließend ergibt sich die (2×2)-Tabelle CDU/CSU vs. Grüne als:

	CDU/CSU	Grüne	$\sum$
Männer	144	26	170
Frauen	200	50	250
$\sum$	344	76	420

mit

$$\gamma = 1.3846,\ \chi^2 = 1.5112,\ K = 0.0599,\ K^* = 0.0847.$$

Lösung 3.2

(a) Man erhält die folgende Kontingenztafel inklusive Randhäufigkeiten; bei den Werten in Klammern handelt es sich um die absoluten Häufigkeiten, wenn Unabhängigkeit vorliegt. Diese werden in der Lösung von Teilaufgabe (c) benötigt.

	Reaktion			
	gut	mittel	stark verzögert	
ohne Alkohol	120 (90)	60 (80)	20 (30)	200
mit Alkohol	60 (90)	100 (80)	40 (30)	200
	180	160	60	400

Die 400 Personen wurden jeweils zu gleichen Anteilen in die beiden Gruppen mit und ohne Alkohol eingeteilt. Insgesamt zeigten die allermeisten Versuchspersonen eine gute oder mittlere Reaktionszeit. Lediglich 60 (15 Prozent) zeigten eine stark verzögerte Reaktionszeit.

(b) Als bedingte relative Häufigkeitsverteilung, gegeben die Person war alkoholisiert, ergibt sich:

	Reaktion			
	gut	mittel	stark verzögert	
mit Alkohol	0.3	0.5	0.2	1

Entsprechend ermittelt man als bedingte relative Häufigkeitsverteilung, gegeben die Person war nicht alkoholisiert:

	Reaktion			
	gut	mittel	stark verzögert	
ohne Alkohol	0.6	0.3	0.1	1

Ein Vergleich der beiden relativen Häufigkeitsverteilungen zeigt, daß die Reaktionszeiten bei alkoholisierten Personen insgesamt schlechter sind als in der Gruppe ohne Alkohol. Während in der Gruppe der nicht alkoholisierten Personen insgesamt 60 Prozent eine gute Reaktionszeit aufweisen, sind dies in der Gruppe der alkoholisierten Gruppe lediglich 30 Prozent.

(c) Die Assoziationsmaße berechnen sich als

$$
\begin{aligned}
\chi^2 &= \frac{(120-90)^2}{90} + \frac{(60-80)^2}{80} + \frac{(20-30)^2}{30} + \\
&\quad \frac{(60-90)^2}{90} + \frac{(100-80)^2}{80} + \frac{(40-30)^2}{30} = 36.67, \\
K &= \sqrt{\frac{36.67}{400+36.67}} = 0.29, \\
K^* &= \frac{0.29}{\sqrt{\frac{1}{2}}} = 0.41.
\end{aligned}
$$

(d) Relative Chancen lassen sich jeweils für (2 × 2)–Tafeln berechnen:
– Für die Kategorien der Reaktion gut / mittel ergibt sich

$$\gamma = \frac{120/60}{60/100} = 3.33.$$

– Für die Kategorien gut / stark verzögert erhält man

$$\gamma = \frac{120/20}{60/40} = 4.$$

– Für die Kategorien mittel / stark verzögert erhält man

$$\gamma = \frac{60/20}{100/40} = 1.2.$$

Lösung 3.3

Die fehlenden Werte ergeben sich unter Beachtung der Unabhängigkeit aus den folgenden Berechnungen:

$$\begin{aligned} f_{2\cdot} &= 1 - 0.8 = 0.2, \\ f_{\cdot 1} \cdot 0.8 &= 0.16 \quad \Rightarrow \quad f_{\cdot 1} = 0.2, \\ f_{21} &= 0.2 - 0.16 = 0.04, \\ f_{22} &= 0.2 - 0.04 - 0.06 = 0.1, \\ f_{2\cdot} \cdot 0.2 &= 0.1 \quad \Rightarrow \quad f_{\cdot 2} = 0.5, \\ f_{12} &= 0.5 - 0.1 = 0.4, \\ f_{\cdot 3} &= 1 - 0.2 - 0.5 = 0.3, \\ f_{13} &= 0.3 - 0.06 = 0.24. \end{aligned}$$

Schließlich erhält man die vollständige Tabelle:

	b_1	b_2	b_3	
a_1	0.16	0.4	0.24	0.8
a_2	0.04	0.1	0.06	0.2
	0.2	0.5	0.3	1

Lösung 3.4

(a) Es gilt:

$$\begin{aligned}\chi^2 &= \sum_{i=1}^{k}\sum_{j=1}^{m}\frac{(h_{ij}-\frac{h_{i.}h_{.j}}{n})^2}{\frac{h_{i.}h_{.j}}{n}} = \sum_{i=1}^{k}\sum_{j=1}^{m}\frac{n^2(f_{ij}-f_{i.}f_{.j})^2}{nf_{i.}f_{.j}}\\ &= n\sum_{i=1}^{k}\sum_{j=1}^{m}\frac{(f_{ij}-f_{i.}f_{.j})^2}{f_{i.}f_{.j}}\end{aligned}$$

(b) Teilaufgabe (a) entnimmt man, daß sich bei Verdoppelung des Stichprobenumfangs auch χ^2 verdoppelt.

Lösung 3.5

(a) Mit $n = 780839$ ergeben sich folgende relative Häufigkeiten:

		Staatsangehörigkeit		
		deutsch	ausländisch	
	Hauptschule	0.222	0.187	0.409
Schulart	Realschule	0.198	0.009	0.207
	Gymnasium	0.371	0.013	0.384
		0.791	0.209	1

Als Berechnungsbeispiel dient die erste Zelle. Man erhält $\frac{173244}{780839} = 0.222$.

(b) Die bedingte Verteilung der Schulart gegeben die Staatsangehörigkeit deutsch ist gegeben als

		deutsch	
		absolut	relativ
	Hauptschule	173244	0.281
Schulart	Realschule	154255	0.249
	Gymnasium	290057	0.470
	$\sum$	617556	1

Für die erste Zeile ergibt sich beispielsweise $\frac{173244}{617556} = 0.281$.
Die bedingte Verteilung der Schulart unter der Bedingung, daß die Staatsangehörigkeit ausländisch ist, ergibt sich dagegen als

		ausländisch	
		absolut	relativ
	Hauptschule	145917	0.894
Schulart	Realschule	7323	0.045
	Gymnasium	10043	0.061
	$\sum$	163283	1

Die bedingten Verteilungen der Schulart gegeben die Staatsangehörigkeit unterscheiden sich deutlich von der Randverteilung der Schulart.
Die Wahl der Schulart hängt also von der Staatsangehörigkeit ab: Während nur etwa 28 % der deutschen Schüler die Hauptschule besuchen, sind es unter den ausländischen fast 90 %. Bei den Gymnasiasten stehen 47 % bei den deutschen Schülern nur etwa 6 % bei den ausländischen gegenüber.

(c) Die beiden Merkmale "Schulart" und "Staatsangehörigkeit" sind nominal skaliert. Damit ist der Kontingenzkoeffizient K bzw. der korrigierte Kontingenzkoeffizient K^* ein geeignetes Zusammenhangsmaß.
Zur Berechnung von K^* wird zunächst die Größe χ^2 basierend auf den unter Unabhängigkeit erwarteten Besetzungszahlen $\tilde{h}_{ij}$ ermittelt:

	deutsch	ausl.		Unter Unabhängigkeit erwartet: deutsch	Unter Unabhängigkeit erwartet: ausl.
Hauptschule	173244	145917	319161	252420.53	66740.48
Realschule	154255	7323	161578	127790.06	33787.94
Gymnasium	290057	10043	300100	237345.11	62754.51
$\sum$	617556	163283	780839		

Als Berechnungsbeispiel dient auch hier wieder die erste Zelle:

$$\tilde{h}_{11} = \frac{h_{1.} \cdot h_{.1}}{n} = \frac{319161 \cdot 617556}{780839} = 252420.53.$$

Damit ist

$$\begin{aligned}
\chi^2 &= \sum_{i=1}^{k}\sum_{j=1}^{m} \frac{(h_{ij} - \tilde{h}_{ij})^2}{\tilde{h}_{ij}} = \sum_{i=1}^{3}\sum_{j=1}^{2} \frac{(h_{ij} - \tilde{h}_{ij})^2}{\tilde{h}_{ij}} \\
&= \frac{(173244 - 252420.53)^2}{252420.53} + \ldots + \frac{(10043 - 62754.51)^2}{62754.51} \\
&= 24835.23 + 93929.82 + 5480.81 + 20729.08 \\
&\quad +11706.77 + 44275.76 \\
&= 200957.47.
\end{aligned}$$

Daraus ergeben sich

$$K = \sqrt{\frac{\chi^2}{n + \chi^2}} = \sqrt{\frac{200957.47}{780839 + 200957.47}} = 0.452$$

und mit $M = \min\{k, l\} = 2$

$$K^* = \frac{\sqrt{\frac{\chi^2}{n+\chi^2}}}{\sqrt{\frac{M-1}{M}}} = \frac{K}{\sqrt{\frac{1}{2}}} = \frac{0.452}{0.707} = 0.639.$$

Es besteht also ein deutlicher Zusammenhang zwischen der Staatsangehörigkeit und der Schulart.

Lösung 3.6

(a) Das Streudiagramm für die 13 Kinder hat folgende Gestalt:

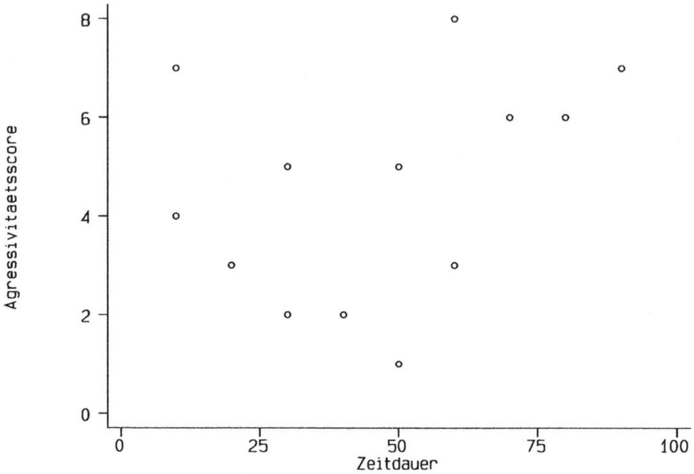

Streudiagramm zwischen Agressivitaetsscore und Zeitdauer

Der Korrelationskoeffizient von Bravais-Pearson berechnet sich unter Verwendung der folgenden Hilfsgrößen:

$$\begin{aligned} \bar{x} &= 46.15\,, \quad \bar{y} = 4.54\,, \\ \sum_{i=1}^{13} x_i^2 &= 35600\,, \quad \sum_{i=1}^{13} y_i^2 = 327\,, \quad \sum_{i=1}^{13} x_i y_i = 2950 \end{aligned}$$

als

$$r_{XY} = \frac{\sum_{i=1}^{13} x_i y_i - 13 \cdot \bar{x}\bar{y}}{\sqrt{\left(\sum_{i=1}^{13} x_i^2 - 13 \cdot \bar{x}^2\right) \cdot \left(\sum_{i=1}^{13} y_i^2 - 13 \cdot \bar{y}^2\right)}} = 0.3316\,.$$

(b) Die Streudiagramme für Jungen und Mädchen getrennt sind von der folgenden Form:

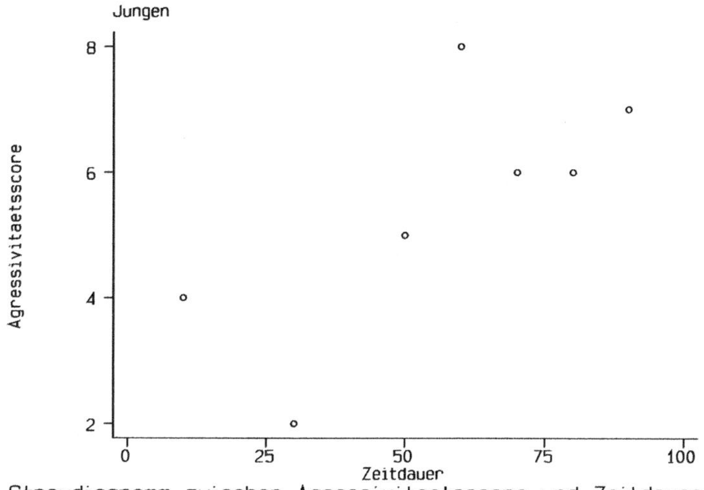

Streudiagramm zwischen Agressivitaetsscore und Zeitdauer

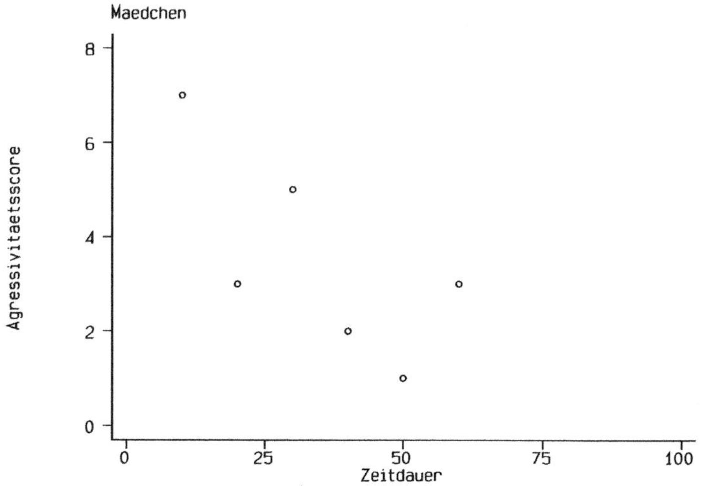

Streudiagramm zwischen Agressivitaetsscore und Zeitdauer

Der Korrelationskoeffizient von Bravais-Pearson für die Jungen berechnet sich unter Verwendung folgender Hilfsgrößen:

$$\bar{x} = 55.71\,, \quad \bar{y} = 5.43\,,$$

$$\sum_{i=1}^{7} x_i^2 = 26500\,, \quad \sum_{i=1}^{7} y_i^2 = 230\,, \quad \sum_{i=1}^{7} x_i y_i = 2360$$

als

$$r_{XY} = \frac{\sum_{i=1}^{7} x_i y_i - 7 \cdot \bar{x}\bar{y}}{\sqrt{\left(\sum_{i=1}^{7} x_i^2 - 7 \cdot \bar{x}^2\right) \cdot \left(\sum_{i=1}^{7} y_i^2 - 7 \cdot \bar{y}^2\right)}} = 0.722.$$

Entsprechend berechnet sich der Korrelationskoeffizient von Bravais-Pearson für die Mädchen unter Verwendung folgender Hilfsgrößen:

$$\bar{x} = 35\,, \bar{y} = 3.5\,,$$

$$\sum_{i=1}^{6} x_i^2 = 9100\,, \quad \sum_{i=1}^{6} y_i^2 = 97\,, \quad \sum_{i=1}^{6} x_i y_i = 590$$

als

$$r_{XY} = \frac{\sum_{i=1}^{6} x_i y_i - 6 \cdot \bar{x}\bar{y}}{\sqrt{\left(\sum_{i=1}^{6} x_i^2 - 6 \cdot \bar{x}^2\right) \cdot \left(\sum_{i=1}^{6} y_i^2 - 6 \cdot \bar{y}^2\right)}} = -0.715.$$

(c) Ohne Berücksichtigung des Geschlechts scheint zunächst nur ein schwacher Zusammenhang zwischen Aggressivität und Fernsehdauer zu bestehen. Jedoch zeigt Teilaufgabe (b), in der zusätzlich zwischen den beiden Geschlechtern unterschieden wird, daß der Zusammenhang nur verdeckt war (verdeckte Korrelation). Dabei scheint bei Jungen eine positive Korrelation zwischen Aggressiviät und Zeitdauer zu bestehen, d.h. je länger gewalttätige Szenen im Fernsehen angesehen werden, desto größer die Aggressivität. Bei Mädchen hingegen besteht genau der umgekehrte Zusammenhang, längere Zeitdauern vermindern augenscheinlich die Aggressivität.

Lösung 3.7

(a) Aus den Daten ergibt sich folgendes Streudiagramm:

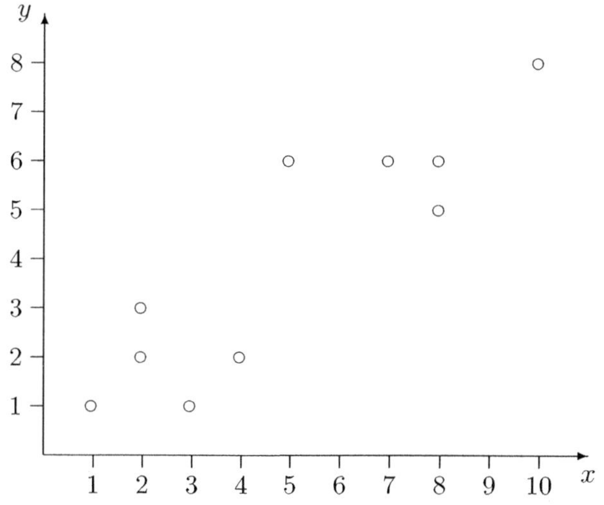

Im Streudiagramm ist ein starker, positiver, linearer Zusammenhang von X und Y zu erkennen. Die Reaktionszeit scheint mit wachsender Dosis des Medikaments zuzunehmen.

(b) Betrachtet man das Regressionsmodell

$$y_i = \alpha + \beta x_i + \epsilon_i, \quad i = 1, ..., 10,$$

ergeben sich folgende Schätzer für die Regressionsparameter:

$$\hat{\beta} = \frac{\sum x_i y_i - n\bar{x}\,\bar{y}}{\sum x_i^2 - n\bar{x}^2} = \frac{262 - 10 \cdot 5 \cdot 4}{336 - 10 \cdot 25} = \frac{262 - 200}{336 - 250} = \frac{62}{86} = 0.72,$$
$$\hat{\alpha} = \bar{y} - \hat{\beta}\,\bar{x} = 4 - 0.72 \cdot 5 = 4 - 3.6 = 0.4.$$

Damit ergibt sich die geschätzte Regressionsgerade zu $\hat{y} = 0.4 + 0.72x$. Zur Beurteilung der Güte der Anpassung ist das Bestimmtheitsmaß geeignet:

$$R^2 = r_{XY}^2 = 0.798 \approx 0.8,$$

d.h., daß etwa 80 % der Gesamtvarianz durch das Regressionsmodell erklärt werden. Die Anpassung des Modells an die Daten ist also sehr gut.

(c) Für einen Patienten, der mit einer Dosis von 5.5 mg behandelt wird, prognostiziert man eine Reaktionszeit von $0.4{+}0.72{\cdot}5.5 = 4.36$ Sekunden.

(d) Eine Erhöhung der Dosis des Medikaments um 1 mg erhöht die Reaktionszeit im Mittel um $\hat{\beta} = 0.72$ Sekunden.

Lösung 3.8

(a) Mit den Daten für die zehn Kinder erhält man folgendes Streudiagramm:

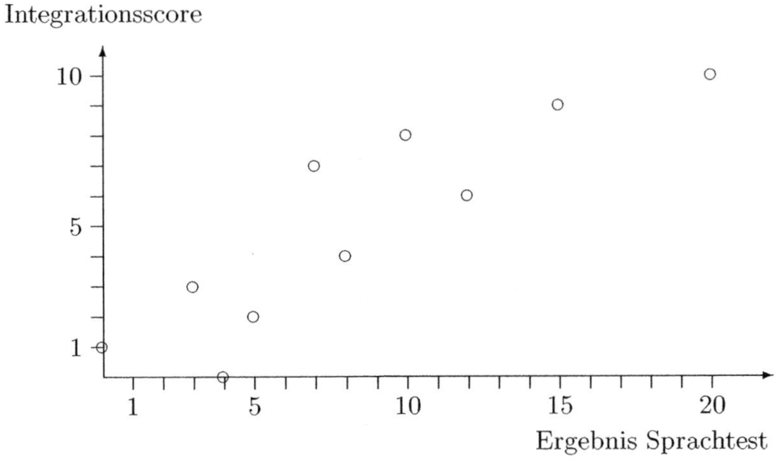

(b) Da keine Bindungen vorliegen, kann zur Berechnung des Rangkorrelationskoeffizienten r_{SP} die Kurzformel

$$r_{SP} = 1 - \frac{6 \sum d_i^2}{n(n^2-1)}$$

verwendet werden.
Mit den Werten der Arbeitstabelle

Kind i	1	2	3	4	5	6	7	8	9	10
Rang Sprachtest	9	3	7	5	10	4	1	2	6	8
Rang Integrationsscore	9	1	8	7	10	3	2	4	5	6
$\lvert d_i \rvert$	0	2	1	2	0	1	1	2	1	2
d_i^2	0	4	1	4	0	1	1	4	1	4

erhält man

$$r_{SP} = 1 - \frac{6 \cdot 20}{10 \cdot 99} = 1 - \frac{120}{990} = 1 - 0.12 = 0.88.$$

(c) Hier wäre $r_{SP} = 1$, da ein streng monoton wachsender Zusammenhang vorliegt. Der Korrelationskoeffizient r_{XY} wäre echt kleiner als r_{SP} (also hier < 1), da die Punkte nicht auf einer Geraden liegen.

Lösung 3.9

(a) Das Streudiagramm unter Berücksichtigung aller elf Datenpunkte hat folgende Gestalt:

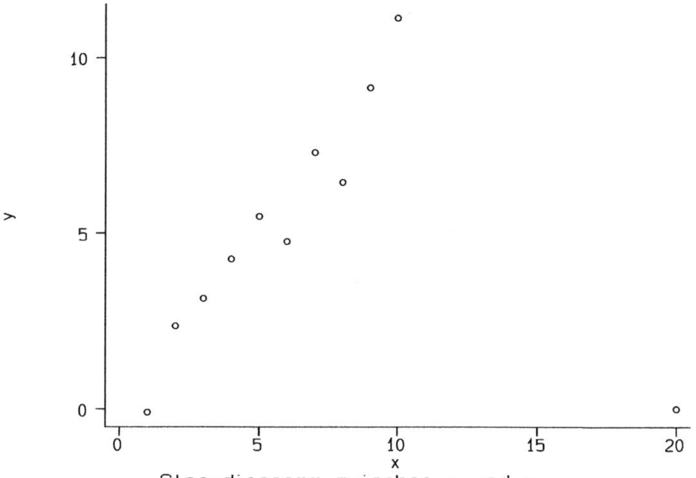

Streudiagramm zwischen y und x

(b) Unter Berücksichtigung der Angabe erhält man

$$\bar{x} = \frac{10 \cdot 5.5 + 20}{11} = 6.82\,, \quad \bar{y} = \frac{10 \cdot 5.396 + 0}{11} = 4.91\,,$$

$$\sum_{i=1}^{11} x_i y_i = 383.46 + 0 = 383.46\,,$$

$$\sum_{i=1}^{11} x_i^2 = 385 + 20^2 = 785\,, \quad \sum_{i=1}^{11} y_i^2 = 388.88 + 0 = 388.88$$

und damit

$$r_{XY} = \frac{\sum_{i=1}^{11} x_i y_i - 11 \cdot \bar{x}\bar{y}}{\sqrt{\left(\sum_{i=1}^{11} x_i^2 - 11 \cdot \bar{x}^2\right) \cdot \left(\sum_{i=1}^{11} y_i^2 - 11 \cdot \bar{y}^2\right)}} = 0.0844\,.$$

Zur Berechnung von r_{SP} erstelle man folgende Tabelle:

i	1	2	3	4	5	6	7	8	9	10	11
$\mathrm{rg}(x_i)$	1	2	3	4	5	6	7	8	9	10	11
$\mathrm{rg}(y_i)$	1	3	4	5	7	6	9	8	10	11	2
d_i^2	0	1	1	1	4	0	4	0	1	1	81

Damit erhält man:

$$r_{SP} = 1 - \frac{6 \cdot \sum_{i=1}^{11} d_i^2}{(11^2 - 1) \cdot 11} = 1 - \frac{6 \cdot 94}{(121 - 1) \cdot 11} = 0.573\,.$$

(c) Augenscheinlich besteht ein starker linearer Zusammenhang zwischen Y und X. Die elfte Beobachtung scheint ein Ausreißer zu sein. Vergleicht man die berechneten Korrelationskoeffizienten, so zeigt sich, daß die Ausreißerbeobachtung einen enormen Einfluß auf den Wert von r_{XY} besitzt. Wird zusätzlich die elfte Beobachtung bei der Berechnung berücksichtigt, reduziert sich r_{XY} von 0.9654 zu 0.08844, so daß r_{XY} äußerst sensibel auf Ausreißer reagiert. Weitaus unempfindlicher gegenüber Ausreißern verhält sich der Rangkorrelationskoeffizient nach Spearman. Zwar reduziert sich auch r_{SP}, allerdings weniger drastisch.

Lösung 3.10

(a) $r_{XY} = r_{SP} = 1$

(b)(b1) r_{XY} bleibt positiv, wird aber kleiner, da der perfekte lineare Zusammenhang durch das Quadrieren verloren geht. r_{SP} ändert sich nicht, da die y_i lediglich monoton transformiert werden (die Ränge ändern sich nicht).

(b2) r_{XY} wird etwas kleiner (bleibt aber positiv), da kein perfekter linearer Zusammenhang mehr besteht. Da sich die Ränge durch die Verschiebung des Punktes nicht ändern, gilt weiterhin $r_{SP} = 1$.

(b3) $r_{XY}^{\text{neu}} = r_{SP}^{\text{neu}} = -1 \cdot r_{XY} = -1$.

(b4) r_{XY} und r_{SP} bleiben unverändert, da sich die Vorzeichenänderungen gegenseitig aufheben.

Lösung 3.11

(a) Die Korrelationskoeffizienten berechnen sich wie folgt:

$$\begin{aligned}
r_{X_1,Y_1} &= \frac{Cov(X_1,Y_1)}{\sqrt{Var(X_1)}\sqrt{Var(Y_1)}} = \frac{5.50}{\sqrt{11.00}\sqrt{4.13}} = 0.82 \\
r_{X_1,Y_2} &= \frac{5.50}{\sqrt{11.00}\sqrt{4.13}} = 0.82 \\
r_{X_1,Y_3} &= \frac{5.50}{\sqrt{11.00}\sqrt{4.12}} = 0.82 \\
r_{X_2,Y_4} &= \frac{5.50}{\sqrt{11.00}\sqrt{4.12}} = 0.82
\end{aligned}$$

Da der Korrelationskoeffizient die Intensität des linearen Zusammenhangs zweier Variablen misst, folgern wir, dass in allen vier Fällen die Stärke des linearen Zusammenhangs gleich groß ist.

(b) Die geforderten Regressionsgeraden sind in der folgenden Abbildung 3.1 eingezeichnet. Die Streudiagramme zeigen, dass ein linearer Zusammen-

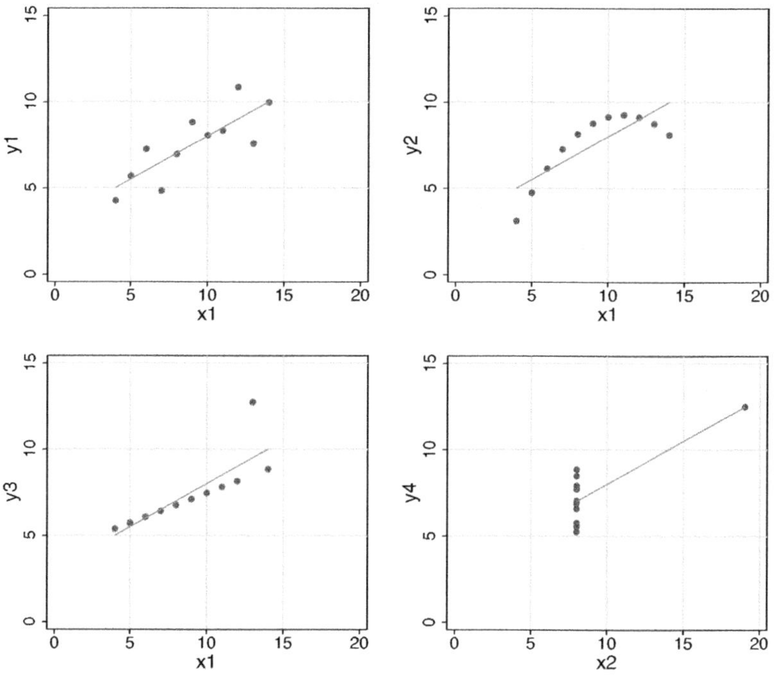

Abbildung 3.2. *Regressionsgeraden für X_1 vs. Y_1, X_1 vs. Y_2, X_1 vs. Y_3 und X_2 vs. Y_4.*

hang lediglich für die Variablenpaare (X_1, Y_1) und (X_1, Y_3) gegeben ist. Zwischen Y_1 und X_1 besteht ein starker linearer Zusammenhang. Zwischen X_1 und Y_3 hingegeben besteht ein perfekter linearer Zusammenhang, der lediglich durch einen Ausreißer gestört ist. Ohne den Ausreißer würde der Korrelationskoeffizient den Wert 1 annehmen. Zwischen X_1 und X_2 besteht ein perfekter nichtlinearer (vermutlich quadratischer) Zusammenhang, während zwischen X_2 und Y_4 eigentlich kein Zusammenhang besteht. Durch den weit vom Zentrum entfernten Ausreißer entsteht lediglich ein Scheinzusammenhang.

Abschließend können wir folgendes Fazit ziehen: Korrelationskoeffizienten und Regressionsgeraden sollten niemals ohne die dazu gehörenden Streudiagramme interpretiert werden.

Lösung 3.12

(a) Die KQ-Schätzer für α und β sind gegeben als (Abschnitt 12.1.2 in Fahrmeir et al., 2004)

$$\begin{aligned}\hat{\beta} &= \frac{\sum(x_i-\bar{x})(y_i-\bar{y})}{\sum(x_i-\bar{x})^2} = \frac{\sum x_i y_i - n\bar{x}\,\bar{y}}{\sum x_i^2 - n\bar{x}^2},\\ \hat{\alpha} &= \bar{y} - \hat{\beta}\bar{x}.\end{aligned}$$

Mit den Hilfsgrößen $\bar{x} = 90$, $\bar{y} = 2.993$, $\sum x_i y_i = 3345.6$, $\sum x_i^2 = 114000$ berechnen sich diese als

$$\begin{aligned}\hat{\beta} &= \frac{3345.6 - 10\cdot 90\cdot 2.993}{114000 - 10\cdot 90^2} = \frac{651.9}{33000} = 0.01975,\\ \hat{\alpha} &= 2.993 - 90\cdot 0.01975 = 1.2155.\end{aligned}$$

Die geschätzte Regressionsgerade lautet somit

$$\hat{y} = 1.2155 + 0.01975x.$$

(b) Gesucht ist das Bestimmtheitsmaß R^2. Dieses läßt sich berechnen als
(b1) $R^2 = r_{XY}^2$ oder
(b2) $R^2 = \frac{\sum(\hat{y}_i-\bar{y})^2}{\sum(y_i-\bar{y})^2} = \frac{SQE}{SQT}$.
Der erste Weg scheint hier der schnellere zu sein. Es gilt:

$$\begin{aligned}r_{XY} &= \frac{s_{XY}}{s_X\cdot s_Y}\\ &= \frac{\frac{1}{n-1}(\sum x_i y_i - n\bar{x}\,\bar{y})}{\sqrt{\frac{1}{n-1}(\sum x_i^2 - n\bar{x}^2)}\sqrt{\frac{1}{n-1}(\sum y_i^2 - n\bar{y}^2)}}\\ &= \frac{\sum x_i y_i - n\bar{x}\,\bar{y}}{\sqrt{\sum x_i^2 - n\bar{x}^2}\sqrt{\sum y_i^2 - n\bar{y}^2}}.\end{aligned}$$

Mit $\sum y_i^2 = 102.4887$ berechnet man $\sum y_i^2 - n\bar{y}^2 = 12.90821$. Damit erhält man insgesamt

$$r_{XY} = \frac{651.9}{\sqrt{33000}\sqrt{12.90821}} = 0.999,$$

woraus folgt:

$$R^2 = 0.997,$$

d.h. es werden 99.7 % der Gesamtstreuung durch die Regression erklärt, d.h. daß die Zeit, die für die Erkennung benötigt wird, fast zu 100 % durch die vorgegebene Drehung vorhergesagt werden kann.

Lösung 3.13

(a) Man erhält folgendes Streudiagramm:

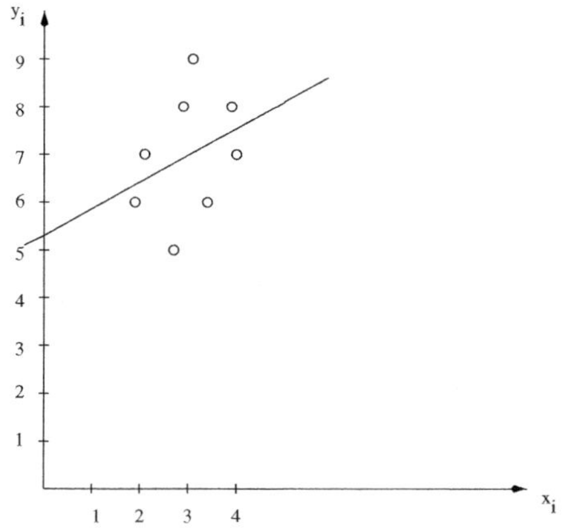

(b) Zu bestimmen sind $\hat{\beta}$ und $\hat{\alpha}$ mit

$$\begin{aligned}\hat{\beta} &= \frac{\sum(x_i-\bar{x})(y_i-\bar{y})}{\sum(x_i-\bar{x})^2} = \frac{\sum x_i y_i - n\bar{x}\,\bar{y}}{\sum x_i^2 - n\bar{x}^2},\\ \hat{\alpha} &= \bar{y} - \hat{\beta}\bar{x}.\end{aligned}$$

Mit $\bar{y} = 56/8 = 7$, $\bar{x} = 24/8 = 3$ ergibt sich:

$$\begin{aligned}\hat{\beta} &= \frac{170.3 - 8\cdot 7\cdot 3}{76.1 - 8\cdot 9} = \frac{170.3-168}{76.1-72} = \frac{2.3}{4.1} = 0.56,\\ \hat{\alpha} &= 7 - 0.56\cdot 3 = 5.32\end{aligned}$$

und damit folgende Regressionsgerade:

$$\hat{y} = 5.32 + 0.56x.$$

Für $x = 3$ erhält man $\hat{y} = 5.32 + 0.56\cdot 3 = 7$.
Bei einem Einkommen von 3000 Einheiten würde man somit ein Geburtsgewicht von 7 Pfund prognostizieren.

(c) Das Bestimmtheitsmaß kann beispielsweise als Quadrat des Korrelationskoeffizienten ermittelt werden mit

$$\begin{aligned}r_{XY} &= \frac{\sum x_i y_i - n\bar{x}\,\bar{y}}{\sqrt{(\sum x_i^2 - n\bar{x}^2)(\sum y_i^2 - n\bar{y}^2)}}\\ &= \frac{2.3}{\sqrt{4.1}\sqrt{12}} = \frac{2.3}{2.025\cdot 3.464}\\ &= 0.33,\end{aligned}$$

woraus folgt:

$$r_{XY}^2 = R^2 = 0.33^2 = 0.1089.$$

Das R^2 beträgt lediglich 0.1089, d.h. nur 10 % der Variabilität wird durch die Regression erklärt. Insgesamt ist zwar tendenziell ein leichter Zusammenhang zwischen Geburtsgewicht und Einkommen zu sehen. Es ist aber eher anzunehmen, daß auch Variablen, die wiederum auch vom Einkommen abhängen, das Geburtsgewicht beeinflussen.

4

Wahrscheinlichkeitsrechnung

Aufgaben

Aufgabe 4.1

Ein Experiment bestehe aus dem Werfen eines Würfels und einer Münze.

(a) Geben Sie einen geeigneten Ergebnisraum Ω an.
(b) Zeigt die Münze Wappen, so wird die doppelte Augenzahl des Würfels notiert, bei Zahl nur die einfache. Wie groß ist die Wahrscheinlichkeit, daß eine gerade Zahl notiert wird?

(Lösung siehe Seite 83)

Aufgabe 4.2

In einer Gruppe von 150 Studierenden sind 40 im 1. Studienjahr, die Hälfte der 30 Studierenden im 4. Studienjahr wohnt in München, 26 der 35 im 2. Studienjahr wohnen nicht in München, 8 im 3. Studienjahr wohnen in München und ein Drittel derjenigen, die in München wohnen, ist im 4. Studienjahr. Erstellen Sie aus diesen Angaben eine (2×4) Kontingenztafel.
Berechnen Sie unter der Annahme, daß jeder Student mit gleicher Wahrscheinlichkeit ausgewählt werden kann, die Wahrscheinlichkeiten für die folgenden vier Ereignisse:

Ein zufällig ausgewählter Student
A: wohnt in München
B: ist im 2. Studienjahr
C: wohnt nicht in München und ist im 3. Studienjahr
D: wohnt in München und ist noch nicht im 4. Studienjahr.

(Lösung siehe Seite 83)

Aufgabe 4.3

Aus einer Grundgesamtheit $G = \{1, 2, 3, 4\}$ wird eine reine Zufallsstichprobe vom Umfang $n = 2$ gezogen. Betrachten Sie die beiden Fälle "Modell mit Zurücklegen" und "Modell ohne Zurücklegen".

(a) Listen Sie für beide Fälle alle möglichen Stichproben auf.
(b) Wie groß ist jeweils für ein einzelnes Element die Wahrscheinlichkeit, in die Stichprobe zu gelangen?
(c) Wie groß ist jeweils die Wahrscheinlichkeit, daß die Elemente 1 und 2 beide in die Stichprobe gelangen?

(Lösung siehe Seite 84)

Aufgabe 4.4

Wir betrachten drei faire sechsseitige Würfel. Auf den Seiten der drei Würfel sind folgende Augenzahlen aufgedruckt:

Würfel A: 6,6,2,2,2,2
Würfel B: 5,5,5,5,1,1
Würfel C: 4,4,4,3,3,3

(a) Würfel B wird zweimal hintereinander geworfen.
   i) Geben Sie einen geeigneten Ergebnisraum zur Beschreibung dieses Zufallsexperimentes an. Bestimmen Sie die Wahrscheinlichkeiten für die Elementarereignisse.
   ii) Bezeichne S die Zufallsvariable „Summe der beiden Augenzahlen". Bestimmen Sie die Wahrscheinlichkeiten $P(S = 6)$ und $P(S \leq 10)$.
(b) Zwei Personen spielen gegeneinander. Jeder Spieler wählt einen der drei Würfel A, B oder C aus und wirft einmal. Der Spieler mit der höchsten geworfenen Augenzahl gewinnt. Bestimmen Sie die Wahrscheinlichkeiten, dass
   i) Spieler 1 gewinnt, wenn Spieler 1 Würfel A und Spieler 2 Würfel B gewählt hat,
   ii) Spieler 1 gewinnt, wenn Spieler 1 Würfel B und Spieler 2 Würfel C gewählt hat,
   iii) Spieler 2 gewinnt, wenn Spieler 1 Würfel A und Spieler 2 Würfel C gewählt hat.
(c) Ist es aufgrund ihrer Ergebnisse aus Aufgabe (b) möglich eine Aussage zu treffen, welcher der drei Würfel „der Beste" ist.

(Lösung siehe Seite 84)

Aufgabe 4.5

Aus einer Gruppe von drei Männern und vier Frauen sind drei Positionen in verschiedenen Kommissionen zu besetzen. Wie groß ist die Wahrscheinlichkeit für die Ereignisse, daß mindestens eine der drei Positionen mit einer Frau besetzt wird bzw., daß höchstens eine der drei Positionen mit einer Frau besetzt wird,

(a) falls jede Person nur eine Position erhalten kann?
(b) falls jede Person mehrere Positionen erhalten kann?

(Lösung siehe Seite 85)

Aufgabe 4.6

Zeigen Sie:
Sind A und B stochastisch unabhängig, dann sind auch $\overline{A}$ und B stochastisch unabhängig.
(Lösung siehe Seite 86)

Aufgabe 4.7

Eine Gruppe von 60 Drogenabhängigen, die Heroin spritzen, nimmt an einer Therapie teil (A = stationär, $\overline{A}$ = ambulant). Zudem unterziehen sich die Drogenabhängigen freiwillig einem HIV-Test (B = HIV-positiv, $\overline{B}$ = HIV-negativ). Dabei stellen sich 45 der 60 Personen als HIV-negativ und 15 als HIV-positiv heraus. Von denen, die HIV-positiv sind, sind 80 % in der stationären Therapie, während von den HIV-Negativen nur 40 % in der stationären Therapie sind.

(a) Formulieren Sie die obigen Angaben als Wahrscheinlichkeiten.
(b) Sie wählen zufällig eine der 60 drogenabhängigen Personen aus. Berechnen Sie die Wahrscheinlichkeit, daß diese
  (b1) an der stationären Therapie teilnimmt und HIV-positiv ist,
  (b2) an der stationären Therapie teilnimmt und HIV-negativ ist,
  (b3) an der stationären Therapie teilnimmt.
(c) Berechnen Sie $P(B|A)$, und fassen Sie das zugehörige Ereignis in Worte.
(d) Welcher Zusammenhang besteht zwischen $P(A|B)$ und $P(A)$, wenn A und B unabhängig sind?

(Lösung siehe Seite 87)

Aufgabe 4.8

An einer Studie zum Auftreten von Farbenblindheit nimmt eine Gruppe von Personen teil, die sich zu 45 % aus Männern (M) und zu 55 % aus Frauen ($\overline{M}$) zusammensetzt. Man weiß, daß im allgemeinen 6 % der Männer farbenblind (F) sind, d.h. es gilt $P(F|M) = 0.06$. Dagegen sind nur 0.5 % der Frauen farbenblind, d.h. $P(F|\overline{M}) = 0.005$.
Verwenden Sie diese Information zum Berechnen der Wahrscheinlichkeit, daß eine per Los aus der Gruppe ausgewählte Person eine farbenblinde Frau ist, d.h. zum Berechnen von $P(F \cap \overline{M})$.
Bestimmen Sie außerdem $P(\overline{M} \cap \overline{F}), P(M \cap F), P(F)$ und $P(\overline{M}|F)$, und beschreiben Sie die zugehörigen Ereignisse in Worten.
(Lösung siehe Seite 87)

Aufgabe 4.9

Um sich ein Bild der Situation des weiblichen wissenschaftlichen Nachwuchses zu machen, befragt die Frauenbeauftragte einer Universität das gesamte weibliche wissenschaftliche Personal. Die 80 Frauen werden danach befragt, ob sie eine Vollzeitbeschäftigung haben (A: Vollzeit, $\overline{A}$: Teilzeit), und ob sie ihre Promotion abgeschlossen haben (B: Promotion abgeschlossen, $\overline{B}$: Promotion nicht abgeschlossen). Die Ergebnisse der Befragung sind in folgendem Venn-Diagramm dargestellt:

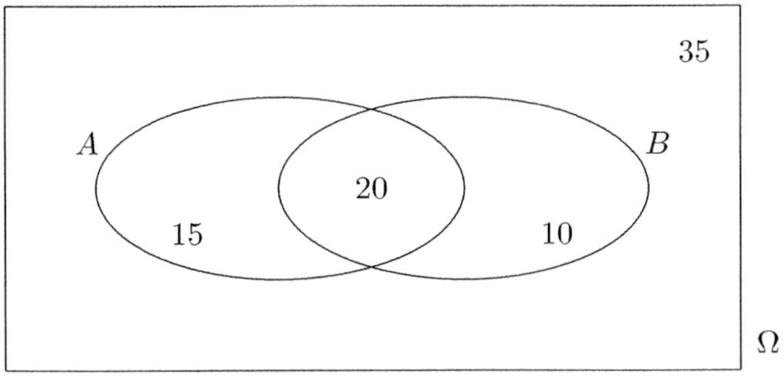

(a) Geben Sie die beiden folgenden Ereignisse in Worten wieder, und ermitteln Sie die zugehörigen Anzahlen: $(\overline{A \cup B}), \Omega \setminus B$.
(b) Wie groß ist die Wahrscheinlichkeit, daß eine zufällig aus dem wissenschaftlichen Personal ausgewählte Frau
  (b1) eine Vollzeitbeschäftigung hat?
  (b2) eine Vollzeitbeschäftigung hat und ihre Promotion abgeschlossen hat?
(c) Wie groß ist die Wahrscheinlichkeit, daß eine aus dem vollzeitbeschäftigten wissenschaftlichen Personal ausgewählte Frau ihre Promotion abgeschlossen hat?

(d) Sind die Ereignisse A und B unabhängig? Begründen Sie Ihre Antwort.

(Lösung siehe Seite 88)

Aufgabe 4.10

Ein Laboratorium hat einen Alkohol-Test entworfen. Aus den bisherigen Erfahrungen weiß man, daß 60 % der von der Polizei kontrollierten Personen tatsächlich betrunken sind.
Bezüglich der Funktionsweise des Tests wurde ermittelt, daß

- in 95 % der Fälle der Test positiv reagiert, wenn die Person tatsächlich betrunken ist,
- in 97 % der Fälle der Test negativ reagiert, wenn die Person nicht betrunken ist.

Wie groß ist die Wahrscheinlichkeit, daß eine Person betrunken ist, wenn der Test positiv reagiert?
(Lösung siehe Seite 88)

Aufgabe 4.11

An den Kassen von Supermärkten und Kaufhäusern wird ein zusätzliches Gerät bereitgestellt, mit dem die Echtheit von 100 Euro-Scheinen geprüft werden soll. Aus Erfahrung weiß man, daß 15 von 10000 Scheinen gefälscht sind. Bei diesem Gerät wird durch Aufblinken einer Leuchte angezeigt, daß der Schein als falsch eingestuft wird. Es ist bekannt, daß das Gerät mit einer Wahrscheinlichkeit von 0.95 aufblinkt, wenn der Schein falsch ist, und mit einer Wahrscheinlichkeit von 0.1, wenn der Schein echt ist.
Wie sicher kann man davon ausgehen, daß der 100 Euro-Schein tatsächlich falsch ist, wenn das Gerät aufblinkt?
(Lösung siehe Seite 89)

Aufgabe 4.12

Jeder Mensch besitzt unveränderliche Blutmerkmale. Man unterscheidet die vier Blutgruppen A, B, AB und 0 und den Rhesusfaktor R+ und R−. Blutgruppe A tritt bei 42 %, B bei 10 %, AB bei 4 % und 0 bei 44 % der Menschen auf. Menschen mit Blutgruppe A und Menschen mit Blutgruppe 0 haben mit Wahrscheinlichkeit 0.85 Rhesusfaktor R+. Dagegen tritt bei Menschen mit Blutgruppe B Rhesusfaktor R+ nur noch mit Wahrscheinlichkeit 0.8 auf und bei Menschen mit Blutgruppe AB sogar nur noch mit Wahrscheinlichkeit 0.75.

(a) Berechnen Sie mit Hilfe des Satzes von der totalen Wahrscheinlichkeit die Wahrscheinlichkeit für das Auftreten des Rhesusfaktors R+.
(b) Berechnen Sie mit Hilfe des Satzes von Bayes die Wahrscheinlichkeit, daß ein Mensch mit Rhesusfaktor R+ der Blutgruppe AB angehört.

(Lösung siehe Seite 89)

Lösungen

Lösung 4.1

(a) Der Ergebnisraum Ω ist gegeben als

$$\begin{aligned}\Omega &= \{(1,W),(2,W),(3,W),(4,W),(5,W),(6,W),\\ &\quad (1,Z),(2,Z),(3,Z),(4,Z),(5,Z),(6,Z)\}.\end{aligned}$$

Damit ist $|\Omega| = 12$ und somit $p_\omega = \frac{1}{12}$.

(b) Das beschriebene Experiment läßt sich wie folgt in einer Tabelle veranschaulichen:

Ergebnis	1 W	2 W	3 W	4 W	5 W	6 W	1 Z	2 Z	3 Z	4 Z	5 Z	6 Z
notierte Augenzahl	2	4	6	8	10	12	1	2	3	4	5	6

Ist A das Ereignis "Eine gerade Zahl wird geworfen", d.h.

$$A = \{(1,W),(2,W),(3,W),(4,W),(5,W),(6,W),(2,Z),(4,Z),(6,Z)\},$$

dann ist $|A| = 9$, und es ergibt sich

$$P(A) = \frac{|A|}{|\Omega|} = \frac{9}{12} = \frac{3}{4}.$$

Lösung 4.2

Als (2×4) Kontingenztafel ergibt sich:

Wohnort	Studienjahr 1	2	3	4	$\sum$
München	13	9	8	15	45
nicht München	27	26	37	15	105
$\sum$	40	35	45	30	150

Allgemein gilt nach der Abzählregel:

$$P(E) = \frac{\#\text{ günstiger Ereignisse}}{\#\text{ möglicher Ereignisse}} = \frac{|E|}{|\Omega|},$$

d.h. $P(A) = \frac{45}{150} = 0.3, \quad P(B) = \frac{35}{150} = 0.2\overline{3}, \quad P(C) = \frac{37}{150} = 0.24\overline{6}$

und $P(D) = \frac{13+9+8}{150} = \frac{30}{150} = 0.2.$

Lösung 4.3

(a) Beim Ziehen mit Zurücklegen ist der Ergebnisraum Ω gegeben als

$$\begin{aligned}\Omega &= \{(1,1),(1,2),(1,3),(1,4),(2,1),(2,2),(2,3),(2,4),\\ &\quad (3,1),(3,2),(3,3),(3,4),(4,1),(4,2),(4,3),(4,4)\}.\end{aligned}$$

Beim Ziehen ohne Zurücklegen ergibt sich Ω als

$$\begin{aligned}\Omega &= \{(1,2),(1,3),(1,4),(2,1),(2,3),(2,4),\\ &\quad (3,1),(3,2),(3,4),(4,1),(4,2),(4,3)\}.\end{aligned}$$

(b) Beim Ziehen mit Zurücklegen gilt

$$P(i \text{ ist in Stichprobe}) = \frac{7}{16} \qquad \text{für } i = 1,2,3,4.$$

Für das Ziehen ohne Zurücklegen erhält man

$$P(i \text{ ist in Stichprobe}) = \frac{6}{12} = \frac{1}{2} \qquad \text{für } i = 1,2,3,4.$$

(c) Zieht man mit Zurücklegen ist

$$P(1 \text{ und } 2 \text{ sind in Stichprobe}) = \frac{2}{16} = \frac{1}{8}$$

und beim Ziehen ohne Zurücklegen

$$P(1 \text{ und } 2 \text{ sind in Stichprobe}) = \frac{2}{12} = \frac{1}{6}.$$

Lösung 4.4

(a) Als Ergebnisraum ergibt sich

$$\Omega = \{(1,1),(1,5),(5,1),(5,5)\}.$$

Zur Bestimmung der Wahrscheinlichkeiten für die Elementarereignisse berechnen wir zunächst die Wahrscheinlichkeiten für die Augenzahlen 1 und 5 bei einmaligem Würfeln. Offenbar gilt $P(\{1\}) = 1/3$ und $P(\{5\}) = 2/3$. Wegen der Unabhängigkeit der einzelnen Würfe erhalten wir somit

$$\begin{aligned}P(\{1,1\}) &= P(\{1\}) \cdot P(\{1\}) = \frac{1}{3} \cdot \frac{1}{3} = \frac{1}{9},\\ P(\{1,5\}) &= P(\{1\}) \cdot P(\{5\}) = \frac{1}{3} \cdot \frac{2}{3} = \frac{2}{9},\\ P(\{5,1\}) &= P(\{5\}) \cdot P(\{1\}) = \frac{2}{3} \cdot \frac{1}{3} = \frac{2}{9},\\ P(\{5,5\}) &= P(\{5\}) \cdot P(\{5\}) = \frac{2}{3} \cdot \frac{2}{3} = \frac{4}{9}.\end{aligned}$$

Damit ergeben sich die gesuchten Wahrscheinlichkeiten für die Zufallsvariable S zu

$$P(S = 6) = P(\{(1,5),(5,1)\}) = \frac{2}{9} + \frac{2}{9} = \frac{4}{9}$$

und

$$P(S \leq 10) = 1.$$

(b) Die Wahrscheinlichkeiten berechnen sich wie folgt:

i) Wir beschreiben das Zufallsexperiment durch geordnete Paare, wobei der erste Eintrag das Ergebnis von Spieler 1 darstellen soll. Der Ergebnisraum ist also gegeben durch

$$\Omega = \{(2,1),(2,5),(6,5),6,1)\}.$$

Analog zu Aufgabe a) erhalten wir die Wahrscheinlichkeiten $P(\{2,1)\}) = 2/9$, $P(\{2,5)\}) = 4/9$, $P(\{6,5)\}) = 2/9$ und $P(\{6,1)\}) = 1/9$. Spieler 1 gewinnt bei den Ergebnissen $(2,1)$, $(6,5)$ und $(6,1)$ und wir erhalten $P(\text{Spieler 1 gewinnt}) = 5/9$.

ii) Analog zu i) erhalten wir $P(\text{Spieler 1 gewinnt}) = 6/9$.

iii In zu ii) analoger Rechnung ergibt sich $P(\text{Spieler 2 gewinnt}) = 3/9$.

(c) Den Ergebnissen i) und ii) der Aufgabe b) entnehmen wir, dass Würfel A Würfel B überlegen ist und Würfel B gegenüber Würfel C überlegen. Eigentlich würde man erwarten, dass damit auch Würfel A gegenüber Würfel C überlegen ist. Die Ergebnisse aus Teil iii) wiedersprechen jedoch dieser (naheliegenden) Vermutung. Würfel C ist Würfel A überlegen. Die vorliegenden Würfel besitzen also eine Art Intransitivitätseigenschaft. Damit ist der Spieler, der den ersten Würfel wählt immer im Nachteil, da sein Gegner Unabhängig von der Wahl des ersten Spielers immer einen überlegenen Würfel aussuchen kann. Entscheidet sich Spieler 1 für Würfel A, so wählt Spieler 2 Würfel C. Wählt Spieler 1 Würfel B so kann sein Gegner Würfel A wählen. Wenn Spieler 1 mit Würfel C spielt kann Spieler 2 mit Würfel B werfen.

Lösung 4.5

Die Grundgesamtheit ergibt sich hier als $G = \{M, M, M, F, F, F, F\}$, und damit ist $|G| = 7$.

Die drei Positionen sind nach dem Zufallsprinzip zu besetzen. Das entspricht einer Ziehung aus G vom Umfang $n = 3$.

(a) Falls jede Person nur eine Position erhalten kann, liegt eine Ziehung ohne Zurücklegen vor, bei der die Anzahl möglicher Stichproben berechnet wird als

$$\frac{N!}{(N-n)!} = \frac{7!}{4!} = 7 \cdot 6 \cdot 5 = 210.$$

(a1) Bezeichnet man mit A das Ereignis "Mindestens eine der 3 Positionen wird mit einer Frau besetzt", d.h. "1, 2 oder alle 3 Positionen werden mit einer Frau besetzt", dann ist das Ereignis $\overline{A}$ gegeben als "Keine der 3 Positionen wird mit einer Frau besetzt". Die Anzahl aller möglichen Stichproben, die zu $\overline{A}$ führen, ergibt sich als Anzahl aller Permutationen der drei Männer, also als $3! = 3 \cdot 2 \cdot 1 = 6$. Damit ist $P(\overline{A}) = \frac{6}{210} = 0.0286$, und es folgt $P(A) = 1 - P(\overline{A}) = 1 - 0.0286 = 0.9714$.

(a2) Bezeichnet man mit B das Ereignis "Höchstens eine der 3 Positionen wird mit einer Frau besetzt", d.h. "1 oder keine Position wird mit einer Frau besetzt", dann entspricht B den folgenden Ergebnissen mit der jeweiligen Anzahl von Möglichkeiten:

$$\begin{aligned}(M,M,M): &\quad 6 \text{ Möglichkeiten},\\ (M,M,F): &\quad 3\cdot 2\cdot 4 = 24 \text{ Möglichkeiten},\\ (M,F,M): &\quad 3\cdot 4\cdot 2 = 24 \text{ Möglichkeiten},\\ (F,M,M): &\quad 4\cdot 3\cdot 2 = 24 \text{ Möglichkeiten}.\end{aligned}$$

Insgesamt erhält man: $|B| = 78$ und damit $P(B) = \frac{78}{210} = 0.3714$.

(b) Falls jede Person mehrere Positionen erhalten kann, liegt eine Ziehung mit Zurücklegen vor, bei der die Anzahl möglicher Stichproben berechnet wird als

$$N^n = 7^3 = 343.$$

(b1) Hier ergibt sich für $|\overline{A}| = 3 \cdot 3 \cdot 3 = 27$ und damit $P(A) = 1 - \frac{27}{343} = 1 - 0.0787 = 0.9213$.

(b2) B entspricht den folgenden Ergebnissen mit der jeweiligen Anzahl von Möglichkeiten:

$$\begin{aligned}(M,M,M): &\quad 3\cdot 3\cdot 3 = 27 \text{ Möglichkeiten},\\ (M,M,F): &\quad 3\cdot 3\cdot 4 = 36 \text{ Möglichkeiten},\\ (M,F,M): &\quad 3\cdot 4\cdot 3 = 36 \text{ Möglichkeiten},\\ (F,M,M): &\quad 4\cdot 3\cdot 3 = 36 \text{ Möglichkeiten}.\end{aligned}$$

Insgesamt erhält man: $|B| = 135$ und damit $P(B) = \frac{135}{343} = 0.3936$.

Lösung 4.6

Zu zeigen ist, daß

$$P(A \cap B) = P(A)P(B) \Longrightarrow P(\overline{A} \cap B) = P(\overline{A})P(B).$$

Nun gilt aber:

$$\begin{aligned}P(\overline{A} \cap B) &= P(B) - P(A \cap B) = P(B) - P(A)P(B)\\ &= P(B)[1 - P(A)] = P(B)P(\overline{A}).\end{aligned}$$

Lösung 4.7

(a) Aus den Angaben ergeben sich folgende Wahrscheinlichkeiten: $P(\overline{B}) = \frac{45}{60} = 0.75$, $P(B) = \frac{15}{60} = 0.25$, $P(A|B) = 0.8$ und $P(A|\overline{B}) = 0.4$.

(b) Die gesuchten Wahrscheinlichkeiten sind
 (b1) $P(A \cap B) = P(A|B) \cdot P(B) = 0.8 \cdot 0.25 = 0.2$,
 (b2) $P(A \cap \overline{B}) = P(A|\overline{B}) \cdot P(\overline{B}) = 0.4 \cdot 0.75 = 0.3$,
 (b3) $P(A) = 0.2 + 0.3 = 0.5$.

(c) Diese bedingte Wahrscheinlichkeit berechnet sich als:

$$P(B|A) = \frac{P(A \cap B)}{P(A)} = \frac{0.2}{0.5} = 0.4.$$

Eine zufällig unter den Personen, die in stationärer Behandlung sind, ausgewählte Person ist HIV positiv.

(d) Sind A und B unabhängig, dann gilt $P(A|B) = P(A)$.

Lösung 4.8

Bezeichnen M das Ereignis "Mann" und F das Ereignis "Farbenblind". Dann erhält man aus den Angaben $P(M) = 0.45$, $P(F|M) = 0.06$, $P(\overline{M}) = 0.55$ und $P(F|\overline{M}) = 0.005$. Daraus berechnet man die gesuchten Wahrscheinlichkeiten wie folgt:

- $P(F \cap \overline{M}) = P(F|\overline{M}) \cdot P(\overline{M}) = 0.005 \cdot 0.55 = 0.00275$.
- $\overline{M} \cap \overline{F}$: "Eine zufällig ausgewählte Person ist weiblich und nicht farbenblind" mit

$$\begin{aligned} P(\overline{M} \cap \overline{F}) &= P(\overline{F} \cap \overline{M}) = P(\overline{F}|\overline{M}) \cdot P(\overline{M}) = [1 - P(F|\overline{M})] \cdot P(\overline{M}) \\ &= (1 - 0.005) \cdot 0.55 = 0.995 \cdot 0.55 = 0.54725. \end{aligned}$$

- $M \cap F$: "Eine zufällig ausgewählte Person ist männlich und farbenblind" mit

$$P(M \cap F) = P(F|M) \cdot P(M) = 0.06 \cdot 0.45 = 0.027.$$

- F: "Eine zufällig ausgewählte Person ist farbenblind" mit

$$\begin{aligned} P(F) &= P(F|M) \cdot P(M) + P(F|\overline{M}) \cdot P(\overline{M}) = P(F \cap M) + P(F \cap \overline{M}) \\ &= 0.00275 + 0.027 = 0.02975, \end{aligned}$$

 wobei diese Formel zur Berechnung von $P(F)$ gerade aus dem Satz von der totalen Wahrscheinlichkeit resultiert.
- "Eine unter den farbenblinden Personen zufällig ausgewählte Person ist weiblich" mit

$$P(\overline{M}|F) = \frac{P(\overline{M} \cap F)}{P(F)} = \frac{0.00275}{0.02975} = 0.09244.$$

Lösung 4.9

Betrachtet werden die Ereignisse A: "Vollzeit", $\overline{A}$: "Teilzeit", B: "Promotion abgeschlossen" und $\overline{B}$: "Promotion nicht abgeschlossen".

(a) Die gesuchten Ereignisse und deren Anzahlen lauten:
- $\overline{(A \cup B)} = \overline{A} \cap \overline{B}$: "Weibliches wissenschaftliches Personal, das weder die Promotion abgeschlossen noch eine Vollzeitbeschäftigung hat" mit $|\overline{A \cup B}| = 35$.
- $\Omega \setminus B = \overline{B}$: "Weibliches wissenschaftliches Personal, das die Promotion nicht abgeschlossen hat" mit $|\overline{B}| = 50$.

(b) Die gesuchten Wahrscheinlichkeiten lassen sich direkt mit der Abzählregel ermitteln als:

(b1) $P(\text{Vollzeitbeschäftigung}) = P(A) = \dfrac{35}{80} = 0.4375.$

(b2) $P(\text{Vollzeitbeschäftigung und Promotion abgeschlossen})$
$= P(A \cap B) = \dfrac{20}{80} = 0.25.$

(c) Diese bedingte Wahrscheinlichkeit berechnet sich mit Hilfe der Ergebnisse aus (a) als: $P(B|A) = \dfrac{P(A \cap B)}{P(A)} = \dfrac{20/80}{35/80} = \dfrac{20}{35} = 0.571.$

(d) Will man die Frage beantworten, ob A und B unabhängig sind, so ist zu prüfen, ob $P(A \cap B) = P(A) \cdot P(B)$ oder ob $P(B|A) = P(B)$.

Hier gelten beispielsweise

$$P(A \cap B) = 0.25 \neq P(A) \cdot P(B) = 0.4375 \cdot 0.375 = 0.164$$

und

$$P(B) = \frac{30}{80} = 0.375 \neq 0.571 = P(B|A).$$

Also sind die Ereignisse A und B nicht unabhängig voneinander.

Lösung 4.10

Bezeichnen B das Ereignis "Person ist betrunken" und P das Ereignis "Test ist positiv". Dann ergibt sich aus den Angaben der Aufgabe $P(B) = 0.6$, $P(P|B) = 0.95$, $P(\overline{B}) = 0.4$, $P(\overline{P}|\overline{B}) = 0.97$ und somit $P(P|\overline{B}) = 0.03$. Mit Hilfe des Satzes von Bayes berechnet man daraus:

$$\begin{aligned} P(B|P) &= \frac{P(B \cap P)}{P(P)} = \frac{P(P|B) \cdot P(B)}{P(P|B) \cdot P(B) + P(P|\overline{B}) \cdot P(\overline{B})} \\ &= \frac{0.95 \cdot 0.6}{0.95 \cdot 0.6 + 0.03 \cdot 0.4} = \frac{0.57}{0.57 + 0.012} = \frac{0.57}{0.582} \\ &= 0.979. \end{aligned}$$

Damit kann man bei einem positiven Testergebnis mit einer Wahrscheinlichkeit von 97.9 % davon ausgehen, daß die Person tatsächlich betrunken ist.

Lösung 4.11

Bezeichnet man mit A das Ereignis "100 Euro Schein ist falsch" und mit B das Ereignis "Gerät blinkt auf", dann ergibt sich mit dem Satz von Bayes:

$$P(A|B) = \frac{P(A|B) \cdot P(A)}{P(A|B) \cdot P(A) + P(A|\overline{B}) \cdot P(\overline{A})}.$$

Da hier $P(A) = \frac{15}{10000} = 0.0015$, $P(\overline{A}) = 1 - P(A) = 0.9985$, $P(B|A) = 0.95$ und $P(B|\overline{A}) = 0.1$ gegeben sind, erhält man

$$\begin{aligned} P(A|B) &= \frac{0.95 \cdot 0.0015}{0.95 \cdot 0.0015 + 0.1 \cdot 0.9985} = \frac{0.001425}{0.001425 + 0.09985} \\ &= \frac{0.001425}{0.101275} = 0.0141. \end{aligned}$$

Blinkt das Gerät, kann man also nur mit einer Sicherheit von 1.4 % davon ausgehen, daß der Schein gefälscht ist.

Lösung 4.12

Aus der Angabe entnimmt man folgende Wahrscheinlichkeiten: $P(A) = 0.42$, $P(B) = 0.10$, $P(AB) = 0.04$ und $P(0) = 0.44$. Zudem erhält man $P(R{+}|A) = 0.85$, $P(R + |0) = 0.85$, $P(R + |B) = 0.80$ und $P(R + |AB) = 0.75$.

(a) Nach dem Satz von der totalen Wahrscheinlichkeit ergibt sich damit

$$\begin{aligned} P(R+) &= P(R + |A)P(A) + P(R + |B)P(B) + \\ &\quad P(R + |AB)P(AB) + P(R + |0)P(0) \\ &= 0.85 \cdot 0.42 + 0.8 \cdot 0.1 + 0.75 \cdot 0.04 + 0.85 \cdot 0.44 \\ &= 0.357 + 0.08 + 0.03 + 0.374 \\ &= 0.841. \end{aligned}$$

(b) Der Satz von Bayes liefert dann

$$P(AB|R+) = \frac{P(R + |AB) \cdot P(AB)}{P(R+)} = \frac{0.03}{0.841} = 0.036,$$

d.h. mit einer Wahrscheinlichkeit von 3.6 % kann man bei einem positiven Rhesusfaktor davon ausgehen, daß die betreffende Person Blutgruppe AB hat.

5

Diskrete Zufallsvariablen

Aufgaben

Aufgabe 5.1

Sie und Ihr Freund werfen je einen fairen Würfel. Derjenige, der die kleinere Zahl wirft, zahlt an den anderen so viele Geldeinheiten, wie die Differenz der Augenzahlen beträgt. Die Zufallsvariable X beschreibt Ihren Gewinn, wobei ein negativer Gewinn für Ihren Verlust steht.

(a) Bestimmen Sie die Wahrscheinlichkeitsfunktion von X, und berechnen Sie den Erwartungswert.
(b) Falls Sie beide die gleiche Zahl würfeln, wird der Vorgang noch einmal wiederholt, aber die Auszahlungen verdoppeln sich. Würfeln Sie wieder die gleiche Zahl, ist das Spiel beendet. Geben Sie für das modifizierte Spiel die Wahrscheinlichkeitsfunktion für Ihren Gewinn bzw. Verlust Y an.

(Lösung siehe Seite 100)

Aufgabe 5.2

In einer Urne befinden sich $N = 4$ Kugeln, welche die Zahlen 2, 4, 8 und 16 tragen. Es werden nach dem Modell mit Zurücklegen $n = 2$ Kugeln entnommen. Man definiert die Zufallsvariable X als den Durchschnitt der beiden Zahlen, die die beiden entnommenen Kugeln tragen.

(a) Zählen Sie die 16 möglichen Ergebnisse des Zufallsvorgangs in Form von Zahlenpaaren auf, und bestimmen Sie die möglichen Ausprägungen von X.
(b) Ermitteln Sie die Wahrscheinlichkeits- und die Verteilungsfunktion von X.
(c) Bestimmen Sie den Median, das 25 %- und das 75 %- Quantil.

(Lösung siehe Seite 101)

Aufgabe 5.3

Gegeben ist die Wahrscheinlichkeitsfunktion:

x	-1	1	2
$P(X = x)$	0.2	0.1	0.7

(a) Zeichnen Sie die Verteilungsfunktion von X, und berechnen Sie den Erwartungswert und die Standardabweichung von X.
(b) Ermitteln Sie die Wahrscheinlichkeitsfunktion von $Y = 2 + 4X$, und zeichnen Sie die Verteilungsfunktion von Y.
(c) Berechnen Sie den Erwartungswert und die Standardabweichung von Y und zwar direkt aus der Verteilung von Y sowie anhand der Ergebnisse über Erwartungswerte und Standardabweichungen von linear transformierten Zufallsvariablen.

(Lösung siehe Seite 102)

Aufgabe 5.4

Die Firma Dr. L. GmbH hat sich auf die Produktion von Statistiklehrbüchern spezialisiert. Für die Produktion des neuesten Titels „Datenfreie Statistik" hat die Firma die Wahl zwischen den zwei Standorten Leipzig und Dresden. Leider hängt die jährliche Produktion an Büchern von vielen zufälligen Faktoren ab und kann nicht genau bestimmt werden. Bezeichne L die Zufallsvariable „produzierte Stückzahl in Leipzig" und D die Zufallsvariable „produzierte Stückzahl in Dresden". Die beiden folgende Tabellen geben die Wahrscheinlichkeitsfunktionen für die jährliche Produktion in Leipzig und Dresden (in 1000 Stück) an.

l	2	3	4	5
$P(L = l)$	0.4	0.3	0.2	0.1

Tabelle 5.1. Wahrscheinlichkeitsfunktion für die jährliche Produktion (in 1000 Stück) in Leipzig.

d	1	2	3	4
$P(D = d)$	0.1	0.4	0.4	0.1

Tabelle 5.2. Wahrscheinlichkeitsfunktion für die jährliche Produktion (in 1000 Stück) in Dresden.

(a) Bestimmen Sie für beide Standorte die Wahrscheinlichkeit, dass

- mehr als 3000 Bücher produziert werden.
- mindestens 4000 Bücher produziert werden.
- zwischen 3400 und 4500 Bücher produziert werden.

(b) Bestimmen Sie für beide Standorte die erwartete Anzahl an produzierten Büchern.

(c) Für welchen Standort entscheiden Sie sich, wenn Sie die erwartete Anzahl an produzierten Büchern maximieren wollen.

(d) Die Kosten für jedes produzierte Buch sind für die beiden Standorte unterschiedlich. In Leipzig entstehen 11 Euro pro Buch, in Dresden entstehen nur 60 Prozent der Kosten in Leipzig. Jedes produzierte Buch bringt einen Erlös von 15 Euro. Für welchen Standort entscheiden Sie sich, wenn Sie den erwarteten jährlichen Gewinn maximieren wollen (genaue Begründung)?

(Lösung siehe Seite 104)

Aufgabe 5.5

Aus einer Urne mit 4 Kugeln, die die Zahlen -3, -1, 1 und 3 tragen, wird zweimal mit Zurücklegen gezogen. Man bestimme die Verteilung der Summe der Zahlen auf den gezogenen Kugeln ($= X$).

(a) Wie groß ist die Wahrscheinlichkeit, daß die Summe echt positiv ist?

(b) Wie lautet die Verteilung von $Z = X^2$?

(c) Sei Y die Zufallsgröße "Summe der quadrierten Zahlen auf den gezogenen Kugeln". Wie lautet die Verteilung von Y?

(d) Wie groß ist die Wahrscheinlichkeit, daß Y echt größer X^2 ist?

(Lösung siehe Seite 105)

Aufgabe 5.6

Die diskrete Zufallsvariable X kann nur die ganzzahligen Werte zwischen -3 und $+4$ annehmen. Ihre Verteilungsfunktion $F(x)$ lautet an diesen Werten:

x	-3	-2	-1	0	1	2	3	4
$F(x)$	0.05	0.15	0.30	0.40	0.65	0.85	0.95	1

(a) Bestimmen Sie die Wahrscheinlichkeiten $P(-1 < X \leq 3)$, $P(-1 < X < 3)$, $P(-1 \leq X < 3)$ und $P(-1 \leq X \leq 3)$.

(b) Bestimmen Sie die Verteilungsfunktion von $Y = X^2$.

(Lösung siehe Seite 107)

Aufgabe 5.7

Sei X eine diskrete Zufallsvariable mit Wahrscheinlichkeitsfunktion $f(x)$ und Verteilungsfunktion $F(x)$. Sei ferner der geordnete Wertebereich von X gleich $x_1 < x_2 < \ldots < x_n$. Sind die folgenden Aussagen richtig oder falsch?

(a) Unter Umständen kann $f(x_i) < 0$ sein.

(b) $F(x) = \sum_{x_i < x} f(x_i)$.

(c) $P(X > x) = 1 - F(x)$.

(d) $\sum_{x_i} F(x_i) = 1$.

(e) Ist $x_i < x_j$ so ist $F(x_i) \leq F(x_j)$.

(f) $f(x_i) = F(x_i) - F(x_{i-1})$ für $i = 2, \ldots, n$.

(g) $f(x_i) < F(x_i)$ für alle $i = 1, \ldots, n$.

(h) $f(x_1) = F(x_1)$.

(Lösung siehe Seite 107)

Aufgabe 5.8

Zwei faire Würfel werden unabhängig voneinander geworfen. Bezeichne X_1 die Augenzahl des ersten und X_2 die des zweiten Würfels. Geben Sie für die daraus abgeleiteten Zufallsvariablen Y und Z zuerst jeweils den Träger $\mathcal{T}_Y$ und $\mathcal{T}_Z$ an. Sind Y und Z stochastisch unabhängig oder abhängig?

(a) $Y = X_1$, $Z = 2 \cdot X_2$.
(b) $Y = X_1$, $Z = X_1 + X_2$.
(c) $Y = X_1 + X_2$, $Z = X_1 - X_2$.

(Lösung siehe Seite 108)

Aufgabe 5.9

Sind die beiden Zufallsvariablen X und Y, die die Augensumme bzw. die Differenz beim Werfen zweier fairer Würfel angeben, unabhängig?
(Lösung siehe Seite 109)

Aufgabe 5.10

Berechnen Sie den Erwartungswert und die Varianz der diskreten Gleichverteilung auf dem Träger $\mathcal{T} = \{a, a+1, a+2, \ldots, b-2, b-1, b\}$.
(Lösung siehe Seite 109)

Aufgabe 5.11

Bestimmen Sie den Median der geometrischen Verteilung mit dem Parameter $\pi = 0.5$. Vergleichen Sie Ihr Resultat mit dem Erwartungswert dieser Verteilung. Was folgt gemäß der Lageregel für die Gestalt des Wahrscheinlichkeitshistogramms? Skizzieren Sie das Wahrscheinlichkeitshistogramm, um Ihre Aussage zu überprüfen.
(Lösung siehe Seite 110)

Aufgabe 5.12

Sei X eine diskrete Zufallsvariable mit Erwartungswert $E(X)$ und Varianz $Var(X)$. Sei ferner der geordnete Wertebereich von X gleich $x_1 < x_2 < \ldots < x_n$. Sind die folgenden Aussagen richtig oder falsch?

(a) $Var(X) \geq 0$.

(b) $E(X) \geq x_1$.

(c) $Var(X) \geq x_1$.

(d) $Var(X) \geq E(X)$.

(e) $Var(X) \leq E(X^2)$.

(f) $Var(X) \leq E(X)^2$.

(Lösung siehe Seite 111)

Aufgabe 5.13

Sei X eine diskrete, um null symmetrische Zufallsvariable. Zeigen Sie, daß dann $E(X) = 0$ gilt. Verallgemeinern Sie diese Aussage auf Zufallsvariablen, die um einen Punkt c symmetrisch sind.
(Lösung siehe Seite 112)

Aufgabe 5.14

Welche Verteilungen besitzen die folgenden Zufallsvariablen:

(a) Die Anzahl der Richtigen beim Lotto "6 aus 49" (X_1).
(b) Die Anzahl der Richtigen beim Fußballtoto, wenn alle Spiele wegen unbespielbarem Platz ausfallen und die Ergebnisse per Los ermittelt werden (X_2).
(c) Die Anzahl von Telephonanrufen in einer Auskunftstelle während einer Stunde (X_3).

(d) In einer Urne mit 100 Kugeln befinden sich 5 rote Kugeln. X_4 sei die Anzahl der roten Kugeln in der Stichprobe, wenn 10 Kugeln auf einen Schlag entnommen werden.
(e) Die Anzahl der Studenten, die den Unterschied zwischen der Binomial- und der hypergeometrischen Verteilung verstanden haben, unter 10 zufällig ausgewählten Hörern einer Statistikveranstaltung, an der 50 Studenten teilnehmen (X_5).
(f) Die Stückzahl eines selten gebrauchten Produkts, das bei einer Lieferfirma an einem Tag nachgefragt wird (X_6).

(Lösung siehe Seite 112)

Aufgabe 5.15

Eine Teetrinkerin behauptet schmecken zu können, ob der Tee beim Eingießen auf die Milch gegeben wurde oder umgekehrt. Sie erklärt sich auch zu einem Experiment bereit. Eine Person füllt zehn Tassen mit Milch und Tee. Bei jeder Tasse entscheidet sie rein zufällig, ob zuerst die Milch oder zuerst der Tee in die Tasse gegeben wird. Nachdem alle Tassen gefüllt sind, wird die Teetrinkerin ins Zimmer gelassen und darf probieren.

Nehmen Sie an, sie rät nur und tippt bei jeder Tasse (jeweils unabhängig von den anderen) mit Wahrscheinlichkeit 0.5 auf die richtige Reihenfolge von Tee und Milch. Wie groß ist dann die Wahrscheinlichkeit, daß sie mindestens achtmal richtig tippt?
(Lösung siehe Seite 113)

Aufgabe 5.16

In einer Tüte befinden sich zehn Pralinen: vier aus Nougat und sechs aus Marzipan. Hein, der absolut keine Nougat-Pralinen mag, darf nun drei Pralinen zufällig (ohne Zurücklegen) auswählen.

(a) Wie ist die Anzahl X gezogener Marzipan-Pralinen verteilt? Wieviele Marzipan-Pralinen kann Hein erwarten?

Wie groß ist die Wahrscheinlichkeit, daß Hein

(b) genau 3 Marzipan-Pralinen zieht?
(c) mindestens 1 Marzipan-Praline zieht?

(Lösung siehe Seite 113)

Aufgabe 5.17

Ein Student, der keine Zeit hat, sich auf einen 20-Fragen-Multiple-Choice-Test vorzubereiten, beschließt, bei jeder Frage aufs Geratewohl zu raten. Dabei besitzt jede Frage fünf Antwortmöglichkeiten.

(a) Welche Verteilung hat die Zufallsvariable, die die Anzahl der richtigen Antworten angibt? Wieviele Fragen wird der Student im Mittel richtig beantworten?
(b) Der Test gilt als bestanden, wenn zehn Fragen richtig beantwortet sind. Wie groß ist die Wahrscheinlichkeit des Studenten, den Test zu bestehen? Wo müßte die Grenze liegen, wenn die Chance des Studenten, die Klausur durch Raten zu bestehen, größer als 5 % sein soll?

(Lösung siehe Seite 114)

Aufgabe 5.18

Ein Großhändler versorgt acht Geschäfte, von denen jedes eine Bestellung für den nächsten Tag unabhängig vom anderen Geschäft mit Wahrscheinlichkeit $\pi = 0.3$ aufgibt.

(a) Wie viele Bestellungen laufen mit größter Wahrscheinlichkeit ein?
(b) Mit welcher Wahrscheinlichkeit weicht die Zahl der Bestellungen um höchstens eine vom wahrscheinlichsten Wert ab?
(c) Der Großhändler kann an einem Tag nicht mehr als sechs Geschäfte pünktlich beliefern. Die anderen Geschäfte erhalten die Lieferung verspätet.
  (c1) Wie wahrscheinlich ist es, daß nicht alle Geschäfte pünktlich beliefert werden können?
  (c2) Wieviele Geschäfte erhalten die Lieferung im Schnitt zu spät?

(Lösung siehe Seite 114)

Aufgabe 5.19

Bei einem Fußballspiel kommt es nach einem Unentschieden zum Elfmeterschießen. Zunächst werden von jeder Mannschaft fünf Elfmeter geschossen, wobei eine Mannschaft gewinnt, falls sie häufiger getroffen hat als die andere. Nehmen Sie an, daß die einzelnen Schüsse unabhängig voneinander sind und jeder Schütze mit einer Wahrscheinlichkeit von 0.8 trifft. Wie groß ist die Wahrscheinlichkeit, daß es nach zehn Schüssen (fünf pro Mannschaft) zu einer Entscheidung kommt?
(Lösung siehe Seite 115)

Aufgabe 5.20

Aus Erfahrung weiß man, daß die Wahrscheinlichkeit dafür, daß bei einem Digitalcomputer eines bestimmten Typus während 12 Stunden kein Fehler auftritt, 0.7788 beträgt.

(a) Welche Verteilung eignet sich zur näherungsweisen Beschreibung der Zufallsvariable $X =$ Anzahl der Fehler, die während 12 Stunden auftreten?
(b) Man bestimme die Wahrscheinlichkeit dafür, daß während 12 Stunden mindestens zwei Fehler auftreten.
(c) Wie groß ist die Wahrscheinlichkeit, daß bei vier (voneinander unabhängigen) Digitalcomputern desselben Typus während 12 Stunden genau ein Fehler auftritt?

(Lösung siehe Seite 115)

Aufgabe 5.21

Von den 20 Verkäuferinnen eines mittelgroßen Geschäftes sind vier mit längeren Ladenöffnungszeiten einverstanden. Ein Journalist befragt für eine Dokumentation der Einstellung zu einer Änderung der Öffnungszeiten fünf Angestellte, die er zufällig auswählt. Wie groß ist die Wahrscheinlichkeit, daß sich keine der Befragten für längere Öffnungszeiten ausspricht? Mit welcher Wahrscheinlichkeit sind genau bzw. mindestens zwei der ausgewählten Angestellten bereit, länger zu arbeiten?
(Lösung siehe Seite 116)

Aufgabe 5.22

Zeigen Sie für zwei unabhängige binäre Zufallsvariablen $X \sim B(1, \pi)$ und $Y \sim B(1, \rho)$ die Linearität von Erwartungswert und Varianz:

$$E(X + Y) = E(X) + E(Y)\,, \quad Var(X + Y) = Var(X) + Var(Y)$$

sowie die Produktregel für Erwartungswerte:

$$E(X \cdot Y) = E(X) \cdot E(Y).$$

(Lösung siehe Seite 116)

Aufgabe 5.23

Eine diskrete Zufallsvariable X nimmt nur die Werte 0, 1 oder 2 an. Die Wahrscheinlichkeitsfunktion $f(x) = P(X = x)$ von X hängt von einem Parameter $\theta \in [0, 1]$ ab:

$$\begin{aligned} P(X = 0) &= 0.36, \\ P(X = 1) &= 0.64 \cdot \theta, \\ P(X = 2) &= 0.64 \cdot (1 - \theta). \end{aligned}$$

Für welchen Wert von θ ist X binomialverteilt?
(Lösung siehe Seite 118)

Aufgabe 5.24

Für welchen Wert von π hat eine binomialverteilte Zufallsvariable $X \sim B(n, \pi)$ bei festem n maximale Varianz?
(Lösung siehe Seite 118)

Aufgabe 5.25

Eine Rückversicherung will die Prämien für Versicherungen gegen Großunfälle kalkulieren. Aus Erfahrung weiß sie, daß im Mittel 3.7 bzw. 5.9 Großunfälle im Winter- bzw. Sommerhalbjahr vorfallen.

(a) Welche Verteilungsannahme erscheint für die Zufallsvariablen

$$\begin{aligned} X &= \text{Anzahl der Großunfälle im Winterhalbjahr} \\ Y &= \text{Anzahl der Großunfälle im Sommerhalbjahr} \end{aligned}$$

sinnvoll?

(b) Wie wahrscheinlich ist es, daß im Winterhalbjahr nicht mehr als zwei Großunfälle vorfallen? Wie wahrscheinlich ist es im Sommerhalbjahr?

(c) Wie wahrscheinlich ist es, daß sowohl im Winter- als auch im Sommerhalbjahr nicht mehr als zwei Großunfälle vorfallen? Welche Annahme unterstellen Sie dabei?

(Lösung siehe Seite 118)

Lösungen

Lösung 5.1

Ein geeigneter Ergebnisraum ist

$$\begin{array}{rllllll}\Omega = \{ & (1,1), & (1,2), & (1,3), & (1,4), & (1,5), & (1,6), \\ & (2,1), & (2,2), & (2,3), & (2,4), & (2,5), & (2,6), \\ & (3,1), & (3,2), & (3,3), & (3,4), & (3,5), & (3,6), \\ & (4,1), & (4,2), & (4,3), & (4,4), & (4,5), & (4,6), \\ & (5,1), & (5,2), & (5,3), & (5,4), & (5,5), & (5,6), \\ & (6,1), & (6,2), & (6,3), & (6,4), & (6,5), & (6,6) \; \} \end{array}$$

mit $|\Omega| = 6^2 = 36$.

(a) Abzählen liefert die Wahrscheinlichkeitsfunktion in Tabellenform:

x	−5	−4	−3	−2	−1	0	1	2	3	4	5
$P(X=x)$	$\frac{1}{36}$	$\frac{2}{36}$	$\frac{3}{36}$	$\frac{4}{36}$	$\frac{5}{36}$	$\frac{6}{36}$	$\frac{5}{36}$	$\frac{4}{36}$	$\frac{3}{36}$	$\frac{2}{36}$	$\frac{1}{36}$

Für den Erwartungswert gilt:

$$E(X) = -5 \cdot \frac{1}{36} - 4 \cdot \frac{2}{36} + \ldots + 5 \cdot \frac{1}{36} = 0.$$

(b) Es gilt:

$$\begin{array}{llllll}
P(Y=-10) & = & \frac{1}{6} \cdot \frac{1}{36} & = & \frac{1}{216} & = & P(X=10) \\
P(Y=-8) & = & \frac{1}{6} \cdot \frac{2}{36} & = & \frac{2}{216} & = & P(X=8) \\
P(Y=-6) & = & \frac{1}{6} \cdot \frac{3}{36} & = & \frac{3}{216} & = & P(X=6) \\
P(Y=-5) & = & \frac{1}{36} & = & \frac{6}{216} & = & P(X=5) \\
P(Y=-4) & = & \frac{2}{36} + \frac{1}{6} \cdot \frac{4}{36} & = & \frac{16}{216} & = & P(X=4) \\
P(Y=-3) & = & \frac{3}{36} & = & \frac{18}{216} & = & P(X=3) \\
P(Y=-2) & = & \frac{4}{36} + \frac{1}{6} \cdot \frac{5}{36} & = & \frac{29}{216} & = & P(X=2) \\
P(Y=-1) & = & \frac{5}{36} & = & \frac{30}{216} & = & P(X=-1) \\
P(Y=0) & = & \frac{1}{36} \cdot \frac{1}{6} & = & \frac{6}{216} & &
\end{array}$$

Lösung 5.2

Die Urne enthält vier Kugeln mit den Zahlen 2, 4, 8, 16. Daraus wird zweimal mit Zurücklegen gezogen, d.h. $G = \{2, 4, 8, 16\}$, $N = 4$ und $n = 2$.
Dabei interessiert die Variable X = Durchschnitt der Zahlen der beiden entnommenen Kugeln.

(a) Der Ergebnisraum ist gegeben als

$$\begin{aligned}\Omega &= \{(2,2),(2,4),(2,8),(2,16),(4,2),(4,4),(4,8),(4,16),\\ &\quad (8,2),(8,4),(8,8),(8,16),(16,2),(16,4),(16,8),(16,16)\}.\end{aligned}$$

Damit besitzt X folgende Ausprägungen: 2, 3, 4, 5, 6, 8, 9, 10, 12, 16.

(b) Die Wahrscheinlichkeits- und die Verteilungsfunktion von X lauten:

x	2	3	4	5	6	8	9	10	12	16
$P(X = x)$	$\frac{1}{16}$	$\frac{2}{16}$	$\frac{1}{16}$	$\frac{2}{16}$	$\frac{2}{16}$	$\frac{1}{16}$	$\frac{2}{16}$	$\frac{2}{16}$	$\frac{2}{16}$	$\frac{1}{16}$
$F(x)$	$\frac{1}{16}$	$\frac{3}{16}$	$\frac{4}{16}$	$\frac{6}{16}$	$\frac{8}{16}$	$\frac{9}{16}$	$\frac{11}{16}$	$\frac{13}{16}$	$\frac{15}{16}$	1.

(c)
- Bestimme den Median $x_{0.5}$ mit $P(X \leq x_{0.5}) \geq 0.5$ und $P(X \geq x_{0.5}) \geq 1 - 0.5 = 0.5$. Dazu betrachte zunächst $x = 6$:
  Hier gelten $P(X \leq 6) = \frac{8}{16} = 0.5$ und $P(X \geq 6) = \frac{10}{16} \geq 0.5$.
  Für $x = 8$ erhält man entsprechend $P(X \leq 8) = \frac{9}{16} \geq 0.5$ und $P(X \geq 8) = \frac{8}{16} = 0.5$. Der Median ist also nicht eindeutig bestimmt. Alle Zahlen zwischen 6 und 8 sind Median. Per Konvention wählt man den kleinsten Wert, d.h. $x_{0.5} = 6$.
- Bestimme $x_{0.25}$ mit $P(X \leq x_{0.25}) \geq 0.25$ und $P(X \geq x_{0.25}) \geq 1 - 0.25 = 0.75$. Betrachte zunächst $x = 4$:
  Hier gelten $P(X \leq 4) = \frac{4}{16} = 0.25$ und $P(X \geq 4) = \frac{13}{16} = 0.8125 > 0.75$.
  Für $x = 5$ erhält man entsprechend $P(X \leq 5) = F(5) = \frac{6}{16} = 0.375 \geq 0.25$ und $P(X \geq 5) = \frac{12}{16} = 0.75$.
  Damit sind alle Zahlen zwischen 4 und 5 unteres Quartil; wähle per Konvention $x_{0.25} = 4$.
- Bestimme $x_{0.75}$ mit $P(X \leq x_{0.75}) \geq 0.75$ und $P(X \geq x_{0.75}) \geq 1 - 0.75 = 0.25$. Betrachte zunächst $x = 10$:
  Hier gelten $P(X \leq 10) = F(10) = \frac{13}{16} = 0.8125 \geq 0.75$ und $P(X \geq 10) = \frac{5}{16} = 0.3125 \geq 0.25$. Das obere Quartil ist eindeutig: $x_{0.75} = 10$.

Lösung 5.3

(a) Die Verteilungsfunktion von X lautet

x	-1	1	2
$P(X=x)$	0.2	0.1	0.7
$F(x)$	0.2	0.3	1

und hat folgende graphische Darstellung:

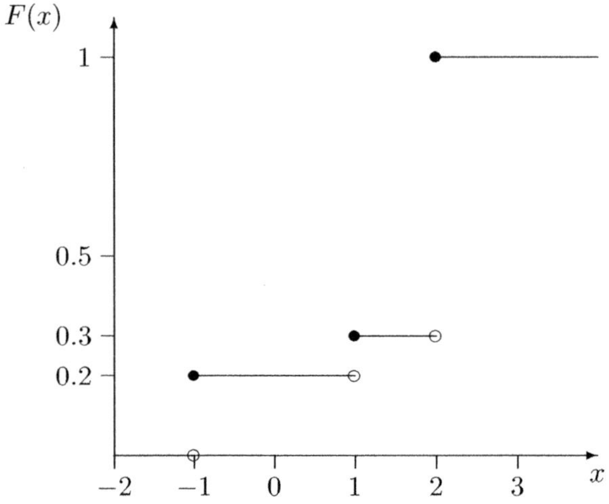

Der Erwartungswert von X ergibt sich als

$$\begin{aligned} E(X) &= \sum_{i=1}^{\infty} x_i \cdot P(X=x_i) = \sum_{i=1}^{3} x_i \cdot P(X=x_i) \\ &= -1 \cdot 0.2 + 1 \cdot 0.1 + 2 \cdot 0.7 = 1.3. \end{aligned}$$

Die Varianz von X ist gegeben als:

$$\begin{aligned} Var(X) &= E(X^2) - [E(X)]^2 \\ \text{mit} \quad E(X^2) &= 1 \cdot 0.2 + 1 \cdot 0.1 + 4 \cdot 0.7 = 3.1. \end{aligned}$$

Damit ergibt sich die Varianz von X zu

$$Var(X) = 3.1 - 1.3^2 = 1.41,$$

und man erhält für die Standardabweichung von X:

$$\sqrt{Var(X)} = 1.187.$$

(b) Mit $Y = 2 + 4X$ ergibt sich für die Wahrscheinlichkeits- und Verteilungsfunktion von Y

y	-2	6	10
$P(Y = y)$	0.2	0.1	0.7
$F(y)$	0.2	0.3	1

und die folgende graphische Darstellung der Verteilungsfunktion

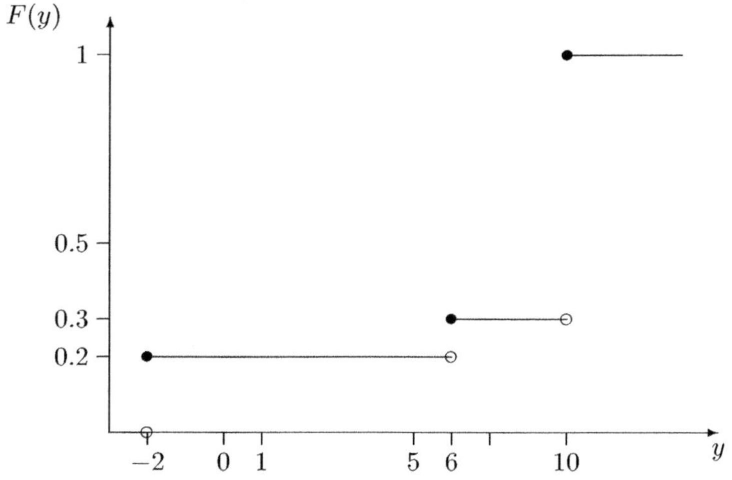

(c) Die Berechnung von $E(Y)$ und $\sqrt{Var(Y)}$ kann

- zum einen über die Verteilung von Y erfolgen:

$$\begin{aligned} E(Y) &= -2 \cdot 0.2 + 6 \cdot 0.1 + 10 \cdot 0.7 = 7.2, \\ E(Y^2) &= 4 \cdot 0.2 + 36 \cdot 0.1 + 100 \cdot 0.7 = 74.4. \\ \text{Damit ist} \quad Var(Y) &= 74.4 - (7.2)^2 = 22.56 \\ \text{und} \quad \sqrt{Var(Y)} &= 4.75. \end{aligned}$$

- und zum anderen anhand der Ergebnisse für X:

$$\begin{aligned} E(Y) &= 2 + 4 \cdot E(X) = 2 + 4 \cdot 1.3 = 7.2, \\ Var(Y) &= 16 \cdot Var(X) = 16 \cdot 1.41 = 22.56, \\ \sqrt{Var(Y)} &= 4 \cdot \sqrt{Var(X)} = 4 \cdot 1.187 = 4.75. \end{aligned}$$

Lösung 5.4

(a) Für Leipzig erhält man

$$\begin{aligned} P(L > 3) &= P(L = 4) + P(L = 5) = 0.2 + 0.1 = 0.3, \\ P(L \geq 4) &= P(L = 4) + P(L = 5) = 0.3, \\ P(3.4 \leq L \leq 4.5) &= P(L = 4) = 0.2. \end{aligned}$$

Entsprechend ergibt sich für Dresden:

$$\begin{aligned} P(D > 3) &= P(D = 4) = 0.1, \\ P(D \geq 4) &= P(D = 4) = 0.1, \\ P(3.4 \leq D \leq 4.5) &= P(D = 4) = 0.1. \end{aligned}$$

(b) Es gilt:

$$\begin{aligned} E(L) &= 2 \cdot P(L = 2) + 3 \cdot P(L = 3) + 4 \cdot P(L = 4) + 5 \cdot P(L = 5) \\ &= 2 \cdot 0.4 + 3 \cdot 0.3 + 4 \cdot 0.2 + 5 \cdot 0.1 \\ &= 3 \end{aligned}$$

$$\begin{aligned} E(D) &= 1 \cdot P(D = 1) + 2 \cdot P(D = 2) + 3 \cdot P(D = 3) + 4 \cdot P(D = 4) \\ &= 1 \cdot 0.1 + 2 \cdot 0.4 + 3 \cdot 0.4 + 4 \cdot 0.1 \\ &= 2.5 \end{aligned}$$

In Leipzig werden also im Durchschnitt 3000 Bücher hergestellt, in Dresden 2500.

(c) Die erwartete Produktionsmenge ist in Leipzig höher als in Dresden. Daher entscheidet man sich für Leipzig.

(d) Bezeichne GL die Zufallsvariable „Gewinn in Leipzig" und GD die Zufallsvariable „Gewinn in Dresden". Es gilt:

$$GL = (15 - 11) \cdot 1000 \cdot L = 4000 \cdot L$$

$$\begin{aligned} E(GL) &= 4000 \cdot E(L) = 4000 \cdot 3 \\ &= 12000 \text{ Euro} \end{aligned}$$

und

$$GD = (15 - 0.6 \cdot 11) \cdot 1000 \cdot D = 8400 \cdot D$$

$$\begin{aligned} E(GD) &= 8400 \cdot E(D) = 8400 \cdot 2.5 \\ &= 21000 \text{ Euro.} \end{aligned}$$

Da der erwartete Gewinn in Dresden höher ist, entscheiden wir uns für Dresden.

Lösung 5.5

Ein geeigneter Ergebnisraum ist

$$\begin{aligned}\Omega = \{ \quad &(-3,-3), \quad (-3,-1), \quad (-3,+1), \quad (-3,+3),\\ &(-1,-3), \quad (-1,-1), \quad (-1,+1), \quad (-1,+3),\\ &(+1,-3), \quad (+1,-1), \quad (+1,+1), \quad (+1,+3),\\ &(+3,-3), \quad (+3,-1), \quad (+3,+1), \quad (+3,+3) \;\}\end{aligned}$$

mit $|\Omega| = 4^2 = 16$.

(a) Die Wahrscheinlichkeitsfunktion von X erhält man mit folgender Tabelle:

x	-6	-4	-2	0	2	4	6
	$(-3,-3)$	$(-3,-1)$ $(-1,-3)$	$(-3,1)$ $(1,-3)$ $(-1,-1)$	$(-3,3)$ $(3,-3)$ $(-1,1)$ $(1,-1)$	$(3,-1)$ $(-1,3)$ $(1,1)$	$(3,1)$ $(1,3)$	$(3,3)$
$\sum$	1	2	3	4	3	2	1
$P(X=x)$	$\frac{1}{16}$	$\frac{2}{16}$	$\frac{3}{16}$	$\frac{4}{16}$	$\frac{3}{16}$	$\frac{2}{16}$	$\frac{1}{16}$

Damit folgt

$$P(X > 0) = \frac{3}{16} + \frac{2}{16} + \frac{1}{16} = \frac{6}{16}.$$

(b) Es gilt

$$\begin{aligned}P(Z=36) &= P(X=6) + P(X=-6) = \tfrac{2}{16},\\ P(Z=16) &= P(X=4) + P(X=-4) = \tfrac{4}{16},\\ P(Z=4) &= P(X=2) + P(X=-2) = \tfrac{6}{16},\\ P(Z=0) &= P(X=0) = \tfrac{4}{16}.\end{aligned}$$

Damit erhält man als Wahrscheinlichkeitsfunktion

$$f(z) = \begin{cases} \frac{2}{16} & \text{für} \quad z = 36 \\ \frac{4}{16} & \text{für} \quad z = 16 \\ \frac{6}{16} & \text{für} \quad z = 4 \\ \frac{4}{16} & \text{für} \quad z = 0 \end{cases}$$

und als Verteilungsfunktion

$$F(z) = \begin{cases} 0 & \text{für} \quad -\infty < z < 0 \\ \frac{4}{16} & \text{für} \quad 0 \leq z < 4 \\ \frac{10}{16} & \text{für} \quad 4 \leq z < 16 \\ \frac{14}{16} & \text{für} \quad 16 \leq z < 36 \\ 1 & \text{für} \quad 36 \leq z < +\infty. \end{cases}$$

(c) Die Wahrscheinlichkeitsfunktion von Y entnimmt man folgender Tabelle:

y	2	10	18
	$(-1,-1)$ $(-1,+1)$ $(+1,-1)$ $(+1,+1)$	$(-3,-1)$ $(-1,-3)$ $(+3,-1)$ $(-1,+3)$ $(+3,+1)$ $(+1,+3)$ $(-3,+1)$ $(+1,-3)$	$(-3,-3)$ $(-3,+3)$ $(+3,-3)$ $(+3,+3)$
$\sum$	4	8	4
$P(Y=y)$	$\frac{4}{16}=\frac{1}{4}$	$\frac{8}{16}=\frac{1}{2}$	$\frac{4}{16}=\frac{1}{4}$

Damit erhält man als Wahrscheinlichkeitsfunktion für Y

$$f(y) = \begin{cases} \frac{4}{16} & \text{für} \quad y = 18 \\ \frac{8}{16} & \text{für} \quad y = 10 \\ \frac{4}{16} & \text{für} \quad y = 2 \end{cases}$$

und als Verteilungsfunktion

$$F(y) = \begin{cases} 0 & \text{für} \quad -\infty < y < 2 \\ \frac{4}{16} & \text{für} \quad 2 \leq y < 10 \\ \frac{12}{16} & \text{für} \quad 10 \leq y < 18 \\ 1 & \text{für} \quad 18 \leq y < +\infty. \end{cases}$$

(d) Die gesuchte Wahrscheinlichkeit ermittelt man wie folgt:

$$\begin{aligned} P(Y > X^2) &= P(Y = 2\,,\, X^2 = 0)+ \\ &\quad P(Y = 10\,,\, X^2 = 0) + P(Y = 10\,,\, X^2 = 4)+ \\ &\quad P(Y = 18\,,\, X^2 = 0) + P(Y = 18\,,\, X^2 = 4)+ \\ &\quad P(Y = 18\,,\, X^2 = 16) \\ &= \frac{2}{16} + 0 + \frac{4}{16} + \frac{2}{16} + 0 + 0 \\ &= \frac{8}{16}. \end{aligned}$$

Lösung 5.6

(a) Die gesuchten Wahrscheinlichkeiten lassen sich direkt über die angegebenen Werte der Verteilungsfunktion berechnen, und zwar als:

$$\begin{aligned} P(-1 < X \leq 3) &= F(3) - F(-1) = 0.95 - 0.3 = 0.65, \\ P(-1 < X < 3) &= F(2) - F(-1) = 0.85 - 0.3 = 0.55, \\ P(-1 \leq X < 3) &= F(2) - F(-2) = 0.85 - 0.15 = 0.7, \\ P(-1 \leq X \leq 3) &= F(3) - F(-2) = 0.95 - 0.15 = 0.8. \end{aligned}$$

(b) Die Verteilungsfunktion entnimmt man folgender Tabelle:

$y = x^2$	0	1	4	9	16
$f_Y(y)$	0.1	0.4	0.3	0.15	0.05
$F_Y(y)$	0.1	0.5	0.8	0.95	1.0

Lösung 5.7

(a) $f(x_i) < 0$ ist falsch, denn $f(x_i) = P(X = x_i)$. Wahrscheinlichkeiten sind aber nach dem Axiom K1 von Kolmogorov immer größer oder gleich null.

(b) $F(x) = \sum_{x_i < x} f(x_i)$ ist falsch (richtig wäre $F(x) = \sum_{x_i \leq x} f(x_i)$). Betrachte als Gegenbeispiel die Zufallsvariable X mit $P(X = 1) = 1$ (Einpunktverteilung). Hier gilt:

$$F(1) = 1 \neq \sum_{x_i < x} f(x_i) = 0.$$

(c) $P(X > x) = 1 - F(x)$ ist richtig, denn

$$P(X > x) = 1 - P(X \leq x) = 1 - F(x).$$

(d) $\sum_{x_i} F(x_i) = 1$ ist falsch (richtig wäre $\sum_{x_i} f(x_i) = 1$).

(e) $F(x_i) \leq F(x_j)$ ist richtig, denn

$$\begin{aligned} F(x_j) &= P(X \leq x_j) \\ &= P(X \leq x_i) + P(x_i < X \leq x_j) \\ &= F(x_i) + \underbrace{P(x_i < X \leq x_j)}_{\geq 0}. \end{aligned}$$

(f) $f(x_i) = F(x_i) - F(x_{i-1})$ ist richtig, denn

$$\begin{aligned} F(x_i) &= P(X \leq x_i) \\ &= P(X \leq x_{i-1}) + P(X = x_i) \\ &= F(x_{i-1}) + f(x_i). \end{aligned}$$

(g) $f(x_i) < F(x_i)$ ist falsch. Betrachte als Gegenbeispiel wieder die Einpunktverteilung (siehe Teilaufgabe (b)).

(h) $f(x_1) = F(x_1)$ ist richtig, denn $F(x_1) = \sum_{i \leq 1} f(x_i) = f(x_1)$.

Lösung 5.8

(a) $\mathcal{T}_Y = \{1, 2, \ldots, 6\}$,
$\mathcal{T}_Z = \{2, 4, 6 \ldots, 12\}$.
Die Zufallsvariablen Y und Z sind stochastisch unabhängig, da sie aus zwei unabhängigen Würfelwürfen hervorgehen.

(b) $\mathcal{T}_Y = \{1, 2, \ldots, 6\}$,
$\mathcal{T}_Z = \{2, 3, 4, \ldots, 12\}$.
Die Zufallsvariablen Y und Z sind stochastisch abhängig, da z.B.
$P(Y = 1\,,\, Z = 3) = \frac{1}{36} \neq \frac{1}{6} \cdot \frac{2}{36} = P(Y = 1) \cdot P(Z = 3)$

(c) $\mathcal{T}_Y = \{2, 3, 4, \ldots, 12\}$
$\mathcal{T}_Z = \{-5, -4, \ldots, 3, 4, 5\}$
Die Zufallsvariablen Y und Z sind stochastisch abhängig, da z.B.
$P(Y = 2\,,\, Z = -5) = 0 \neq \frac{1}{36} \cdot \frac{1}{36} = P(Y = 2) \cdot P(Z = -5)$

Lösung 5.9

Seien W_1 = Augenzahl des 1. Würfels und W_2 = Augenzahl des 2. Würfels. Dann gilt $X = W_1 + W_2$ und $Y = W_1 - W_2$.
Betrachten Sie

$$\begin{aligned} P(X = 12, Y = 0) &= P(W_1 + W_2 = 12, W_1 - W_2 = 0) \\ &= P(W_1 = 6, W_2 = 6) \\ &= \frac{1}{36} \neq \frac{1}{36} \cdot \frac{1}{6} = P(X = 12) \cdot P(Y = 0). \end{aligned}$$

Also sind X und Y stochastisch abhängig.

Lösung 5.10

Sei X auf $\mathcal{T} = \{a, a+1, \ldots, b-1, b\}$ gleichverteilt. Der Einfachheit halber sei ohne Beschränkung der Allgemeinheit $a, b > 0$. Dann lautet die Wahrscheinlichkeitsfunktion

$$f(x) = \begin{cases} \dfrac{1}{b-a+1} & \text{für } x \in \mathcal{T} \\ 0 & \text{sonst.} \end{cases}$$

Somit ist

$$\begin{aligned} E(X) &= \sum_{x=a}^{b} x \cdot \frac{1}{b-a+1} = \frac{1}{b-a+1} \sum_{x=a}^{b} x \\ &= \frac{1}{b-a+1}(a + b + a + 1 + b - 1 + \ldots) \\ &= \frac{1}{b-a+1}(a+b) \cdot \frac{b-a+1}{2} \\ &= \frac{a+b}{2}. \end{aligned}$$

Dieses Ergebnis gilt auch wegen der Symmetrie der Verteilung. Zur Berechnung der Varianz betrachten wir die Zufallsvariable $Y = X - a$. Dann gilt wegen der Regeln für lineare Transformationen

$$Var(Y) = Var(X)$$

und ferner

$$E(Y) = E(X) - a = \frac{a + b - 2a}{2} = \frac{b-a}{2}.$$

Mit

$$\begin{aligned} E(Y^2) &= \sum_{k=0}^{b-a} y^2 \cdot \frac{1}{b-a+1} = \frac{1}{b-a+1} \sum_{k=0}^{b-a} y^2 \\ &= \frac{1}{b-a+1} \frac{b-a}{6} (b-a+1)(2(b-a)+1) \\ &= \frac{b-a}{6}(2(b-a)+1) \end{aligned}$$

gilt dann

$$\begin{aligned} Var(Y) &= E(Y^2) - (E(Y))^2 \\ &= \frac{b-a}{6}(2(b-a)+1) - \frac{(b-a)^2}{4} \\ &= \frac{4(b-a)^2 + 2(b-a) - 3(b-a)^2}{12} \\ &= \frac{(b-a)^2 + 2(b-a)}{12} = Var(X). \end{aligned}$$

Lösung 5.11

Die Wahrscheinlichkeitsfunktion lautet $f(x) = 0.5^{x-1} \cdot 0.5 = 0.5^x$. Daraus erhält man die Wahrscheinlichkeiten $P(X \leq 1) = 0.5$ und $P(X \leq 2) = 0.75$. Also gilt $F(1) = 0.5$, d.h. $x_{med} = 1$. Wegen $1 = x_{med} < E(X) = 2$ liegt eine linkssteile Verteilung vor.

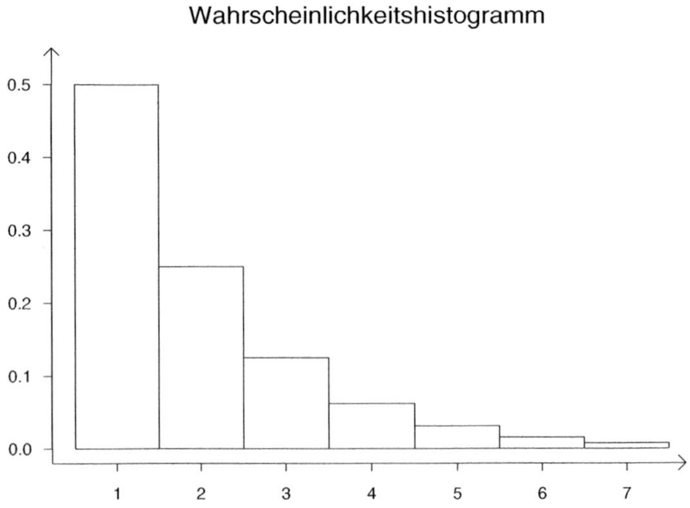

Lösung 5.12

(a) $Var(X) \geq 0$ ist richtig, es gilt sogar $Var(X > 0)$ (außer wenn $n = 1$).

(b) $E(X) \geq x_1$ ist richtig. Denn sei

$$\delta_i = x_i - x_1 \geq 0\,, \qquad i = 1, \ldots, n,$$

dann gilt

$$\begin{aligned} E(X) &= \sum_{i=1}^{n} (x_1 + \delta_i) \cdot P(X = x_i) \\ &= x_1 \cdot \underbrace{\sum_{i=1}^{n} P(X = x_i)}_{=1} + \underbrace{\sum_{i=1}^{n} \delta_i \cdot P(X = x_i)}_{>0} \\ &> x_1, \end{aligned}$$

(c) $Var(X) \geq x_1$ ist falsch. Ein Gegenbeispiel ist z.B. die Einpunktverteilung mit $P(X = x_1 = 1) = 1$. In diesem Fall gilt

$$Var(X) = 0 < x_1 = 1.$$

(d) $Var(X) \geq E(X)$ ist falsch, betrachte als Gegenbeispiel wieder die Einpunktverteilung aus Teilaufgabe (c).

(e) $Var(X) \leq E(X^2)$ ist richtig, denn

$$E(X^2) = Var(X) + \underbrace{(E(X))^2}_{\geq 0}.$$

(f) $Var(X) \leq E(X)^2$ ist falsch, da z.B. mit $x_1 = -1\,,\ x_2 = 0\,,\ x_3 = 1$ und $P(X = x_i) = \frac{1}{3}$

$$E(X)^2 = 0 < \frac{2}{3} = Var(X)$$

folgt.

Lösung 5.13

X ist symmetrisch um 0, d.h. $f(-x) = f(x)$ für alle $x \in \mathcal{T}$.
Dann gilt:

$$\begin{aligned}
E(X) &= \sum_{x \in \mathcal{T}} x f(x) \\
&= \sum_{x \in \mathcal{T}, x<0} x f(x) + 0 \cdot f(0) + \sum_{x \in \mathcal{T}, x>0} x f(x) \\
&= \sum_{x \in \mathcal{T}, x>0} -x f(-x) + \sum_{x \in \mathcal{T}, x>0} x f(x) \\
&= \sum_{x \in \mathcal{T}, x>0} -x f(x) + \sum_{x \in \mathcal{T}, x>0} x f(x) \\
&= \sum_{x \in \mathcal{T}, x>0} f(x) \cdot (-x + x) \\
&= 0.
\end{aligned}$$

Sei Y eine diskrete Zufallsvariable und symmetrisch um c.
Dann gilt: $Z = Y - c$ ist symmetrisch um 0 und

$$E(Z) = 0 = E(Y - c) = E(Y) - c,$$

woraus $E(Y) = c$ folgt.

Lösung 5.14

(a) Da die Lottozahlen ohne Zurücklegen gezogen werden, gilt $X_1 \sim H(6, 6, 49)$.
(b) Da die Einzelergebnisse voneinander unabhängig sind und die Wahrscheinlichkeit, ein Einzelergebnis richtig zu tippen, jeweils $1/3$ beträgt, gilt $X_2 \sim B(11, 1/3)$.
(c) Falls eher selten angerufen wird, ist, da die einzelnen Anrufe als unabhängig angesehen werden können, X_3 $Po(\lambda)$-verteilt. Dabei ist λ die mittlere Anzahl von Anrufen pro Stunde.
(d) Ziehen auf einen Schlag entspricht dem Modell ohne Zurücklegen, d.h. $X_4 \sim H(10, 5, 100)$.
(e) Befragungen entsprechen in der Regel dem Ziehen ohne Zurücklegen, d.h. $X_5 \sim H(10, M, 50)$, wobei M Hörer den Unterschied verstanden haben.
(f) Ist λ die Anzahl, die im Mittel an einem Tag nachgefragt wird, dann gilt $X_6 \sim Po(\lambda)$.

Lösung 5.15

Mindestens acht richtige Tips sind gleichbedeutend mit höchstens zwei falschen Tips. Die Anzahl X der falschen Tips unter den zehn Versuchen ist hier aufgrund der Unabhängigkeit binomialverteilt mit den Parametern $\pi = 0.5$ (Wahrscheinlichkeit für einen falschen Tip in einem Versuch) und $n = 10$ (Anzahl der Versuche insgesamt).
Damit ist die Wahrscheinlichkeit, daß höchstens zwei Tips falsch sind, gegeben durch:

$$P(X \leq 2) = P(X = 0) + P(X = 1) + P(X = 2).$$

Mit Hilfe der Binomialverteilung ergeben sich diese Wahrscheinlichkeiten als

$$P(X = 0) = \binom{10}{0} 0.5^0 \cdot 0.5^{10} = 0.000977,$$

$$P(X = 1) = \binom{10}{1} 0.5^1 \cdot 0.5^9 = 0.009766,$$

$$P(X = 2) = \binom{10}{2} 0.5^2 \cdot 0.5^8 = 0.043945.$$

Und damit ist schließlich

$$P(X \leq 2) = 0.054688.$$

Alternativ erhält man dieses Ergebnis direkt mit der Verteilungsfunktion der Binomialverteilung (Tabelle B in Fahrmeir et al., 2004):

$$P(X \leq 2) = F(2) = 0.054688.$$

Lösung 5.16

(a) Da hier ohne Zurücklegen gezogen wird, ist die Anzahl X der gezogenen Marzipan-Pralinen hypergeometrisch verteilt mit den Parametern $n = 3$ (Anzahl der Züge), $M = 6$ (Anzahl der Marzipan-Pralinen in der Tüte) und $N = 10$ (Anzahl der Pralinen insgesamt).
Der Erwartungswert von X ist gegeben durch $E(X) = n \cdot \frac{M}{N} = 3 \cdot \frac{6}{10} = 1.8$.
Hein kann also im Schnitt mit 1.8 Marzipan-Pralinen rechnen.

(b) Mit Hilfe der hypergeometrischen Verteilung ergibt sich die Wahrscheinlichkeit, genau drei Marzipan-Pralinen zu ziehen, als

$$P(X = 3) = \frac{\binom{M}{3}\binom{N-M}{0}}{\binom{N}{n}} = \frac{\binom{6}{3}\binom{4}{0}}{\binom{10}{3}} = 0.167.$$

(c) Die Wahrscheinlichkeit, mindestens eine Marzipan-Praline zu ziehen, berechnet sich als:

$$P(X \geq 1) = 1 - P(X < 1) = P(X = 0) = 1 - \frac{\binom{6}{0}\binom{4}{3}}{\binom{10}{3}} = 0.967.$$

Lösung 5.17

(a) Die Zufallsvariable X = Anzahl der richtigen Antworten ist binomialverteilt mit den Parametern $n = 20$ und $\pi = 0.2$. Es gilt

$$E(X) = 20 \cdot 0.2 = 4.$$

(b) Die Wahrscheinlichkeit, den Test zu bestehen, berechnet sich zu

$$P(X \geq 10) = 1 - P(X \leq 9) = 1 - 0.9974 = 0.0026.$$

Die Wahrscheinlichkeit für $X \leq 9$ liest man aus Vertafelungen der Biomialverteilung ab.
Die Grenze k, bei welcher die Wahrscheinlichkeit, die Klausur zu bestehen, mehr als 5 % beträgt, berechnet sich wie folgt. Es muß

$$P(X \geq k) = 1 - P(X < k) > 0.05$$

gelten. Äquivalentes Umformen dieser Bedingung liefert

$$\begin{aligned} & P(X < k) < 0.95 \\ \Longleftrightarrow\ & P(X \leq k-1) < 0.95 \\ \Longleftrightarrow\ & F_X(k-1) < 0.95 \\ \Longleftrightarrow\ & k - 1 = 6 \\ \Longleftrightarrow\ & k = 7. \end{aligned}$$

Die Grenze müßte also bei $k = 7$ liegen.

Lösung 5.18

Sei X die Zufallsgröße "Anzahl der Bestellungen". X ist binomialverteilt mit den Parametern $n = 8$ und $\pi = 0.3$. Die Wahrscheinlichkeits- und Verteilungsfunktion von X ergibt sich aus folgender Tabelle:

x	0	1	2	3	4	5	6	7	8
$P(X = x)$	0.0576	0.1977	0.2965	0.2541	0.1361	0.0467	0.01	0.0012	0.0001
$F_X(x)$	0.0576	0.2553	0.5518	0.8059	0.942	0.9887	0.9987	0.9999	1

(a) Der Modus der Verteilung von X ist bei $x = 2$ (siehe obige Tabelle).

(b) $P(1 \leq X \leq 3) = P(X \leq 3) - P(X = 0) = 0.8059 - 0.0576 = 0.7483$

(c) Zu den Verspätungen gilt:

(c1) $P(\text{“keine pünktliche Lieferung”}) = P(X = 7) + P(X = 8)$
$= 0.0012 + 0.0001 = 0.0013.$

(c2) Sei Y die Zufallsgröße „Anzahl der Geschäfte, die verspätet beliefert werden“. Dann gilt für die Wahrscheinlichkeitsfunktion

$$f(y) = \begin{cases} P(X \leq 6) = 0.9887 & \text{für} \quad y = 0 \\ P(X = 7) = 0.0012 & \text{für} \quad y = 1 \\ P(X = 8) = 0.0001 & \text{für} \quad y = 2 \\ 0 & \text{sonst.} \end{cases}$$

Damit folgt

$$E(Y) = 1 \cdot 0.0012 + 2 \cdot 0.0001 = 0.0014.$$

Lösung 5.19

Seien X_1 = Anzahl von Treffern der Mannschaft A und X_2 = Anzahl von Treffern der Mannschaft B sowie Y = Anzahl von Schüssen bis zur Entscheidung. Nach $2 \cdot n$ Schüssen gilt $X_1 \sim B(n, 0.8)$ und $X_2 \sim B(n, 0.8)$. Insbesondere lautet die Verteilung nach fünf Schüssen pro Mannschaft in Tabellenform:

x	0	1	2	3	4	5
$P(X_i = x), i = 1, 2$	0.0003	0.0064	0.0512	0.2048	0.4096	0.3277

Die Wahrscheinlichkeit für ein Unentschieden nach insgesamt zehn Schüssen beträgt somit

$$\begin{aligned} P(X_1 = X_2) &= 0.0003^2 + 0.0064^2 + 0.0512^2 \\ &\quad +0.2048^2 + 0.4096^2 + 0.3277^2 \\ &= 0.3198 \end{aligned}$$

Also gilt $P(Y = 10) = 1 - 0.3198 = 0.6802$.

Lösung 5.20

(a) $X \sim Po(\lambda)$ mit Wahrscheinlichkeitsfunktion

$$f(x) = \frac{\lambda^x}{x!} e^{-\lambda} \text{ für } x = 0, 1, 2, \ldots$$

Wegen $P(X = 0) = f(0) = e^{-\lambda} = 0.7788$ gilt $\lambda = -\log 0.7788 = 0.25$, also $X \sim Po(0.25)$.

(b) Man berechnet

$$\begin{aligned} P(X \geq 2) &= 1 - P(X=0) - P(X=1) \\ &= 1 - 0.7788 - \frac{0.25^1}{1!} 0.7788 = 0.0265. \end{aligned}$$

(c) Sei Y = Anzahl der Fehler, die bei vier Computern während 12 Stunden auftreten. Dann ist Y die Summe von vier unabhängigen $Po(0.25)$-verteilten Zufallsvariablen, also $Y \sim Po(1)$.

Lösung 5.21

Sei X = Anzahl der Angestellten, die sich für längere Öffnungszeiten aussprechen. Dann gilt $X \sim H(5, 4, 20)$ und

$$\begin{aligned} P(X=0) &= \frac{\binom{4}{0}\binom{16}{5}}{\binom{20}{5}} = \frac{1 \cdot 4368}{15504} = 0.2817, \\ P(X=2) &= \frac{\binom{4}{2}\binom{16}{3}}{\binom{20}{5}} = \frac{6 \cdot 560}{15504} = 0.2167, \\ P(X \geq 2) &= 1 - P(X=0) - P(X=1) \\ &= 1 - 0.2817 - \frac{\binom{4}{1}\binom{16}{4}}{\binom{20}{5}} \\ &= 1 - 0.2817 - \frac{4 \cdot 1820}{15504} \\ &= 1 - 0.2817 - 0.4696 \\ &= 0.2487. \end{aligned}$$

Lösung 5.22

Da $X \sim B(1, \pi)$ hat X die Wahrscheinlichkeitsfunktion

$$f(x) = \begin{cases} \binom{1}{x}\pi^x (1-\pi)^{1-x} & x = 0, 1 \\ 0 & \text{sonst} \end{cases}$$

mit Erwartungswert

$$E(X) = \sum_{x=0}^{1} x \cdot f(x) = 0 + 1 \cdot \binom{1}{1} \pi (1-\pi)^0 = \pi$$

und

$$E(X^2) = \sum_{x=0}^{1} x^2 \cdot f(x) = 0 + 1 \cdot 1 = \pi,$$

also mit der Varianz

$$\begin{aligned} Var(X) &= E(X^2) - (E(X))^2 = \pi - \pi^2 \\ &= \pi(1-\pi). \end{aligned}$$

Entsprechend hat $Y \sim B(1,\rho)$ den Erwartungswert ρ und die Varianz $\rho(1-\rho)$. Die Zufallsvariable $Z = X + Y$ hat die Wahrscheinlichkeitsverteilung

$Z = X + Y$	0	1	2
$P(Z = z)$	$(1-\pi)(1-\rho)$	$\pi(1-\rho) + \rho(1-\pi)$	$\pi \cdot \rho$

mit Erwartungswert

$$\begin{aligned} E(Z) &= 0 + 1 \cdot \pi(1-\rho) + \rho(1-\pi) + 2 \cdot \pi \cdot \rho \\ &= \pi - \pi \cdot \rho + \rho - \rho \cdot \pi + 2 \cdot \pi \cdot \rho = \pi + \rho \end{aligned}$$

und

$$\begin{aligned} E(Z^2) &= 0 + 1 \cdot \pi(1-\rho) + \rho(1-\pi) + 4 \cdot \pi\rho \\ &= \pi - \pi \cdot \rho + \rho - \rho \cdot \pi + 4 \cdot \pi \cdot \rho \\ &= \pi + 2 \cdot \pi \cdot \rho + \rho\,, \end{aligned}$$

also mit der Varianz

$$\begin{aligned} Var(Z) &= E(Z^2) - (E(Z))^2 \\ &= \pi + 2 \cdot \pi \cdot \rho + \rho - (\pi + \rho)^2 \\ &= \pi - \pi^2 + \rho - \rho^2 = \pi(1-\pi) + \rho(1-\rho)\,. \end{aligned}$$

Damit gilt

$$\begin{aligned} E(X+Y) &= E(X) + E(Y) \quad \text{und} \\ Var(X+Y) &= Var(X) + Var(Y)\,. \end{aligned}$$

Die Wahrscheinlichkeitsverteilung von $V = X \cdot Y$ entnimmt man folgender Tabelle:

$V = x \cdot y$	0	1
$P(V = v)$	$(1-\pi)(1-\rho) + \pi(1-\rho) + \rho(1-\pi)$	$\pi \cdot \rho$

Damit erhält man

$$E(V) = 0 + 1 \cdot \pi\rho = \pi \cdot \rho.$$

Also gilt

$$E(X \cdot Y) = E(X) \cdot E(Y).$$

Lösung 5.23

Es gilt $P(X = 0) = 0.36$. Soll X binomialverteilt sein, so muß

$$P(X = 0) = (1 - \pi)^2 = 0.36$$

gelten, woraus $\pi = 0.4$ folgt.
Weiterhin folgt wegen $P(X = 1) = 0.64 \cdot \theta$

$$\binom{2}{1}\pi(1 - \pi) = 2 \cdot 0.4 \cdot 0.6 = 0.64 \cdot \theta$$

und damit durch Auflösen nach θ

$$\theta = \frac{3}{4}.$$

X ist also für $\theta = \frac{3}{4}$ binomialverteilt, d.h. $X \sim B(2, 0.4)$.

Lösung 5.24

Es gilt $Var(X) = n \cdot \pi \cdot (1 - \pi) = n \cdot \pi - n \cdot \pi^2$. Differenzieren und Nullsetzen liefert die Gleichung

$$n - 2 \cdot n \cdot \pi = 0,$$

d.h. die Varianz wird für $\pi = \frac{1}{2}$ maximal.

Lösung 5.25

(a) X und Y sind Poisson-verteilt, d.h. $X \sim Po(\lambda)$ und $Y \sim Po(\mu)$.

(b) Die Wahrscheinlichkeiten dafür, daß nicht mehr als zwei Großunfälle auftreten, berechnen sich jeweils als:

$$\begin{aligned} P(X \leq 2) &= P(X = 0) + P(X = 1) + P(X = 2) \\ &= e^{-3.7} \cdot \left(\frac{3.7^0}{0!} + \frac{3.7^1}{1!} + \frac{3.7^2}{2!}\right) \\ &= e^{-3.7} \cdot (1 + 3.7 + 6.845) = 0.285, \end{aligned}$$

$$\begin{aligned} P(Y \leq 2) &= P(Y = 0) + P(Y = 1) + P(Y = 2) \\ &= e^{-5.9} \cdot \left(\frac{5.9^0}{0!} + \frac{5.9^1}{1!} + \frac{5.9^2}{2!}\right) \\ &= e^{-5.9} \cdot (1 + 5.9 + 17.405) = 0.0666. \end{aligned}$$

(c) Man kann annehmen, daß X und Y unabhängig sind. In diesem Fall folgt

$$\begin{aligned} P(X \leq 2\,, Y \leq 2) &= P(X \leq 2) \cdot P(Y \leq 2) \\ &= 0.285 \cdot 0.0666 = 0.0188. \end{aligned}$$

6

Stetige Zufallsvariablen

Aufgaben

Aufgabe 6.1

Eine stetige Zufallsvariable X habe Dichte

$$f(x) = \begin{cases} 1 - |x| & \text{für } -1 \leq x \leq 1 \\ 0 & \text{sonst.} \end{cases}$$

(a) Überprüfen Sie, ob die Dichte wirklich die Normierungseigenschaft $\int f(x)dx = 1$ besitzt.
(b) Berechnen Sie die Verteilungsfunktion $F(x)$, und skizzieren Sie deren Verlauf.
(c) Berechnen Sie die Wahrscheinlichkeit $P(|X| \leq 0.5)$.

(Lösung siehe Seite 129)

Aufgabe 6.2

Sei X eine stetige Zufallsgröße, für die

$$P(X \geq x) = \begin{cases} x^{-4} & \text{für } x \geq 1 \\ 1 & \text{sonst} \end{cases}$$

gilt.

(a) Berechnen Sie die Verteilungsfunktion von X.
(b) Berechnen Sie die Dichte $f(x)$ von X.
(c) Berechnen Sie Erwartungswert und Varianz von X.

(Lösung siehe Seite 131)

Aufgabe 6.3

Von einer stetigen Zufallsvariable X, die von einem Parameter $\theta \in \left[-\frac{1}{2}, \frac{1}{2}\right]$ abhängt, sei die Verteilungsfunktion gegeben:

$$F(x) = \begin{cases} 0 & \text{für} \quad x < -2 \\ \frac{1}{4}(x+2) + \frac{1}{8}\theta(x^2 - 4) & \text{für} \quad -2 \leq x \leq 2 \\ 1 & \text{für} \quad x > 2. \end{cases}$$

(a) Wie lautet die Dichte $f(x)$ von X?
(b) Welche spezielle Verteilung liegt für $\theta = 0$ vor?
(c) Berechnen Sie den Erwartungswert von X in Abhängigkeit von θ.

(Lösung siehe Seite 132)

Aufgabe 6.4

Das statistische Bundesamt hält für die Wachstumsrate des Bruttosozialproduktes X alle Werte im Intervall $2 \leq x \leq 3$ für prinzipiell möglich und unterstellt für ihre Analyse folgende Funktion

$$f(x) = \begin{cases} c \cdot (x-2), & 2 \leq x \leq 3 \\ 0, & \text{sonst.} \end{cases}$$

(a) Bestimmen Sie c derart, daß obige Funktion die Dichtefunktion einer Zufallsvariable X ist.
(b) Bestimmen Sie die Verteilungsfunktion der Zufallsvariable X.
(c) Berechnen Sie $P(2.1 < X)$ und $P(2.1 < X < 2.8)$.
(d) Berechnen Sie $P(-4 \leq X \leq 3 | X \leq 2.1)$, und zeigen Sie, daß die Ereignisse $\{-4 \leq X \leq 3\}$ und $\{X \leq 2.1\}$ stochastisch unabhängig sind.
(e) Bestimmen Sie den Erwartungswert, den Median und die Varianz von X.

(Lösung siehe Seite 132)

Aufgabe 6.5

Die Firma LS (Low Sales) möchte mittels einer einmalig durchgeführten Werbeaktion den Umsatz des Unternehmens punktuell steigern. Der Basisumsatz U_0 sowie der Werbeeffekt W, der bei Durchführung der geplanten Werbeaktion realisiert würde, werden als unsicher angenommen. Die Zufallsvariablen U_0 und W seien als unabhängig vorausgesetzt. Die Wahrscheinlichkeitsdichten der Zufallsvariablen U_0 und W sind in Abbildung 6.1 dargestellt. Der zu erwartende Basisumsatz $E(U_0)$ beträgt 1637.5 Euro.

Der Umsatz U_1, der nach Durchführung der Werbeaktion zu beobachten wäre, ergäbe sich durch:

$$U_1 = U_0(1 + W).$$

Die Kosten für die geplante Werbeaktion betragen 100 Euro.

(a) Zeichnen Sie die Verteilungsfunktion $F_{U_0}(u)$ für den bisherigen Umsatz.
(b) Bestimmen Sie die folgenden Wahrscheinlichkeiten:
– Wahrscheinlichkeit für einen Umsatz U_0 von höchstens 3250 Euro,
– Wahrscheinlichkeit für einen Umsatz U_0 von mindestens 1500 Euro,
– Wahrscheinlichkeit für einen Umsatz U_0 zwischen 2000 und 5000 Euro,
– Wahrscheinlichkeit für einen positiven Werbeeffekt,
– Wahrscheinlichkeit für einen negativen Werbeeffekt.
(c) Bestimmen Sie den erwarteten Werbeeffekt.
(d) Bestimmen Sie den zu erwartenden Umsatz nach Durchführung der Werbeaktion. Würden Sie der Firma LS aufgrund Ihrer Ergebnisse die Durchführung der Werbeaktion empfehlen?

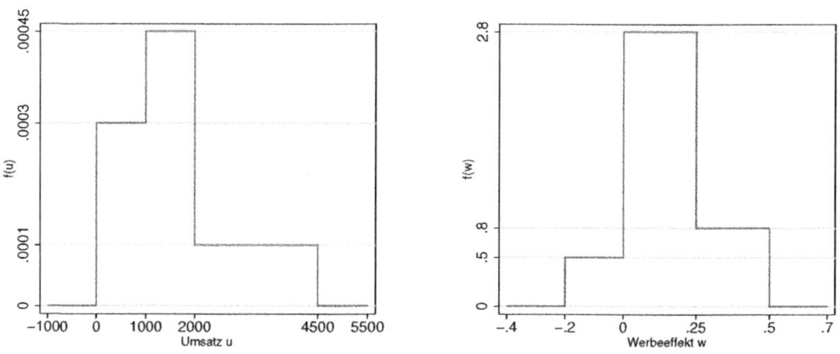

Abbildung 6.1. *Wahrscheinlichkeitsdichte $f_{U_0}(u)$ für den Basisumsatz (links) und Wahrscheinlichkeitsdichte $f_W(w)$ für den Werbeeffekt (rechts).*

(Lösung siehe Seite 134)

Aufgabe 6.6

Die Dichte einer stetigen Zufallsvariable X besitzt folgende Gestalt:

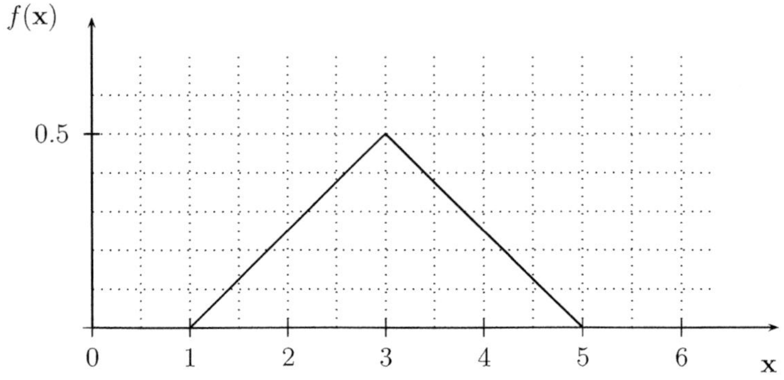

Bestimmen Sie

(a) $E(X)$,
(b) $P(X < 3)$,
(c) $P(0 < X < 3)$,
(d) $P(X > 3)$,
(e) $P(1 < X < 7)$,
(f) $F(3)$.

(Lösung siehe Seite 138)

Aufgabe 6.7

Sei X eine beliebige stetige Zufallsvariable mit Dichte $f(x)$ und Verteilungsfunktion $F(x)$. Sind die folgenden Aussagen richtig oder unter Umständen falsch?

(a) $f(x) \leq 1$ für alle x.
(b) $F(x) \leq 1$ für alle x.
(c) $\int\limits_x^\infty f(t)dt = 1 - F(x)$.
(d) Ist $x_i < x_j$ so ist $F(x_i) \leq F(x_j)$.

(Lösung siehe Seite 139)

Aufgabe 6.8

An der Münchener U-Bahn-Station "Universität" verkehren zwei Linien tagsüber jeweils im 10-Minuten-Takt, wobei die U3 drei Minuten vor der U6 fährt. Sie gehen gemäß einer stetigen Gleichverteilung nach der Vorlesung zur U-Bahn. Wie groß ist die Wahrscheinlichkeit, daß als nächstes die Linie U3 fährt?
(Lösung siehe Seite 139)

Aufgabe 6.9

Sei X eine zum Parameter λ exponentialverteilte Zufallsvariable. Zeigen Sie die "Gedächtnislosigkeit" der Exponentialverteilung, d.h. daß

$$P(X \leq x | X > s) = P(X \leq x - s)$$

für $x, s \in \mathbb{R}$ mit $s < x$ gilt.
(Lösung siehe Seite 139)

Aufgabe 6.10

In einem Institut der Universität München ist der einzige Fotokopierer ausgefallen. Über die Zeit X (in Stunden), die ein Techniker benötigt, um den Fotokopierer zu reparieren, ist bekannt, daß diese einer Exponentialverteilung mit Parameter $\lambda = 3$ folgt.
Berechnen Sie die Wahrscheinlichkeit, daß der Techniker

(a) höchstens eine Viertelstunde,
(b) zwischen 0.5 und 0.75 Stunden,
(c) mehr als 1 Stunde

für die Reparatur benötigt.
(Lösung siehe Seite 140)

Aufgabe 6.11

In Aufgabe 5.20 wurde die Zufallsvariable X betrachtet, die die Anzahl der Fehler, die während 12 Stunden an einem Digitalcomputer auftreten, beschreibt.

(a) Welche Verteilung hat unter den gegebenen Voraussetzungen die Zufallsvariable Y=Wartezeit auf den nächsten Fehler?
(b) Wie lange wird man im Mittel auf den nächsten Fehler warten?
(c) Während 12 Stunden ist kein Fehler aufgetreten. Wie groß ist die Wahrscheinlichkeit, daß sich in den nächsten 12 Stunden ebenfalls kein Fehler ereignet?

(Lösung siehe Seite 140)

Aufgabe 6.12

Beweisen Sie die Markov-Ungleichung

$$P(X \geq c) \leq \frac{E(X)}{c}$$

für jede positive Zahl c, falls X nur nichtnegative Werte annimmt.
(Lösung siehe Seite 141)

Aufgabe 6.13

Die Erlang-n-Verteilung wird häufig zur Modellierung von Einkommensverteilungen verwendet. Sie ergibt sich als Summe von n unabhängigen mit Parameter λ exponentialverteilten Zufallsgrößen. Beispielsweise hat für $n = 2$ die Dichte die Form

$$f(x) = \begin{cases} \lambda^2 x e^{-\lambda x}, & x \geq 0 \\ 0, & \text{sonst.} \end{cases}$$

(a) Zeigen Sie, daß $f(x)$ tatsächlich eine Dichtefunktion ist.
(b) Zeigen Sie, daß

$$F(x) = \begin{cases} 0, & x < 0 \\ 1 - e^{-\lambda x}(1 + \lambda x), & x \geq 0 \end{cases}$$

die zugehörige Verteilungsfunktion ist.
(c) Berechnen Sie den Erwartungswert, den Median und den Modus der Erlang-2-Verteilung mit Parameter $\lambda = 1$. Was folgt gemäß der Lageregel für die Gestalt der Dichtefunktion? Skizzieren Sie die Dichte, um Ihre Aussage zu überprüfen.
(d) Bestimmen Sie den Erwartungswert und die Varianz der Erlang-n-Verteilung für beliebige $n \in N$ und $\lambda \in I\!R^+$.

(Lösung siehe Seite 141)

Aufgabe 6.14

Sei Y eine stetige, um $c \in I\!R$ symmetrische Zufallsvariable. Zeigen Sie, daß dann $E(Y) = c$ gilt.
(Lösung siehe Seite 143)

Aufgabe 6.15

In einer Klinik wird eine Studie zum Gesundheitszustand von Frühgeburten durchgeführt. Das Geburtsgewicht X eines in der 28ten Schwangerschaftswoche geborenen Kindes wird als normalverteilte Zufallsvariable mit Erwartungswert 1000 g und Standardabweichung 50 g angenommen.

(a) Wie groß ist die Wahrscheinlichkeit, daß ein in der 28ten Schwangerschaftswoche geborenes Kind ein Gewicht zwischen 982 und 1050 g hat?
(b) Bestimmen Sie das 10 %-Quantil des Geburtsgewichts. Was sagt es aus?
(c) Geben Sie ein um den Erwartungswert symmetrisches Intervall an, in dem mit einer Wahrscheinlichkeit von 95 % das Geburtsgewicht liegt.

(Lösung siehe Seite 143)

Aufgabe 6.16

Ein genormter Leistungstest sei normalverteilt mit $\mu = 150, \sigma = 36$.

(a) Skizzieren Sie die Dichte dieser Verteilung.
(b) Zeichnen Sie jeweils die folgenden Wahrscheinlichkeiten als Fläche unter der Dichte ein, und berechnen Sie die Wahrscheinlichkeiten, Werte zu erreichen, die
  (b1) kleiner sind als 140,
  (b2) nicht im Bereich von 114 bis 190 liegen,
  (b3) größer sind als 175,
  (b4) kleiner als 200 und größer als 130 sind.
(c) Bestimmen Sie den 10 %-Quantilswert, und fassen Sie in Worte, was er aussagt.
(d) Der Leistungstest wird nun an 49 Personen unabhängig voneinander durchgeführt. Wie wahrscheinlich ist es, einen Mittelwert kleiner als 140 zu beobachten? Vergleichen Sie Ihr Ergebnis mit dem aus (b1). Wie erklären Sie sich den Unterschied?

(Lösung siehe Seite 144)

Aufgabe 6.17

Die täglichen Veränderungen des Kurses eines Wertpapieres (in EUR) seien normalverteilt mit Erwartungswert 0 und Varianz 3.

(a) Wie groß ist die Wahrscheinlichkeit, dass der Kurs an einem Tag um mindestens 2 EUR steigt?
(b) Mit welcher Wahrscheinlichkeit beträgt die absolute tägliche Veränderung des Kurses höchstens 1 EUR?

(c) Gehen Sie davon aus, dass das Wertpapier mit einem Kurs von 2 EUR gestartet ist und dass die täglichen Veränderungen unabhängige Zufallsvariablen $X_1, X_2, \ldots$ mit der gleichen Verteilung $N(0,3)$ sind.
   - Welche Verteilung hat die Zufallsvariable $Y=$ „Kurs des Wertpapiers nach 10 Tagen"?
   - Berechnen Sie die Wahrscheinlichkeit, dass der Kurs an vier aufeinanderfolgenden Tagen um jeweils mindestens 0.50 EUR fällt.

(d) Es sei Z die Anzahl der Tage einer Woche (5 Tage), an denen der Kurs des Wertpapieres fällt.
   - Welche Verteilung hat Z?
   - Wie groß ist die Wahrscheinlichkeit, dass innerhalb einer Woche der Kurs häufiger steigt als fällt?

(Lösung siehe Seite 148)

Aufgabe 6.18

Ein Anleger besitzt das Vermögen v. Er möchte einen Betrag x in eine risikobehaftete Anlage investieren mit normalverteilter Rendite $R \sim N(\mu, \sigma^2)$. Der Restbetrag $v - x$ wird zum festen Zinssatz z risikofrei investiert.

(a) Bestimmen Sie das Endvermögen W in Abhängigkeit von v, R, x und z. Welche Verteilung besitzt W?

(b) Mit welcher Wahrscheinlichkeit wächst das Vermögen um mindestens 5 Prozent, wenn $v = 10000$, $\mu = 0.03$, $\sigma^2 = 0.0009$, $z = 0.04$ und $x = 5000$ gilt.

(c) Wie ändert sich die in (b) berechnete Wahrscheinlichkeit, wenn
   - μ erhöht wird,
   - z erhöht wird,
   - σ^2 erhöht wird.

   Es reicht die Angabe, ob die Wahrscheinlichkeit größer oder kleiner wird.

(d) Nach dem Erwartungsnutzenprinzip existiert für jeden Anleger eine Nutzenfunktion u, die verschiedene Portfolios aufgrund des zugehörigen Nutzenerwartungswertes beurteilt. Ein Portfolio P mit Rendite R_P wird dann durch die Funktion
$$E(U(R_p))$$
bewertet. Gehen Sie davon aus, dass unser Anleger mit einer exponentiellen Nutzenfunktion
$$U(W) = -\exp(-W/a)$$
sein Endvermögen beurteilt. Der Parameter $a > 0$ wird dabei als Risikoaversionskoeffizient bezeichnet.

– Wie würde man prinzipiell ansetzen, um

$$E(U(W))$$

zu berechnen.

– Bestimmen Sie den optimalen Anlagebetrag x für die Anlage in das risikobehaftete Wertpapier. Dabei dürfen Sie benutzen, dass aus $W \sim N(\mu_W, \sigma_W^2)$

$$E(U(W)) = \mu_W - a\frac{\sigma_W^2}{2}$$

folgt.

– Wie ändert sich der berechnete optimale Anlagebetrag in Abhängigkeit
  - vom Anfangsvermögen,
  - von Erwartungswert und Varianz der unsicheren Anlage,
  - vom Zinssatz der sicheren Anlage,
  - vom Risikoaversionskoeffizienten.

(Lösung siehe Seite 149)

Aufgabe 6.19

Seien $X_1, X_2, \ldots, X_n$ unabhängig und jeweils normalverteilt mit Mittelwert μ und Varianz σ^2.

(a) Wie ist $\bar{X} = \frac{1}{n}(X_1 + X_2 + \ldots + X_n)$ verteilt?

(b) Wie ist

$$\sqrt{n} \cdot \frac{\bar{X} - \mu}{\sigma}$$

verteilt?

(c) Wichtige p-Quantile der Standardnormalverteilung sind in folgender Tabelle gegeben:

p	75 %	90 %	95 %	97.5 %	99 %
Z_p	0.67	1.28	1.64	1.96	2.33

Berechnen Sie an Hand dieser Tabelle die 1, 2.5, 5, 10, 25, 50, 75, 90, 95, 97.5 und 99 % Quantile der Verteilung von $\bar{X}$ für $n = 5$, $\mu = 1$ und $\sigma^2 = 25$.

(d) Leiten Sie schließlich an Hand dieser Berechnungen zentrale Schwankungsintervalle für $\bar{X}$ ab. Geben Sie auch die Wahrscheinlichkeit α an, mit der $\bar{X}$ *nicht* in dem jeweiligen Intervall liegt.

(Lösung siehe Seite 150)

Aufgabe 6.20

Da Tagesrenditen von Aktien oft Ausreißer enthalten, wird zu ihrer Modellierung häufig anstelle einer Normalverteilung eine t-Verteilung verwendet. Beispielsweise lassen sich die Renditen der Aktie der Münchner Rückversicherung ($= X$) nach der Transformation $Y = (X - 0.0007)/0.013$ durch eine t-Verteilung mit einem Freiheitsgrad gut approximieren. Wie groß ist demnach die Wahrscheinlichkeit, eine Rendite größer als 0.04 zu erzielen? Wie groß wäre diese Wahrscheinlichkeit, wenn für X eine $N(0.0007, 0.013^2)$-Verteilung zugrunde gelegt würde? Geben Sie ferner für das Modell mit Normalverteilungsannahme ein zentrales Schwankungsintervall an, in dem mit einer Wahrscheinlichkeit von 99 % die Tagesrenditen liegen. Warum kann bei Annahme einer t-Verteilung für X kein zentrales Schwankungsintervall berechnet werden?
(Vergleiche zu dieser Aufgabe auch das entsprechende Beispiel in Fahrmeir et al., 2004, in Abschnitt 2.1.2.)
(Lösung siehe Seite 151)

Lösungen

Lösung 6.1

Durch Auflösen des Betragszeichens erhält man:

$$f(x) = \begin{cases} 1+x & \text{für} \quad -1 \leq x \leq 0 \\ 1-x & \text{für} \quad 0 < x \leq 1. \end{cases}$$

Die folgende Skizze zeigt die Gestalt obiger Dichte:

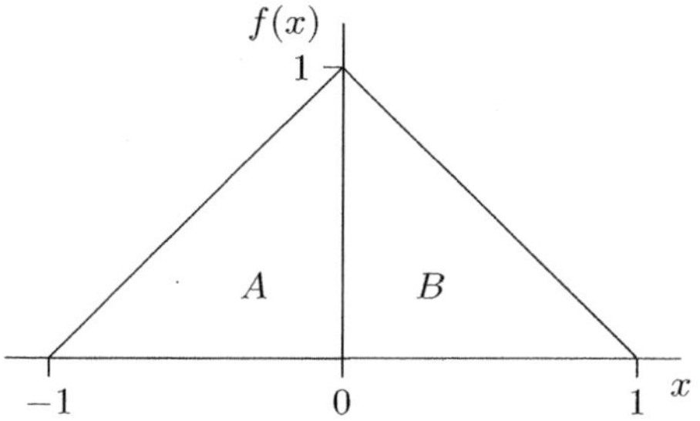

(a) f ist symmetrisch um null. Es genügt daher $\int_0^1 f(x)dx = \frac{1}{2}$ zu zeigen:

$$\begin{aligned} \int_0^1 f(x)dx &= \int_0^1 (1-x)\, dx \\ &= \left[x - \frac{x^2}{2}\right]_0^1 \\ &= 1 - \frac{1}{2} = \frac{1}{2}. \end{aligned}$$

Ein Blick auf die graphische Darstellung der Dichte zeigt, daß der Wert des Integrals über f auch ohne explizite Anwendung der Integralrechnung bestimmt werden kann. Die Fläche unter der Dichte ist nämlich gegeben durch die Flächen A und B der beiden rechtwinkligen Dreiecke (siehe Skizze). Dafür gilt

$$A = B = 0.5 \cdot \text{ Grundfläche } \cdot \text{ Höhe} = 0.5 \cdot 1 \cdot 1 = 0.5,$$

womit ebenfalls gezeigt wurde, daß f tatsächlich die Dichte einer stetigen Zufallsvariable ist.

(b) Die Verteilungsfunktion berechnet sich als

$$F(x) = \begin{cases} 0 & \text{für} \quad x < -1 \\ \int\limits_{-1}^{x} f(t)\,dt & \text{für} \quad -1 \leq x \leq 0 \\ \frac{1}{2} + \int\limits_{0}^{x} f(t)\,dt & \text{für} \quad 0 < x \leq 1 \\ 1 & \text{für} \quad x > 1 \end{cases}$$

$$= \begin{cases} 0 & \text{für} \quad x < -1 \\ x + \frac{x^2}{2} - (-1 + \frac{1}{2}) & \text{für} \quad -1 \leq x \leq 0 \\ \frac{1}{2} + x - \frac{x^2}{2} & \text{für} \quad 0 < x \leq 1 \\ 1 & \text{für} \quad x > 1 \end{cases}$$

$$= \begin{cases} 0 & \text{für} \quad x < -1 \\ x + \frac{x^2}{2} + \frac{1}{2} & \text{für} \quad -1 \leq x \leq 0 \\ \frac{1}{2} + x - \frac{x^2}{2} & \text{für} \quad 0 < x \leq 1 \\ 1 & \text{für} \quad x > 1 \end{cases}$$

Auch bei dieser Teilaufgabe ist eine rein graphische Lösung möglich. Die folgende Skizze zeigt den Verlauf von $F(x)$:

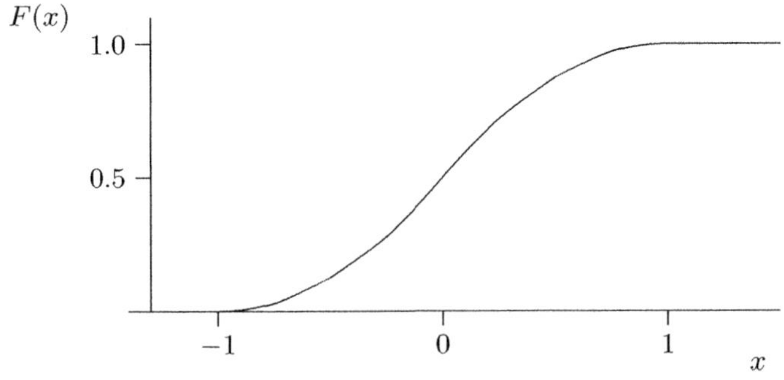

(c) Die gesuchte Wahrscheinlichkeit läßt sich über die Verteilungsfunktion ermitteln:

$$P(|X| \leq 0.5) = P(-0.5 \leq X \leq 0.5)$$

$$\begin{aligned} &= 2 \cdot (F(0.5) - F(0)) \\ &= 2 \cdot (\frac{1}{2} + \frac{1}{2} - \frac{1}{8} - \frac{1}{2}) = \frac{3}{4}. \end{aligned}$$

Lösung 6.2

(a) Es gilt

$$P(X \geq x) = 1 - P(X \leq x) = 1 - F(x)$$

und damit

$$F(x) = \begin{cases} 1 - x^{-4} & \text{für} \quad x \geq 1 \\ 0 & \text{sonst.} \end{cases}$$

(b) Die Dichte von $F(x)$ erhält man als Ableitung der Verteilungsfunktion:

$$f(x) = \frac{\partial}{\partial x} F(x) = \begin{cases} 4 \cdot x^{-5} & \text{für} \quad x \geq 1 \\ 0 & \text{sonst.} \end{cases}$$

(c) Erwartungswert und Varianz bestimmt man als

$$\begin{aligned} E(X) &= 4 \cdot \int_1^\infty x \cdot x^{-5}\, dx = 4 \cdot \int_1^\infty x^{-4}\, dx \\ &= 4 \cdot \left[-\frac{1}{3} \cdot x^{-3} \right]_1^\infty \\ &= 4 \cdot \left(0 - \left(-\frac{1}{3} \right) \right) = \frac{4}{3}, \\ E(X^2) &= 4 \cdot \int_1^\infty x^2 \cdot x^{-5}\, dx = 4 \cdot \int_1^\infty x^{-3}\, dx \\ &= 4 \cdot \left[-\frac{1}{2} \cdot x^{-2} \right]_1^\infty \\ &= 4 \cdot \left(0 - \left(-\frac{1}{2} \right) \right) = 2, \\ Var(X) &= E(X^2) - E(X)^2 = 2 - \left(\frac{4}{3} \right)^2 = 2 - \frac{16}{9} = \frac{2}{9}. \end{aligned}$$

Lösung 6.3

(a) Die Dichte von X erhält man als Ableitung der Verteilungsfunktion:

$$\begin{aligned} f(x) &= \frac{\partial}{\partial x}F(x) \\ &= \frac{\partial}{\partial x}(\frac{1}{4}\cdot x+\frac{1}{2}+\frac{1}{8}\cdot\theta\cdot x^2-\frac{1}{2}\cdot\theta) \\ &= \frac{1}{4}+\frac{1}{4}\cdot\theta\cdot x. \end{aligned}$$

(b) Für $\theta = 0$ ergibt sich $f(x) = \frac{1}{4}$, d.h. es liegt eine (stetige) Gleichverteilung vor.

(c) Der Erwartungswert von X berechnet sich als

$$\begin{aligned} E(X) &= \int_{-2}^{2} x\cdot(\frac{1}{4}+\frac{1}{4}\cdot\theta\cdot x)\,dx \\ &= \int_{-2}^{2}(\frac{1}{4}x\cdot+\frac{1}{4}\cdot\theta\cdot x^2)\,dx \\ &= \frac{1}{4}\cdot\left[\frac{x^2}{2}\right]_{-2}^{2}+\frac{1}{4}\cdot\theta\cdot\left[\frac{x^3}{3}\right]_{-2}^{2} \\ &= \frac{1}{4}\cdot(\frac{4}{2}-\frac{4}{2})+\frac{1}{4}\cdot\theta\cdot(\frac{8}{3}-\frac{-8}{3}) \\ &= 0+\frac{1}{4}\cdot\theta\cdot\frac{16}{3} \\ &= \theta\cdot\frac{4}{3}. \end{aligned}$$

Lösung 6.4

(a) Damit $f(x)$ Dichte ist, muß $\int_{2}^{3} f(x)\,dx = 1$ gelten. Dies ist äquivalent zu

$$\begin{aligned} &\int_{2}^{3} c\cdot(x-2) = 1 \\ \Leftrightarrow\quad & c\cdot\left[\frac{x^2}{2}-2x\right]_{2}^{3} = 1 \\ \Leftrightarrow\quad & c\cdot\left(\frac{9}{2}-6-\frac{4}{2}+4\right) = 1 \end{aligned}$$

$$\begin{aligned}
\Leftrightarrow \qquad & \tfrac{1}{2} \cdot c = 1 \\
\Leftrightarrow \qquad & c = 2.
\end{aligned}$$

(b) Für die Verteilungsfunktion erhält man

$$F(x) = \begin{cases} 0 & \text{für } x < 2 \\ x^2 - 4x + 4 & \text{für } 2 \leq x \leq 3 \\ 1 & \text{für } x > 3. \end{cases}$$

(c) Die Wahrscheinlichkeiten lassen sich über die Verteilungsfunktion bestimmen als

$$\begin{aligned}
P(X > 2.1) &= 1 - P(X \leq 2.1) = 1 - F(2.1) \\
&= 1 - (2.1^2 - 4 \cdot 2.1 + 4) \\
&= 1 - 0.01 = 0.99,
\end{aligned}$$

$$\begin{aligned}
P(2.1 < X < 2.8) &= P(X \leq 2.8) - P(X \leq 2.1) \\
&= F(2.8) - F(2.1) \\
&= 0.64 - 0.01 = 0.63.
\end{aligned}$$

(d) Die bedingte Wahrscheinlichkeit berechnet sich als:

$$\begin{aligned}
P(-4 \leq X \leq 3 \mid X \leq 2.1) &= \frac{P(-4 \leq X \leq 3\,,\, X \leq 2.1)}{P(X \leq 2.1)} \\
&= \frac{P(-4 \leq X \leq 2.1)}{P(X \leq 2.1)} \\
&= \frac{F(2.1) - F(-4)}{F(2.1)} \\
&= 1.
\end{aligned}$$

Die stochastische Unabhängigkeit der Ereignisse läßt sich nachweisen, indem man zeigt, daß die Wahrscheinlichkeit für das gemeinsame Ereignis mit dem Produkt der Einzelwahrscheinlichkeiten übereinstimmt:

$$\begin{aligned}
P(\{-4 \leq X \leq 3\} \cap \{X \leq 2.1\}) &= P(-4 \leq X \leq 2.1) \\
&= F(2.1) \\
&= P(-4 \leq X \leq 3) \cdot P(X \leq 2.1) \\
&= 1 \cdot F(2.1).
\end{aligned}$$

(e) Für den Erwartungswert erhält man

$$E(X) = \int_2^3 (2x^2 - 4x)\, dx$$

$$
\begin{aligned}
&= \left[\frac{2x^3}{3} - \frac{4x^2}{2}\right]_2^3 \\
&= \frac{2\cdot 27}{3} - \frac{4\cdot 9}{2} - \frac{2\cdot 8}{3} + \frac{4\cdot 4}{2} \\
&= \frac{16}{6}.
\end{aligned}
$$

Der Median berechnet sich als

$$
\begin{aligned}
F(x_{med}) &= 0.5 \\
\Leftrightarrow x_{med}^2 - 4x_{med} + 4 &= 0.5 \\
\Leftrightarrow \quad (x_{med} - 2)^2 &= 0.5 \\
\Leftrightarrow x_{med} = \sqrt{0.5} + 2 &= 2.707.
\end{aligned}
$$

Die Varianz ermittelt man, indem man zunächst $E(X^2)$ berechnet als

$$
\begin{aligned}
E(X^2) &= \int_2^3 (2x^3 - 4x^2)\, dx \\
&= \left[\frac{2x^4}{4} - \frac{4x^3}{3}\right]_2^3 \\
&= \frac{2\cdot 81}{4} - \frac{4\cdot 27}{3} - \frac{2\cdot 16}{4} + \frac{4\cdot 8}{3} \\
&= \frac{43}{6},
\end{aligned}
$$

woraus sich die Varianz ergibt als

$$
Var(X) = E(X^2) - E(X)^2 = \frac{43}{6} - \left(\frac{16}{6}\right)^2 = \frac{1}{18}.
$$

Lösung 6.5

(a) Zur Lösung des Aufgabenteil a) ergeben sich mehrere Lösungsansätze, die sich erheblich in ihrer Zeitintensität unterscheiden. Hier zunächst der übliche Lösungsweg. Durch Ablesen der Werte aus der in der Aufgabenstellung dargestellten Dichte für den Umsatz U_0 erhalten wir:

$$
f_{U_0}(u) = \begin{cases} 0.0003 & 0 \leq u < 1000 \\ 0.00045 & 1000 \leq u < 2000 \\ 0.0001 & 2000 \leq u < 4500 \\ 0 & \text{sonst} \end{cases}
$$

Die Verteilungsfunktion $F_{U_0}(u)$ erhält man dann durch die Anwendung der Definition der Verteilungsfunktion:

1. Fall: $x < 0$

$$F_{U_0}(x) = \int_{-\infty}^{x} f_{U_0}(u)\,du = 0$$

2. Fall: $0 \leq x < 1000$

$$\begin{aligned}
F_{U_0}(x) &= \int_{-\infty}^{x} f_{U_0}(u)\,du \\
&= \int_{-\infty}^{0} f_{U_0}(u)\,du + \int_{0}^{x} f_{U_0}(u)\,du \\
&= \int_{0}^{x} 0.0003\,du \\
&= 0.0003x
\end{aligned}$$

3. Fall: $1000 \leq x < 2000$

$$\begin{aligned}
F_{U_0}(x) &= \int_{-\infty}^{x} f_{U_0}(u)\,du \\
&= \int_{-\infty}^{1000} f_{U_0}(u)\,du + \int_{1000}^{x} f_{U_0}(u)\,du \\
&= 0.3 + 0.00045(x - 1000) \\
&= -0.15 + 0.00045x
\end{aligned}$$

4. Fall: $2000 \leq x < 4500$

$$\begin{aligned}
F_{U_0}(x) &= \int_{-\infty}^{x} f_{U_0}(u)\,du \\
&= \int_{-\infty}^{2000} f_{U_0}(u)\,du + \int_{2000}^{x} f_{U_0}(u)\,du \\
&= 0.75 + 0.0001(x - 2000) \\
&= 0.55 + 0.0001x
\end{aligned}$$

5. Fall: $x > 4500$

$$\begin{aligned} F_{U_0}(x) &= \int_{-\infty}^{x} f_{U_0}(u)\,du \\ &= \int_{-\infty}^{4500} f_{U_0}(u)\,du + \int_{4500}^{x} f_{U_0}(u)\,du \\ &= 1 \end{aligned}$$

Folglich erhalten wir die folgende Verteilungsfunktion für den Umsatz U_0 (siehe Abbildung 6.2):

$$F_{U_0}(u) = \begin{cases} 0 & u < 0 \\ 0.0003u & 0 \leq u < 1000 \\ -0.15 + 0.00045u & 1000 \leq u < 2000 \\ 0.55 + 0.0001u & 2000 \leq u < 4500 \\ 1 & u > 4500 \end{cases}$$

Nun der deutlich kürzere Lösungsweg. Da die Dichte des bisherigen Umsatzes eine Treppenfunktion darstellt, ist diese auf ihrem Wertebereich stückweise konstant. Daher ist die Verteilungsfunktion stückweise linear. Es reicht also die jeweiligen Anfangs- bzw. Endpunkte dieser linearen Bereiche zu bestimmen und anschließend zu verbinden. Der erste von Null verschiedene Abschnitt auf dem die Dichte von U_0 den gleichen Wert annimmt ist $[0, 1000]$. Der Anfangspunkt ist gegeben durch die Fläche, die zwischen der x-Achse und der Dichte auf dem Intervall $[-\infty, 0]$ liegt. Da die Dichte auf diesem Bereich identisch Null ist, ist auch die zugehörige Fläche gleich Null. Der Endpunkt ist gegeben durch die Fläche, die zwischen der x-Achse und der Dichte auf dem Intervall $[0, 1000]$ liegt. Also müssen wir lediglich die Fläche eines Rechtecks berechnen, welches durch die Eckpunkte des betrachteten Intervalls und dessen Höhe gegeben ist. Die Höhe beträgt 0.0003. Also erhalten wir die Fläche $(1000 - 0)0.0003 = 0.3$. Hieraus folgt, dass die Werte der Verteilungsfunktion auf $[0, 1000]$ linear sind mit Anfangspunkt 0 und Endpunkt 0.3. Die weiteren Werte der Verteilungsfunktion erhalten wir durch das gleiche Prinzip, indem wir den Endpunkt des vorherigen Bereichs als Anfangspunkt des aktuellen Bereichs setzen und den Endpunkt des aktuellen Bereichs als die Fläche des relevanten Rechtecks zuzüglich des aktuellen Anfangspunktes. Also betrachten wir den Bereich $[1000, 2000]$. Auf diesem Bereich nimmt die Dichte den Wert 0.00045 an. Die resultierende Fläche beträgt somit $(2000 - 1000)0.00045 = 0.45$. Also lautet der Endpunkt des Wertebereichs auf $[1000, 2000]$ 0.75. Somit ist F_{U_0} auf $[1000, 2000]$ linear mit Anfangspunkt 0.3 und Endpunkt 0.75. Als letzten Abschnitt betrachten wir $[2000, 4500]$. Die relevante Fläche ist beschrieben durch $(4500-2000)0.001 = 0.25$. Somit ist F_{U_0} auf $[2000, 4500]$ linear mit Anfangspunkt 0.75 und Endpunkt 1. Auf dem Intervall $[4500, \infty]$ ist die Dichte identisch Null, somit wächst die Verteilungsfunktion auf diesem Bereich nicht weiter an, hat also den Wert 1. Eine grafische Darstellung der resultierenden Verteilungsfunktion für den bisherigen Umsatz U_0 ist in Abbildung 6.2 zu finden.

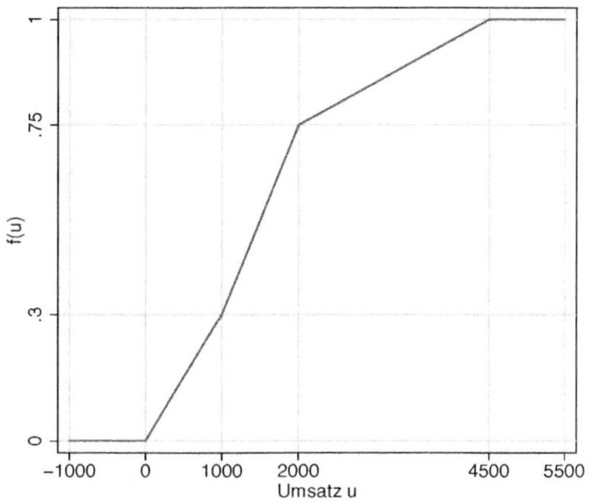

Abbildung 6.2. *Verteilungsfunktion $F_{U_0}(u)$ für den bisherigen Umsatz.*

(b) Die gesuchten Wahrscheinlichkeiten berechnen sich wie folgt:

$$
\begin{aligned}
P(U_0 \leq 3250) &= F_{U_0}(3250) = 0.75 + \tfrac{0.25}{2} = 0.875, \\
P(U_0 \geq 1500) &= 1 - P(U_0 < 1500) = 1 - F_{U_0}(1500) \\
&= 1 - (\tfrac{0.45}{2} + 0.3) = 1 - 0.525 \\
&= 0.475, \\
P(2000 \leq U_0 \leq 5000) &= P(U_0 \leq 5000) - P(U_0 < 2000) \\
&= F_{U_0}(5000) - F_{U_0}(2000) = 1 - 0.75 \\
&= 0.25, \\
P(W > 0) &= 1 - P(W \leq 0) = 1 - F_W(0) \\
&= 1 - 0.1 = 0.9 \\
P(W < 0) &= F_W(0) = 0.1.
\end{aligned}
$$

(c) Der Erwartungswert für den Werbeeffekt lässt sich auf zwei Arten bestimmen. Die naheliegende Lösung ergibt sich durch Einsetzen in die Formel für den Erwartungswert stetiger Zufallsvariablen:

$$
\begin{aligned}
E(W) &= \int_{-\infty}^{\infty} w f_W(w)dw \\
&= \int_{-0.2}^{0} 0.5w\ dw + \int_{0}^{0.25} 2.8w\ dw + \int_{0.25}^{0.5} 0.8w\ dw \\
&= \left[0.5\frac{w^2}{2}\right]_{-0.2}^{0} + \left[2.8\frac{w^2}{2}\right]_{0}^{0.25} + \left[0.8\frac{w^2}{2}\right]_{0.25}^{0.5} \\
&= -0.01 + 0.0875 + 0.075 \\
&= 0.1525
\end{aligned}
$$

Der Erwartungswert einer Zufallsvariable mit stückweise konstanter Dichte lässt sich auch noch anders bestimmen, nämlich als gewichtete Summe der jeweiligen Intervallmitten, wobei mit den Wahrscheinlichkeiten für jedes Intervall gewichtet wird. Wir erhalten also

$$
\begin{aligned}
E(W) &= -0.1 \cdot P(-0.2 \le W \le 0) + 0.125 \cdot P(0 \le W \le 0.25) + \\
&\quad 0.375 \cdot P(0.25 \le W \le 0.5) \\
&= -0.1 \cdot 0.2 \cdot 0.5 + 0.125 \cdot 0.25 \cdot 2.8 + 0.375 \cdot 0.25 \cdot 0.8 \\
&= 0.1525
\end{aligned}
$$

(d) Nach Aufgabenstellung gilt: $U_1 = U_0(1 + W)$. Wegen der stochastischen Unabhängigkeit von U_0 und W und unter Verwendung der Ergebnisse aus Aufgabenteil c) gilt dann für den Erwartungswert von U_1:

$$
\begin{aligned}
E(U_1) &= E(U_0(1 + W)) \\
&= E(U_0 + U_0 W) \\
&= E(U_0) + E(U_0)E(W) \\
&= 1637.5 + 249.72 \\
&= 1887.22
\end{aligned}
$$

Da $E(U_1) - 100 > E(U_0)$ wäre die Durchführung der Werbeaktion sinnvoll.

Lösung 6.6

Bei der Lösung der Aufgabe sollte die Symmetrie der Dichte um den Wert 3 ausgenutzt werden.

(a) Aufgrund der Symmetrie der Dichte ergibt sich unmittelbar $E(X) = 3$.

(b) $P(X < 3) = 0.5$.

(c) $P(0 < X < 3) = 0.5$.
(d) $P(X > 3) = 0.5$.
(e) $P(1 < X < 7) = 1$.
(f) $F(3) = P(X \leq 3) = 0.5$.

Lösung 6.7

(a) $f(x) \leq 1$ ist falsch. Betrachte als Gegenbeispiel die stetige Gleichverteilung zwischen $a = 0$ und $b = 0.1$. Hier gilt

$$f(x) = \begin{cases} 10 & \text{für } 0 \leq x \leq 0.1 \\ 0 & \text{sonst.} \end{cases}$$

(b) $F(x) \leq 1$ ist nach Definition richtig.

(c) $\int_x^\infty f(t)\,dt = 1 - F(x)$ ist richtig, denn

$$\int_x^\infty f(t)\,dt = P(X \geq x) = 1 - P(X \leq x) = 1 - F(x).$$

(d) $F(x_i) \leq F(x_j)$ ist richtig, da F monoton wachsend ist.

Lösung 6.8

Mit Wahrscheinlichkeit 0.7 ist als letztes eine U6 gefahren, so daß als nächstes mit Wahrscheinlichkeit 0.7 eine U3 fährt.

Lösung 6.9

Für $s < x$ gilt mit der Verteilungsfunktion der Exponentialverteilung

$$\begin{aligned} P(X \leq x | X > s) &= \frac{P(s < X \leq x)}{P(X > s)} \\ &= \frac{P(X \leq x) - P(X \leq s)}{P(X > s)} \\ &= \frac{1 - e^{\lambda x} - 1 + e^{-\lambda s}}{1 - 1 + e^{-\lambda s}} \\ &= 1 - e^{-\lambda(x-s)} \\ &= P(X \leq x - s). \end{aligned}$$

Lösung 6.10

Sei X die Zeit in Stunden, die benötigt wird, um den Fotokopierer zu reparieren mit

$$X \sim Ex(3).$$

Dann ist

$$f(x) = \begin{cases} 3e^{-3x} & \text{für } x \geq 0 \\ 0 & \text{sonst,} \end{cases}$$

und

$$F(x) = \begin{cases} 1 - e^{-3x} & \text{für } x \geq 0 \\ 0 & \text{sonst.} \end{cases}$$

Damit ergeben sich folgende Wahrscheinlichkeiten

(a) $P(X \leq 0.25) = F(0.25) = 1 - e^{-3 \cdot 0.25} = 1 - 0.4724 = 0.5276.$

(b)

$$\begin{aligned} P(0.5 < X \leq 0.75) &= F(0.75) - F(0.5) \\ &= 1 - e^{-3 \cdot 0.75} - (1 - e^{-3 \cdot 0.5}) \\ &= e^{-1.5} - e^{-2.25} \\ &= 0.2231 - 0.1054 \\ &= 0.1177. \end{aligned}$$

(c) $P(X > 1) = 1 - P(X \leq 1) = 1 - F(1) = 1 - (1 - e^{-3 \cdot 1}) = 0.0498.$

Lösung 6.11

(a) Wegen $X \sim Po(0.25)$ ist die Wartezeit Y exponentialverteilt mit Parameter $\lambda = 0.25$.

(b) Wegen $E(Y) = \frac{1}{\lambda} = 4$ beträgt die mittlere Wartezeit auf den nächsten Fehler $4 \cdot 12 = 48$ Stunden.

(c) Aufgrund der Gedächtnislosigkeit der Exponentialverteilung (vgl. Aufgabe 6.9) gilt:

$$P(Y \leq 24 | Y > 12) = P(Y \leq 12) = 1 - e^{-12/4} = 1 - e^{-3} = 0.95.$$

Mit 95 % Wahrscheinlichkeit tritt somit auch in den nächsten 12 Stunden kein Fehler auf.

Lösung 6.12

Es gilt

$$\begin{aligned} c \cdot P(X \geq c) &= \int_c^\infty c \cdot f(x)\,dx \\ &\leq \int_c^\infty x \cdot f(x)\,dx \\ &\leq \int_0^\infty x \cdot f(x)\,dx = E(X), \end{aligned}$$

wobei die erste Ungleichung wegen $c > 0$ und $f(x) \geq 0$ gilt und zudem nur über $x \geq c$ integriert wird.

Lösung 6.13

(a) Für $\lambda \geq 0$ gelten $f(x) \geq 0$ und

$$\int_0^\infty \lambda^2 \cdot x \cdot e^{-\lambda x} = \lambda \int_0^\infty \lambda \cdot x \cdot e^{-\lambda x} = \lambda \cdot \frac{1}{\lambda} = 1,$$

da das Integral gerade dem Erwartungswert der Exponentialverteilung entspricht. Folglich erfüllt $f(x)$ die beiden Bedingungen an eine Dichtefunktion.

(b) Für $x > 0$ gilt mit der Produktregel der Differentialrechnung

$$\begin{aligned} \frac{\partial}{\partial x} F(x) &= \frac{\partial}{\partial x}(1 - e^{-\lambda x}(1 + \lambda x)) \\ &= \lambda e^{-\lambda x}(1 + \lambda x) - \lambda e^{-\lambda x} \\ &= \lambda^2 x e^{-\lambda x} = f(x). \end{aligned}$$

Außerdem gilt $f(x) = 0$ und folglich $P(X \leq x) = 0$ für $x \leq 0$. Wegen $F(x) = 0$ für $x < 0$ und $F(0) = 1 - e^0 = 1 - 1 = 0$ gilt $F(x) = P(X \leq x)$ auch für $x \leq 0$. Insgesamt ist also $F(x)$ die zugehörige Verteilungsfunktion.

(c) Für $n = 2$ und $\lambda = 1$ ist

$$f(x) = \begin{cases} xe^{-x}, & x \geq 0 \\ 0 & \text{sonst.} \end{cases}$$

Dann gilt:

$$E(X) = \int_0^\infty x \cdot f(x)\,dx = \int_0^\infty x^2 e^{-x}\,dx = E(Y^2),$$

wobei Y eine zum Parameter $\lambda = 1$ exponentialverteilte Zufallsvariable darstellt. Wegen

$$\frac{1}{\lambda^2} = Var(Y) = E(X^2) - (E(Y))^2 = E(Y^2) - \frac{1}{\lambda^2}$$

folgt $E(X) = 2/\lambda^2 = 2$.
Für den Median gilt $F(x_{med}) = 0.5$, also

$$\begin{aligned} 1 - e^{-x_{med}}(1 + x_{med}) &= 0.5 \\ \Longleftrightarrow \quad e^{-x_{med}}(1 + x_{med}) &= 0.5. \end{aligned}$$

Diese Gleichung läßt sich numerisch lösen. Man erhält $x_{med} = 1.7$ (vgl. die Abbildung der Verteilungsfunktion).
Für den Modus gilt

$$\frac{\partial}{\partial x} f(x)|_{x = x_{mod}} = 0,$$

also

$$\begin{aligned} e^{-x_{mod}} - x_{mod}\, e^{-x_{mod}} &= 0 \\ \Longleftrightarrow \quad e^{-x_{mod}}(1 - x_{mod}) &= 0 \\ \Longleftrightarrow \quad x_{mod} &= 1. \end{aligned}$$

Wegen $x_{mod} < x_{med} < E(X)$ liegt eine linkssteile (rechtsschiefe) Verteilung vor.
Die folgende Skizze zeigt den Verlauf der Dichte und der Verteilungsfunktion:

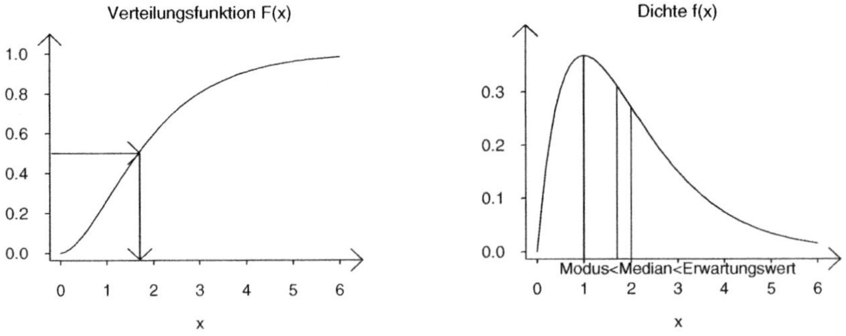

(d) Sei X Erlang-n-verteilt mit Parameter λ. Dann gilt $X = Y_1 + Y_2 + \cdots + Y_n$, wobei die Y_i für $i = 1, \ldots, n$ unabhängig und exponentialverteilt sind mit Parameter λ. Folglich gelten

$$E(X) = E(\sum_{i=1}^{n} Y_i) = \sum_{i=1}^{n} E(Y_i) = \frac{n}{\lambda}$$

und

$$Var(X) = Var(\sum_{i=1}^{n} Y_i) = \sum_{i=1}^{n} Var(Y_i) = \frac{n}{\lambda^2}.$$

Lösung 6.14

Betrachte die Zufallsvariable $Y - c$. Dann ist X symmetrisch um 0, d.h. $f(-x) = f(x)$ für alle $x \in I\!R$. Weiter gilt:

$$\begin{aligned}
E(X) &= \int_{-\infty}^{\infty} xf(x)dx \\
&= \int_{-\infty}^{0} xf(x)dx + \int_{0}^{\infty} xf(x)dx \\
&= \int_{0}^{\infty} -xf(-x)dx + \int_{0}^{\infty} xf(x)dx \\
&= \int_{0}^{\infty} -xf(x)dx + \int_{0}^{\infty} xf(x)dx \\
&= \int_{0}^{\infty} f(x) \cdot (-x + x)dx \\
&= 0.
\end{aligned}$$

Wegen $Y = X + c$ gilt dann

$$E(Y) = E(X) + c = 0 + c = c.$$

Lösung 6.15

Den Angaben entnimmt man, daß für das Geburtsgewicht $X \sim N(1000, 50^2)$ gilt.

(a) Die gesuchte Wahrscheinlichkeit läßt sich nach Standardisierung über die Verteilungsfunktion der Standardnormalverteilung bestimmen als

$$\begin{aligned} P(982 \leq X \leq 1050) &= P(X \leq 1050) - P(X \leq 982) \\ &= P\left(\frac{X-1000}{50} \leq 1\right) \\ &\quad -P\left(\frac{X-1000}{50} \leq -0.36\right) \\ &= \Phi(1) + \Phi(0.36) - 1 \\ &= 0.8413 + 0.6406 - 1 \\ &= 0.48190. \end{aligned}$$

(b) Das 10 %-Quantil ermittelt man als

$$x_{0.1} = \mu + \sigma \cdot z_{0.1} = 1000 + 50 \cdot (-1.28) = 936.$$

(c) Das gesuchte Intervall ist gegeben durch

$$\mu \pm \sigma z_{0.975} = 1000 \pm 50 \cdot 1.96.$$

Man erhält also als Intervall $I = [902, 1098]$.

Lösung 6.16

Sei X = die Punktzahl des Leistungstests mit $X \sim N(150, 36^2)$.

(a) Dann gilt:

$$\begin{aligned} f(x) &= \frac{1}{\sqrt{2\pi}\sigma} \cdot \exp\left(-\frac{1}{2} \cdot \frac{(x-\mu)^2}{\sigma^2}\right) \\ &= \frac{1}{\sqrt{2\pi}36} \cdot \exp\left(-\frac{1}{2} \cdot \frac{(x-150)^2}{36^2}\right). \end{aligned}$$

$$\text{Daraus folgt: } f(150) = \frac{1}{\sqrt{2\pi}} \cdot \frac{1}{36} = 0.0111.$$

Für $x = 150 + 36 = \mu + \sigma$ erhält man:

$$\begin{aligned} f(150+36) &= \frac{1}{\sqrt{2\pi}} \cdot \frac{1}{36} \exp\left(-\frac{1}{2} \cdot \frac{(150+36-150)^2}{36^2}\right) \\ &= \frac{1}{\sqrt{2\pi}} \cdot \frac{1}{36} e^{-1/2} = 0.0067. \end{aligned}$$

Eine Skizze der Dichte sieht folgendermaßen aus:

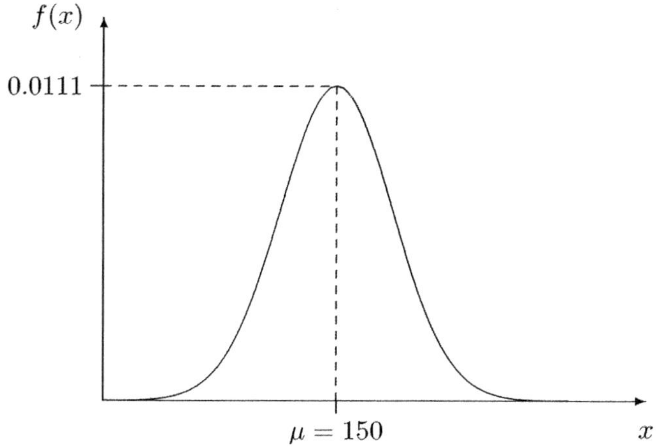

(b)(b1) Diese Wahrscheinlichkeit berechnet sich als:

$$\begin{aligned}
P(X < 140) &= P\left(\frac{X-150}{36} < \frac{140-150}{36}\right) \\
&= P(Z < -0.28) \\
&= 1 - P(Z < 0.28) \\
&= 1 - \Phi(0.28) \\
&= 1 - 0.6103 \\
&= 0.3897
\end{aligned}$$

und läßt sich wie folgt als Fläche unter der Dichtefunktion skizzieren:

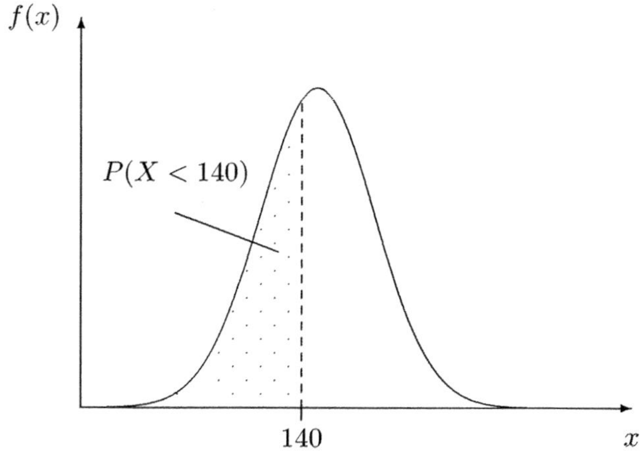

(b2) Man erhält

$$
\begin{aligned}
P(X < 114 \vee X > 190) &= P(X < 114) + P(X > 190) \\
&= \Phi\left(\frac{114-150}{36}\right) + 1 - \Phi\left(\frac{190-150}{36}\right) \\
&= \Phi(-1) + 1 - \Phi(1.11) \\
&= 1 - \Phi(1) + 1 - \Phi(1.11) \\
&= 2 - 0.8413 - 0.8665 \\
&= 0.2922.
\end{aligned}
$$

Diese Wahrscheinlichkeit läßt sich analog darstellen als:

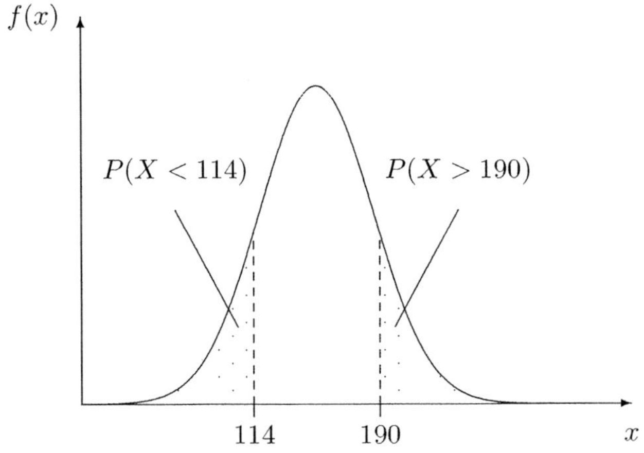

(b3) Hier ergibt sich:

$$
\begin{aligned}
P(X > 175) &= 1 - P(X \leq 175) \\
&= 1 - \Phi\left(\frac{175-150}{36}\right) \\
&= 1 - \Phi(0.69) \\
&= 1 - 0.7549 \\
&= 0.2451.
\end{aligned}
$$

Die Skizze dieser Wahrscheinlichkeit hat folgende Gestalt:

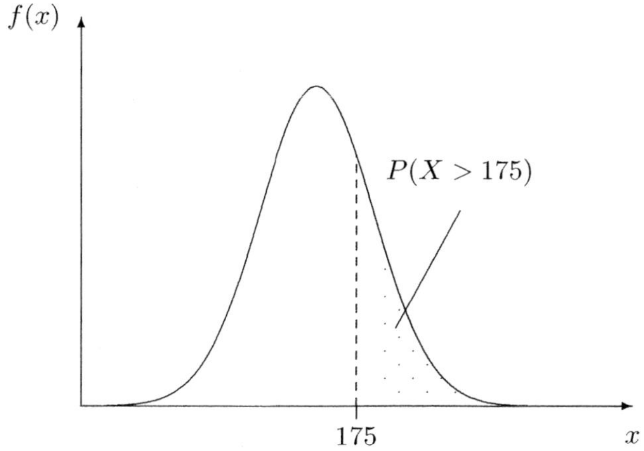

(b4) Analog zu oben läßt sich diese Wahrscheinlichkeit berechnen als:

$$\begin{aligned}
P(130 < X < 200) &= \Phi\left(\frac{200-150}{36}\right) - \Phi\left(\frac{130-150}{36}\right) \\
&= \Phi(1.39) - \Phi(-0.56) \\
&= 0.9177 - 1 + \Phi(0.56) \\
&= 0.9177 - 1 + 0.7123 \\
&= 0.63
\end{aligned}$$

mit der folgenden Darstellung:

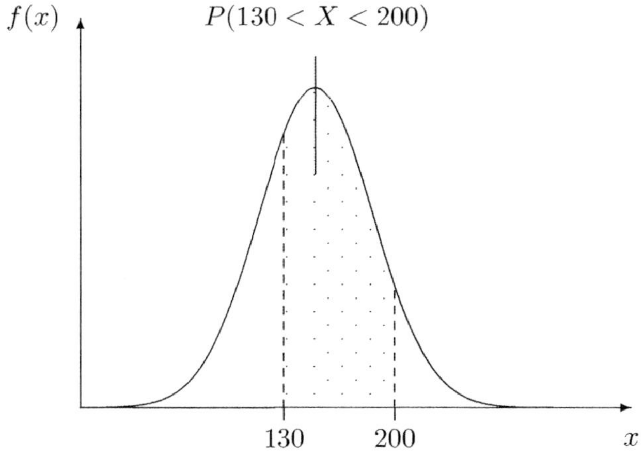

(c) Gesucht ist hier das 10 %-Quantil $x_{0.1}$ mit $P(X \leq x_{0.1}) = 0.1$. Zur Berechnung nutzt man aus, daß $x_{0.1} = z_{0.1} \cdot \sigma + \mu$, wobei $z_{0.1}$ das 10 %-Quantil der $N(0,1)$.

Aus Tabelle A in Fahrmeir et al. (1998) läßt sich das 90 %-Quantil der Standardnormalverteilung ablesen:

$z_{0.9} = 1.2816 \Longrightarrow z_{0.1} = -1.2816 \Longrightarrow x_{0.1} = -1.2816 \cdot 36 + 150 = 103.8624$,

d.h. mit einer Wahrscheinlichkeit von 10 % sind die im Leistungstest erreichten Punktezahlen kleiner gleich 103.8624.

(d) Der Leistungstest wird an $n = 49$ Personen unabhängig durchgeführt, d.h. $X_1, ..., X_{49}$ = Punktzahlen für jede der 49 Personen mit X_i u.i.v. gemäß $N(150, 36^2)$. Betrachte $\bar{X} = \frac{1}{49}\sum_{i=1}^{49} X_i$. Es gilt: $\bar{X} \sim N(150, \frac{36^2}{49})$, woraus folgt:

$$\begin{aligned} P(\bar{X} < 140) &= \Phi\left(\frac{140-150}{36/7}\right) = \Phi(-1.94) \\ &= 1 - \Phi(1.94) = 1 - 0.9738 = 0.0262. \end{aligned}$$

Die Wahrscheinlichkeit, daß $\bar{X}$ Werte kleiner als 140 annimmt, ist mit 0.0262 wesentlich kleiner als die 0.3897 für jedes einzelne X_i. Das liegt daran, daß $\bar{X}$ eine kleinere Varianz besitzt ($\frac{\sigma^2}{n}$) als X_i (σ^2). Das bedeutet, daß sich die Wahrscheinlichkeitsmasse stärker um μ konzentriert und dadurch extreme Werte mit geringerer Wahrscheinlichkeit auftreten.

Lösung 6.17

Sei X die Zufallsvariable „tägliche Veränderung in Euro". Es gilt $X \sim N(0,3)$ und somit $\frac{X}{\sqrt{3}} \sim N(0,1)$.

(a) Die gesuchte Wahrscheinlichkeit berechnet sich wie folgt:

$$\begin{aligned} P(X \geq 2) &= 1 - P(X \leq 2) = 1 - P(\tfrac{X}{\sqrt{3}} \leq \tfrac{2}{\sqrt{3}}) \\ &= 1 - \Phi(1.15) = 1 - 0.8749 = 0.1251. \end{aligned}$$

(b) Die Wahrscheinlichkeit für eine absolute Veränderung von höchstens 1 EUR beträgt

$$\begin{aligned} P(|X| \geq 1) &= P(-1 \leq X \leq 1) = \Phi(\tfrac{1}{\sqrt{3}}) - \Phi(-\tfrac{1}{\sqrt{3}}) \\ &= 2 \cdot \Phi(0.58) - 1 = 2 \cdot 0.7190 - 1 = 0.438. \end{aligned}$$

(c) Der Kurs Y nach 10 Tagen ist gegeben durch $Y = 2 + X_1 + \ldots + X_{10}$. Die Summe unabhängiger normalverteilter Zufallsvariablen ist wieder normalverteilt. Außerdem gilt

$$E(Y) = 2 + 10 \cdot E(X) = 2 + 10 \cdot 0 = 2$$

und

$$Var(Y) = 10 \cdot Var(X) = 10 \cdot 3 = 30,$$

so dass wir $Y \sim N(2, 30)$ erhalten. Die Wahrscheinlichkeit, dass an 4 Tagen der Kurs um mindestens 0.50 EUR fällt, errechnet sich wie folgt:

$$\begin{aligned} P(X_1 \leq -0.5, X_2 \leq -0.5, X_3 \leq -0.5, X_4 \leq -0.5) &= P(X_1 \leq -0.5)^4 \\ &= \Phi(\tfrac{-0.5}{\sqrt{3}})^4 \\ &= (1 - \Phi(0.29))^4 \\ &= 0.0222. \end{aligned}$$

Dabei haben wir die Unabhängigkeit der Zufallszahlen $X_1 - X_4$ ausgenutzt.

(d) Die Zufallsvariable Z ist Binomialverteilt mit Parametern n = Anzahl der Tage = 5 und $\pi = P(\text{„Kurs fällt“}) = P(X < 0) = \Phi(0) = \frac{1}{2}$. Es gilt also $Z \sim B(5, \frac{1}{2})$ Damit der Kurs an 5 Tagen häufiger steigt als fällt, muss er an mindestens 3 Tagen steigen. Wir erhalten

$$\begin{aligned} P(Z \geq 3) &= P(Z = 3) + P(Z = 4) + P(Z = 5) \\ &= \binom{5}{3} 0.5^5 + \binom{5}{5} 0.5^5 + \binom{5}{5} 0.5^5 \\ &= (10 + 5 + 1) \cdot 0.5^5 = 0.5. \end{aligned}$$

Alternativ lässt sich die gesuchte Wahrscheinlichkeit durch einfache Überlegung bestimmen: An fünf Tagen kann der Kurs nicht gleich oft steigen und fallen. Da die Wahrscheinlichkeit für ein Fallen des Kurses genau $\frac{1}{2}$ beträgt, müssen aus Symmetriegründen die Wahrscheinlichkeiten für häufiger Steigen bzw. häufiger Fallen gleich groß sein, d.h. beide gleich $\frac{1}{2}$.

Lösung 6.18

(a) Das Endvermögen ist gegeben durch

$$\begin{aligned} W &= x(1 + R) + (v - x)(1 + z) \\ &= x + xR + v - x + (v - x)z \\ &\sim N(x\mu + v + (v - x)z, x^2\sigma^2). \end{aligned}$$

(b) Mit den gegebenen Werten erhalten wir als Vermögen

$$\begin{aligned} W &\sim N(5.000 \cdot 0.03 + 10000 + 5000 \cdot 0.04, 5000^2 \cdot 0.03^2) \\ &= N(10350, 150^2). \end{aligned}$$

Damit berechnet sich die gesuchte Wahrscheinlichkeit wie folgt:

$$\begin{aligned} P(W \geq 10500) &= 1 - P(W \leq 10500) \\ &= 1 - \Phi\left(\frac{10500 - 10350}{150}\right) \\ &= 1 - \Phi(1) = 1 - 0.8413 \\ &= 0.1587. \end{aligned}$$

(c) Eine Erhöhung von μ, z oder σ^2 erhöht jeweils die Wahrscheinlichkeit eines mindestens 5 prozentigen Wachstums.

(d) Der erwartete Nutzen berechnet sich prinzipiell durch

$$E(U(W)) = \int_{-\infty}^{\infty} -\exp\left(-\frac{w}{a}\right) \cdot f(w)\, dw,$$

wobei $f(w)$ die Dichte einer $N(x\mu + v + (v - x)z, x^2\sigma^2)$ Verteilung ist. Unter Ausnutzung der angegebenen Formel für $E(U(W))$ erhalten wir

$$E(U(W)) = x\mu + v + (v - x)z - a\frac{x^2\sigma^2}{2}.$$

Differenzieren nach x und Nullsetzen liefert

$$\frac{\partial E(U(W))}{\partial x} = \mu - z - ax\sigma^2 = 0.$$

Auflösen nach x liefert den optimalen Anlagebetrag

$$x_{opt} = \frac{\mu - z}{a\sigma^2}.$$

Der optimale Anlagebetrag wird wie folgt von den jeweiligen Größen beeinflusst:

- x_{opt} ist *unabhängig* vom Anfangsvermögen v.
- x_{opt} ist umso größer, je größer die erwartete Rendite μ der unsicheren Anlage. x_{opt} steigt *linear* mit μ.
- x_{opt} sinkt linear mit steigendem Zinssatz z der sicheren Anlage.
- x_{opt} sinkt mit steigender Varianz σ^2 der unsicheren Anlage.
- x_{opt} sinkt mit steigendem Risikoaversionskoeffizient a.

Lösung 6.19

(a) Für das arithmetische Mittel $\bar{X}$ gilt $\bar{X} \sim N(\mu, \frac{\sigma^2}{n})$.

(b) Da $Var(\bar{X}) = \frac{\sigma^2}{n}$, ist $\sqrt{n}\frac{\bar{X}-\mu}{\sigma}$ gerade die standardisierte Form von $\bar{X}$, und damit gilt:

$$\sqrt{n}\frac{\bar{X} - \mu}{\sigma} \sim N(0, 1).$$

(c) Es gilt $\bar{X} \sim N(1,5)$. Die Quantile sind folgender Tabelle zu entnehmen:

p	Z_p	$\bar{X}_p$	$1-p$	$\bar{X}_{1-p}$
75 %	0.67	2.498	25 %	−0.498
90 %	1.28	3.862	10 %	−1.862
95 %	1.64	4.667	5 %	−2.667
97.5 %	1.96	5.383	2.5 %	−3.383
99 %	2.33	6.210	1 %	−4.210

Betrachte als Berechnungsbeispiel für $p = 99$ % und $p = 1$ % (siehe Formeln in Abschnitt 6.3.1, Fahrmeir et al., 1998):

$$\bar{X}_{0.99} = 1 + \sqrt{5} \cdot 2.33 = 6.21,$$

$$\bar{X}_{0.01} = 1 + \sqrt{5} \cdot (-2.33) = -4.21.$$

(d) Beispielsweise ist ein 90 % Schwankungsintervall gegeben durch:

$$I_{90} = [\underset{\substack{5\ \%\\ \text{Quantil}\\ \text{von } \bar{X}}}{\underset{\uparrow}{-2.667}} \quad , \quad \underset{\substack{95\ \%\\ \text{Quantil}\\ \text{von } \bar{X}}}{\underset{\uparrow}{4.667}}]$$

Es gilt $\alpha = P(\bar{X} \notin I_{90}) = 0.1$.
Völlig analog erhält man weitere zentrale Schwankungsintervalle.

Lösung 6.20

(a) Wir beginnen zuerst mit der Annahme, daß X normalverteilt ist. Dann gilt $Y = \frac{X-0.0007}{0.013} \sim N(0,1)$, und es folgt

$$\begin{aligned} P(X > 0.04) &= 1 - P(X \leq 0.04) \\ &= 1 - P\left(Y \leq \tfrac{0.04-0.0007}{0.013}\right) \\ &= 1 - P(Y \leq 3.023) \\ &= 1 - 0.9987 = 0.0013. \end{aligned}$$

Das zentrale Schwankungsintervall ist gegeben durch

$$\mu \pm \sigma \cdot z_{0.995} = 0.0007 \pm 0.013 \cdot 2.57.$$

Man erhält also als zentrales Schwankungsintervall

$$I = [-0.03271, 0.03411].$$

(b) Empirische Analysen zeigen, daß eine t-Verteilung besser zur Modellierung von Renditen geeignet ist. Wir treffen deshalb die Verteilungsannahme $Y \sim t(1)$. Damit folgt

$$\begin{aligned} P(X > 0.04) &= 1 - P(Y \leq 3.023) \\ &\approx 1 - 0.9 \approx 0.1. \end{aligned}$$

Ein zentrales Schwankungsintervall kann hier nicht berechnet werden, weil die t-Verteilung mit einem Freiheitsgrad keinen Erwartungswert besitzt.

7

Mehr über Zufallsvariablen und Verteilungen

Aufgaben

Aufgabe 7.1

Welche approximativen Verteilungen besitzen die folgenden Zufallsvariablen?

(a) Der Frauenanteil an der Gesamtzahl der Beschäftigten liegt im Land NRW bei 41.4 % (Ende März 1990). X_1 sei die Anzahl der Frauen unter 100 zufällig ausgewählten Beschäftigten dieses Landes.
(b) Eine Pharmagroßhandlung beliefert täglich 500 Apotheken. Die Wahrscheinlichkeit einer Reklamation beträgt bei allen Apotheken (unabhängig voneinander) 0.02. X_2 sei die Anzahl der Reklamationen an einem Tag.
(c) Der spielsüchtige Willi verbringt seine Abende oft an einem Spielautomaten, bei dem ein Spiel 50 Pfennig kostet. Die Zufallsvariable X = Gewinn (in DM) hat folgende Wahrscheinlichkeitsfunktion:

$$\mathrm{P}(X = -0.5) = 0.6 \quad , \quad \mathrm{P}(X = 0) = 0.2 \quad , \quad \mathrm{P}(X = 1) = 0.2.$$

Sei X_3 der Gewinn bei 100 Spielen.
(d) Ein Mann, der jeden Morgen mit dem Bus zur Arbeit fährt, hat oftmals das Pech, daß die ankommenden Busse überfüllt sind und weiterfahren. Er weiß aus Erfahrung, daß die Anzahl der an einem Morgen vorbeifahrenden Busse Poisson-verteilt ist mit Erwartungswert 1. Sei X_4 die Anzahl der pro Halbjahr (=100 Arbeitstage) vorbeifahrenden Busse.

(Lösung siehe Seite 156)

Aufgabe 7.2

Die Studie zum Gesundheitszustand von Frühgeburten aus Aufgabe 6.15 wurde an mehreren Kliniken durchgeführt, so daß insgesamt 500 Kinder teilgenommen haben. Welche Verteilung besitzt die Anzahl der Kinder, die weniger

als 980 g wiegen? Wie groß ist die Wahrscheinlichkeit, daß genau 175 Kinder der Studie ein Geburtsgewicht kleiner als 980 g aufweisen?
(Lösung siehe Seite 156)

Aufgabe 7.3

In der Situation von Aufgabe 5.21 befragt der Journalist zufällig fünf der 200 Angestellten eines Kaufhauses. Wie lauten annähernd die gesuchten Wahrscheinlichkeiten, wenn der Anteil der Angestellten, die bereit sind, länger zu arbeiten, wieder gleich 0.2 ist? Welche approximative Verteilung hat die interessierende Zufallsvariable ferner, wenn 40 Personen der ganzen Warenhauskette mit 1000 angestellten Verkäuferinnen befragt würden?
(Lösung siehe Seite 156)

Aufgabe 7.4

In einem sehr fruchtbaren Land erntet ein Bauer jede Woche 700 Salatköpfe. Sein Bruder, der in einem äußerst unfruchtbaren Land lebt, kann von seinem Feld wöchentlich lediglich 40 Salatköpfe ernten. Aus langjähriger Erfahrung ist bekannt, daß ein Prozent der Salatköpfe von der schädlichen Salatfraßraupe befallen werden. Welche Verteilungsmodelle eignen sich jeweils zur Approximation der Anzahl der wöchentlich von der Raupe befallenen Salatköpfe? Bestimmen Sie die Wahrscheinlichkeit, daß mindestens zwei, aber nicht mehr als sechs Salatköpfe befallen sind.
(Lösung siehe Seite 157)

Aufgabe 7.5

Ihr kleiner Neffe bastelt eine 50-teilige Kette, deren einzelne Glieder im Mittel eine Länge von 2 cm mit einer Standardabweichung von 0.2 cm aufweisen. Welche Verteilung hat die Gesamtlänge der Spielzeugkette?
(Lösung siehe Seite 158)

Aufgabe 7.6

Die Nettomiete von Zwei-Zimmer-Wohnungen eines Stadtteils sei annähernd symmetrisch verteilt mit Erwartungswert 570 und Standardabweichung 70. Es wird eine Zufallsstichprobe von 60 solcher Wohnungen gezogen. Geben Sie mit Hilfe der Ungleichung von Tschebyscheff ein um den Erwartungswert symmetrisches Intervall an, in dem das Stichprobenmittel mit 95 % Wahrscheinlichkeit liegt.
(Lösung siehe Seite 158)

Aufgabe 7.7

Eine Fertigungslinie stellt Fußbälle her, deren Durchmesser im Mittel normgerecht ist, aber eine Standardabweichung von 0.4 cm aufweisen. Bälle, die mehr als 0.5 cm von der Norm abweichen, gelten als Ausschuß. Wie groß ist der Ausschußanteil höchstens?
(Lösung siehe Seite 158)

Aufgabe 7.8

Wie kann man mit Hilfe von normalverteilten Zufallszahlen t-verteilte Zufallszahlen simulieren?
(Lösung siehe Seite 158)

Aufgabe 7.9

Bestimmen Sie den Quartilskoeffizienten der geometrischen Verteilung mit $\pi = 0.5$ sowie der Exponentialverteilung mit dem Parameter $\lambda = 0.5$.
(Lösung siehe Seite 159)

Lösungen

Lösung 7.1

(a) $X_1 \sim B(100, 0.414) \overset{a}{\sim} N(100 \cdot 0.414, 100 \cdot 0.414 \cdot 0.586) = N(41.4, 24.26)$.
(b) $X_2 \sim B(500, 0.02) \overset{a}{\sim} Po(500 \cdot 0.02) = Po(10)$.
(c) Sei Y_i = Gewinn bei einem Spiel, $i = 1, \ldots, 100$. Es gilt

$$\begin{aligned} E(Y_i) &= -0.5 \cdot 0.6 + 1 \cdot 0.2 = -0.1, \\ Var(Y_i) &= 0.25 \cdot 0.6 + 0.2 - 0.01 = 0.34. \end{aligned}$$

Damit folgt

$$X_3 = \sum_{i=1}^{100} Y_i \overset{a}{\sim} N(-10, 34).$$

(d) $X_4 \sim Po(100) \overset{a}{\sim} N(100, 100)$.

Lösung 7.2

Zunächst gilt:

$$\begin{aligned} P(X < 980) = P(X \leq 980) &= P\left(\frac{X - 1000}{50} \leq -0.4\right) = \Phi(-0.4) \\ &= 1 - \Phi(0.4) = 1 - 0.6554 \\ &= 0.3446. \end{aligned}$$

Damit ist Y = Anzahl der Kinder mit weniger als 980 Gramm binomialverteilt mit $Y \sim B(500, 0.34446)$, und es gilt (unter Berücksichtigung der Stetigkeitskorrektur)

$$\begin{aligned} P(Y = 175) &\approx \Phi\left(\frac{175 + 0.5 - 500 \cdot 0.3446}{\sqrt{500 \cdot 0.3446 \cdot 0.6554}}\right) \\ &\quad - \Phi\left(\frac{175 - 0.5 - 500 \cdot 0.3446}{\sqrt{500 \cdot 0.3446 \cdot 0.6554}}\right) \\ &= \Phi(0.3) - \Phi(0.21) = 0.6179 - 0.5832 = 0.0347. \end{aligned}$$

Lösung 7.3

Exakt gilt $X \sim H(5, 40, 200)$. Wegen $n/N = 5/200 = 0.025 \leq 0.05$ kann die hypergeometrische Verteilung durch die Binomialverteilung approximiert werden, d.h. $X \overset{a}{\sim} B(5, 0.2)$. Dann erhält man mit Hilfe der Tabelle

$$\begin{aligned} P(X=0) &\approx 0.3277, \\ P(X=2) &\approx 0.9421 - 0.7373 = 0.2048, \\ P(X \geq 2) &\approx 1 - P(X \leq 1) = 1 - 0.7373 = 0.2627. \end{aligned}$$

Für $n = 40$ und $N = 1000$ ist wegen $n/N = 0.04 \leq 0.05$, $nM/N = 40 \cdot 0.2 = 8 \geq 5$ und $n(1 - M/N) = 40 \cdot 0.8 = 32 \geq 5$ die Faustregel zur Approximation der $H(40, 200, 100)$ durch die Normalverteilung erfüllt, d.h. $X \overset{a}{\sim} N(8, 6.4)$

Lösung 7.4

Sei X_1 = Anzahl der befallenen Salatköpfe im fruchtbaren Land und entsprechend X_2 = Zahl der befallenen Salatköpfe im unfruchtbaren Land. Unter der Annahme, daß die Salatköpfe unabhängig voneinander befallen werden, gilt $X_1 \sim B(700, 0.01)$ und $X_2 \sim B(40, 0.01)$. Wegen $n\pi = 700 \cdot 0.01 \geq 5$ und $n(1 - \pi) = 700 \cdot 0.99 = 693 \geq 5$ sind die Faustregeln für die Approximation der Binomialverteilung durch die Normalverteilung erfüllt und man erhält

$$X_1 \overset{a}{\sim} N(n\pi, n\pi(1-\pi)) = N(7, 6.93).$$

Darüber hinaus kann die Verteilung von X_1 wegen $\pi = 0.01 \leq 0.05$ und $n = 700 > 30$ auch durch die Poisson-Verteilung approximiert werden, d.h.

$$X_1 \overset{a}{\sim} Po(7).$$

Unter Zuhilfenahme der Normalapproximation erhält man

$$\begin{aligned} P(2 \leq X_1 \leq 6) &= \Phi(\tfrac{6+0.5-7}{\sqrt{6.93}}) - \Phi(\tfrac{1+0.5-7}{\sqrt{6.93}}) \\ &= \Phi(-0.19) - \Phi(-2.09) \\ &= 1 - 0.5753 - 1 + 0.9817 = 0.4064. \end{aligned}$$

Dagegen erhält man unter Berücksichtigung der Poissonapproximation

$$P(2 \leq X_1 \leq 6) = 0.0223 + 0.05212 + 0.0912 + 0.1277 + 0.149 = 0.4423.$$

Die Verteilung von X_2 läßt sich nicht durch eine Normalverteilung approximieren, jedoch wegen $n = 40 \geq 30$ und $\pi = 0.01 \leq 0.05$ durch eine Poisson-Verteilung. Es gilt also

$$X_2 \overset{a}{\sim} Po(40 \cdot 0.01) = Po(0.4).$$

Damit erhält man

$$P(2 \leq X_2 \leq 6) = 0.0536 + 0.0071 + 0.0007 + 0 + 0 = 0.0615.$$

Lösung 7.5

Sei X_i = Länge des i-ten Gliedes. Dann gilt $E(X_i) = 2$ und $Var(X_i) = 0.04$ für alle $i = 1, \ldots, 50$. Nach dem zentralen Grenzwertsatz ist dann die Gesamtlänge der Kette $Y = \sum_{i=1}^{50} X_i$ approximativ normalverteilt mit Erwartungswert $E(Y) = 50 \cdot 2 = 100$ und Varianz $Var(Y) = 50 \cdot 0.04 = 2.0$.

Lösung 7.6

Sei X_i = Nettomiete der i-ten Wohnung in der Stichprobe mit $E(X_i) = 570$ und $Var(X_i) = 4900$. Das Stichprobenmittel $\bar{X} = \frac{1}{60} \sum_{i=1}^{60} X_i$ hat dann den Erwartungswert $E(\bar{X}) = 570$ und die Varianz $Var(\bar{X}) = 4900/60 = 81.67$. Nach der Ungleichung von Tschebyscheff gilt für $c > 0$

$$P(|\bar{X} - 570|) < c) \geq 1 - \frac{81.67}{c^2}.$$

Da $\bar{X}$ mit mindestens 95 % Wahrscheinlichkeit in dem gesuchten Intervall I liegen soll, folgt $1 - 81.67/c^2 = 0.95$ und $c = \sqrt{81.67/0.05} = 40.41$, also $I = [529.6, 610.4]$.

Lösung 7.7

Sei X = Abweichung des Durchmessers des Fußballs vom Normwert mit $E(X) = 0$ und $Var(X) = 0.16$. Dann gilt nach der Ungleichung von Tschebyscheff

$$P(|X| > 0.5) \leq \frac{0.16}{0.25} = 0.64,$$

d.h. der Ausschußanteil beträgt höchstens 64 %.

Lösung 7.8

Angenommen, man verfügt über Zufallszahlen $x, z_1, \ldots, z_n$, die als Realisationen von unabhängigen standardnormalverteilten Zufallsvariablen angesehen werden können. Dann erhält man mit $z = \sum_{i=1}^{n} z_i^2$ eine $\chi^2(n)$-verteilte Zufallszahl, und $t = x/\sqrt{z/n}$ kann als $t(n)$-verteilte Zufallszahl betrachtet werden.

Lösung 7.9

Die Wahrscheinlichkeitsverteilung der geometrischen Verteilung für $\pi = 0.5$ entnimmt man unter Zuhilfenahme von $P(X = x) = 0.5^x$ folgender Tabelle:

x	1	2	3	$\cdots$
$P(X = x)$	0.5	0.25	0.125	$\cdots$

Wegen

$$P(X \leq 1) = 0.5 \geq 0.25$$

und

$$P(X \geq 1) = 1.0 \geq 0.75$$

gilt $x_{0.25} = 0.5$.
Ferner erhält man $x_{med} = 1$ und $x_{0.75} = 2$, also

$$\begin{aligned}\gamma_{0.25} &= \frac{(x_{0.75} - x_{med}) - (x_{med} - x_{0.25})}{x_{0.75} - x_{med}} \\ &= \frac{(2-1)-(1-1)}{2-1} = 1.\end{aligned}$$

Die Verteilungsfunktion der Exponentialverteilung mit Parameter $\lambda = 0.5$ lautet $F(X) = 1 - e^{-0.5x} \quad (x > 0)$. Folglich gilt

$$\begin{aligned} & 1 - e^{-0.5x_p} &&= p \\ \Longleftrightarrow\ & -0.5x_p &&= \log(1-p) \\ \Longleftrightarrow\ & x_p &&= -2\log(1-p)\end{aligned}$$

und damit $x_{0.25} = 0.575$, $x_{med} = 1.386$ und $x_{0.75} = 2.773$. Daraus ergibt sich

$$\begin{aligned}\gamma_{0.25} &= \frac{(2.773 - 1.386) - (1.386 - 0.575)}{2.773 - 0.575} \\ &= \frac{0.576}{2.198} = 0.262.\end{aligned}$$

8

Mehrdimensionale Zufallsvariablen

Aufgaben

Aufgabe 8.1

Die gemeinsame Verteilung von X und Y sei durch die folgende Kontingenztafel der Auftretenswahrscheinlichkeiten gegeben:

		Y 1	2	3
X	1	0.25	0.15	0.10
	2	0.10	0.15	0.25

Man bestimme

(a) den Erwartungswert und die Varianz von X bzw. Y,
(b) die bedingten Verteilungen von $X|Y = y$ und $Y|X = x$,
(c) die Kovarianz und die Korrelation von X und Y,
(d) die Varianz von $X + Y$.

(Lösung siehe Seite 165)

Aufgabe 8.2

Gegeben sind zwei diskrete Zufallsvariablen X und Y. Die Zufallsvariable X kann die Werte 1, 2 und Y die Werte -1, 0 und 1 annehmen. Über die gemeinsame Wahrscheinlichkeitsverteilung von X und Y ist folgendes bekannt:

		y_j: -1	0	1	
x_i	1	p	0.1		0.5
	2		0.2		
		0.35			

(a) Bestimmen Sie p so, daß X und Y unkorreliert sind. Berechnen Sie dazu zunächst $E(X)$ und $E(Y)$ und zudem $E(XY)$ in Abhängigkeit von p.

(b) Sind X und Y unabhängig? Begründen Sie Ihre Antwort.

(Lösung siehe Seite 166)

Aufgabe 8.3

X und Y seien zwei abhängige Zufallsvariablen. Die Randdichte von X und die bedingten Dichten von Y gegeben $X = 1$ bzw. $X = 2$ sind folgendermaßen gegeben:

x_i	1	2
$P(X = x_i)$	$\frac{1}{5}$	$\frac{4}{5}$

y_j	-1	0	1
$P(Y = y_j \mid X = 1)$	$\frac{1}{4}$	$\frac{1}{4}$	$\frac{2}{4}$
$P(Y = y_j \mid X = 2)$	$\frac{1}{3}$	$\frac{1}{3}$	$\frac{1}{3}$

Bestimmen Sie

(a) die gemeinsame diskrete Dichte von X und Y,
(b) die Wahrscheinlichkeitsfunktion von $Z = X + Y$,
(c) $E(Z)$ und $Var(Z)$
  (c1) direkt über die Verteilung von Z,
  (c2) über die Verteilungen von X und Y.

(Lösung siehe Seite 167)

Aufgabe 8.4

Gegeben sei die von einem Parameter c abhängige Funktion

$$f(x,y) = \begin{cases} cx + y & \text{für } 0 \leq x \leq 1 \text{ und } 0 \leq y \leq 1 \\ 0 & \text{sonst.} \end{cases}$$

(a) Bestimmen Sie c so, daß $f(x,y)$ eine Dichtefunktion ist.
(b) Berechnen Sie die Randdichten und Randverteilungsfunktionen von X und Y.
(c) Sind X und Y voneinander unabhängig? Begründen Sie Ihre Antwort.
(d) Bestimmen Sie die Verteilungsfunktion $F(x,y)$.

(Lösung siehe Seite 169)

Aufgabe 8.5

Die gemeinsame Wahrscheinlichkeitsfunktion von X und Y sei bestimmt durch

$$f(x,y) = \begin{cases} e^{-2\lambda} \frac{\lambda^{x+y}}{x!y!} & \text{für } x, y \in \{0, 1, \ldots\} \\ 0 & \text{sonst.} \end{cases}$$

(a) Man bestimme die Randverteilungen von X und Y.
(b) Man bestimme die bedingten Verteilungen von $X|Y = y$ und $Y|X = x$ und vergleiche diese mit den Randverteilungen.
(c) Man bestimme die Kovarianz von X und Y.

(Lösung siehe Seite 170)

Aufgabe 8.6

Die Zufallsvariable X besitze folgende Wahrscheinlichkeitsfunktion:

$$P(X = i) = \begin{cases} \frac{1}{n} & i \in \{1, \ldots n\} \\ 0 & \text{sonst.} \end{cases}$$

Die Zufallsvariable Y kann nur die Ausprägungen 1, 2 oder 3 annehmen, wobei gilt:

- $P(Y = 1) = 2 \cdot P(Y = 2) = 4 \cdot P(Y = 3)$.
- X und Y sind stochastisch unabhängig.

(a) Bestimmen Sie die gemeinsame Wahrscheinlichkeitsfunktion der Zufallsvariable (X, Y).
(b) Berechnen Sie $P(X > \frac{n}{2}, Y \leq 2)$.
(c) Berechnen Sie $E(X \cdot Y)$.

(Lösung siehe Seite 171)

Aufgabe 8.7

Der Türsteher einer Nobeldiskothek entscheidet sequentiell. Der erste Besucher wird mit der Wahrscheinlichkeit 0.5 eingelassen, der zweite mit 0.6 und der dritte mit 0.8. Man betrachte die Zufallsvariable X: "Anzahl der eingelassenen Besucher unter den ersten beiden Besuchern" und Y: "Anzahl der eingelassenen Besucher unter den letzten beiden Besuchern".

(a) Man gebe die gemeinsame Wahrscheinlichkeitsfunktion von X und Y an.
(b) Man untersuche, ob X und Y unabhängig sind.

(Lösung siehe Seite 172)

Aufgabe 8.8

Ein Anleger verfügt zu Jahresbeginn über 200000 Euro. 150000 Euro legt er bei einer Bank an, die ihm eine zufällige Jahresrendite R_1 garantiert, welche gleichverteilt zwischen 6 % und 8 % ist. Mit den restlichen 50000 Euro spekuliert er an der Börse, wobei er von einer $N(8, 4)$-verteilten Jahresrendite R_2 (in %) ausgeht. Der Anleger geht davon aus, daß die Renditen R_1 und R_2 unabhängig verteilt sind.

(a) Man bestimme den Erwartungswert und die Varianz von R_1 und R_2.
(b) Man berechne die Wahrscheinlichkeiten, daß der Anleger an der Börse eine Rendite von 8 %, von mindestens 9 % bzw. zwischen 6 % und 10 % erzielt.
(c) Wie groß ist die Wahrscheinlichkeit, daß der Anleger bei der Bank eine Rendite zwischen 6.5 % und 7.5 % erzielt?
(d) Man stelle das Jahresendvermögen V als Funktion der Renditen R_1 und R_2 dar und berechne Erwartungswert und Varianz von V.
(e) Angenommen, die beiden Renditen sind nicht unabhängig, sondern korrelieren mit $\rho = -0.5$.
  (e1) Wie lautet die Kovarianz zwischen R_1 und R_2?
  (e2) Wie würden Sie die 200000 Euro aufteilen, um eine minimale Varianz der Gesamtrendite zu erzielen? Wie ändert sich die zu erwartende Rendite?

(Lösung siehe Seite 173)

Aufgabe 8.9

Von den Zufallsvariablen X und Y ist bekannt, daß $Var(X) = 1$, $Var(Y) = 4$ und $Var(3X+2Y) = 13$ gelten. Wie groß ist dann der Korrelationskoeffizient $\rho(X,Y)$?
(Lösung siehe Seite 175)

Lösungen

Lösung 8.1

(a) Es gelten

$$\begin{aligned} P(X=1) &= 0.25+0.15+0.10=0.5, \\ P(X=2) &= 0.10+0.15+0.25=0.5 \end{aligned}$$

und damit

$$\begin{aligned} E(X) &= 1\cdot 0.5+2\cdot 0.5=1.5, \\ E(X^2) &= 1\cdot 0.5+4\cdot 0.5=2.5, \end{aligned}$$

woraus man berechnet:

$$Var(X)=E(X^2)-(E(X))^2=2.5-2.25=0.25.$$

Analog erhält man

$$\begin{aligned} E(Y) &= 1\cdot 0.35+2\cdot 0.3+3\cdot 0.35=2\,, \\ E(Y^2) &= 1\cdot 0.35+4\cdot 0.3+9\cdot 0.35=4.7\,, \\ Var(Y) &= 4.7-4=0.7\,. \end{aligned}$$

(b) Die bedingte Verteilung von X gegeben $Y=y$ berechnet sich als:

$$f_X(x\mid y=1) = \begin{cases} \dfrac{0.25}{0.35}=0.71 & \text{für } x=1 \\ \dfrac{0.10}{0.35}=0.29 & \text{für } x=2, \end{cases}$$

$$f_X(x\mid y=2) = \begin{cases} \dfrac{0.15}{0.30}=0.50 & \text{für } x=1 \\ \dfrac{0.15}{0.30}=0.50 & \text{für } x=2. \end{cases}$$

$$f_X(x\mid y=3) = \begin{cases} \dfrac{0.10}{0.35}=0.29 & \text{für } x=1 \\ \dfrac{0.25}{0.35}=0.71 & \text{für } x=2. \end{cases}$$

Ebenso erhält man als bedingte Verteilung von Y gegeben $X = x$:

$$f_Y(y \mid x = 1) = \begin{cases} \frac{0.25}{0.50} = 0.50 & \text{für } y = 1 \\ \frac{0.15}{0.50} = 0.30 & \text{für } y = 2 \\ \frac{0.10}{0.50} = 0.20 & \text{für } y = 3, \end{cases}$$

$$f_Y(y \mid x = 2) = \begin{cases} \frac{0.10}{0.50} = 0.20 & \text{für } y = 1 \\ \frac{0.15}{0.50} = 0.30 & \text{für } y = 2 \\ \frac{0.25}{0.50} = 0.50 & \text{für } y = 3. \end{cases}$$

(c) Es gilt

$$\begin{aligned} E(X \cdot Y) &= 1 \cdot 0.25 + 2 \cdot (0.15 + 0.1) + 3 \cdot 0.1 + 4 \cdot 0.15 + 6 \cdot 0.25 \\ &= 0.25 + 0.5 + 0.3 + 0.6 + 1.5 = 3.15\,. \end{aligned}$$

Damit erhält man

$$\begin{aligned} Cov(X, Y) &= E(X \cdot Y) - E(X) \cdot E(Y) \\ &= 3.15 - 1.5 \cdot 2 \\ &= 0.15 \end{aligned}$$

und folglich

$$\rho(X, Y) = \frac{Cov(X, Y)}{\sqrt{Var(X) \cdot Var(Y)}} = \frac{0.15}{\sqrt{0.25 \cdot 0.7}} = 0.359.$$

(d) Für die Varianz von $X + Y$ gilt:

$$\begin{aligned} Var(X + Y) &= Var(X) + Var(Y) + 2 \cdot Cov(X, Y) \\ &= 0.25 + 0.7 + 2 \cdot 0.15 = 1.25. \end{aligned}$$

Lösung 8.2

(a) Zunächst werden die Erwartungswerte von X und Y sowie von $E(XY)$ in Abhängigkeit von p berechnet, wobei man für X und Y jeweils die Randwahrscheinlichkeiten verwendet, für die p keine Rolle spielt.

$$\begin{aligned} E(X) &= 0.5 \cdot 1 + 0.5 \cdot 2 = 1.5, \\ E(Y) &= 0.35 \cdot (-1) + 0.35 \cdot 1 = 0 \\ \text{und} \quad E(XY) &= (-2)(0.35 - p) + (-1)p + 1(0.4 - p) + 2(p - 0.05) \\ &= -0.7 + 2p - p + 0.4 - p + 2p - 0.1 \\ &= 2p - 0.4. \end{aligned}$$

Nun ist

$$\begin{aligned} Cov(XY) &= E(XY) - E(X)E(Y) = 2p - 0.4 = 0 \\ \iff 2p &= 0.4 \\ \iff p &= 0.2. \end{aligned}$$

(b) X und Y sind nicht unabhängig voneinander, da beispielsweise

$$\begin{aligned} P(X = 1, Y = -1) &= p = 0.2 \neq 0.175 = 0.5 \cdot 0.35 \\ &= P(X = 1)P(Y = -1). \end{aligned}$$

Lösung 8.3

(a) Es gilt allgemein für die gemeinsame diskrete Dichte:

$$P(X = x_i,\ Y = y_j) = P(Y = y_j | X = x_i) \cdot P(X = x_i).$$

Daraus ergibt sich z.B.:

$$P(X = 1,\ Y = -1) = P(Y = -1 | X = 1) \cdot P(X = 1) = \frac{1}{4} \cdot \frac{1}{5} = \frac{1}{20} = \frac{3}{60}$$

und insgesamt:

		y_j: -1	0	1	$\sum$	
x_i	1	$\frac{3}{60}$	$\frac{3}{60}$	$\frac{6}{60}$	$\frac{12}{60} = \frac{1}{5}$	Randverteilung von X
	2	$\frac{16}{60}$	$\frac{16}{60}$	$\frac{16}{60}$	$\frac{48}{60} = \frac{4}{5}$	wie in Aufgabenstellung
	$\sum$	$\frac{19}{60}$	$\frac{19}{60}$	$\frac{22}{60}$	1	

Randverteilung von Y

(b) Für $Z = X + Y$ ergibt sich die Verteilung von Z als

z_i	0	1	2	3
$\mathrm{P}(\mathrm{Z} = z_i)$	$\frac{3}{60}$	$\frac{19}{60}$	$\frac{22}{60}$	$\frac{16}{60}$

(c) Die Berechnung von $E(Z)$ und $Var(Z)$ erfolgt

(c1) zunächst über die Verteilung von Z:

$$\begin{aligned}
E(Z) &= 0\cdot\frac{3}{60}+1\cdot\frac{19}{60}+2\cdot\frac{22}{60}+3\cdot\frac{16}{60}=1.85,\\
E(Z^2) &= 0\cdot\frac{3}{60}+1\cdot\frac{19}{60}+4\cdot\frac{22}{60}+9\cdot\frac{16}{60}=4.18\bar{3},\\
Var(Z) &= 4.18\bar{3}-(1.85)^2=0.7608.
\end{aligned}$$

(c2) und anschließend über die Verteilungen von X und Y:

$$\begin{aligned}
E(X) &= 1\cdot\frac{1}{5}+2\cdot\frac{4}{5}=\frac{9}{5},\\
E(X^2) &= 1\cdot\frac{1}{5}+4\cdot\frac{4}{5}=\frac{17}{5},
\end{aligned}$$

und es ergibt sich $Var(X)=\frac{17}{5}-(\frac{9}{5})^2=\frac{4}{25}$.

$$\begin{aligned}
E(Y) &= -1\cdot\frac{19}{60}+0\cdot\frac{19}{60}+1\cdot\frac{22}{60}=\frac{3}{60},\\
E(Y^2) &= 1\cdot\frac{19}{60}+0\cdot\frac{19}{60}+1\cdot\frac{22}{60}=\frac{41}{60},
\end{aligned}$$

und damit ist $Var(Y)=\frac{41}{60}-(\frac{3}{60})^2=0.6808$.
Da $Cov(X,Y)=E(X\cdot Y)-E(X)\cdot E(Y)$ und

$$\begin{aligned}
E(X\cdot Y) &= 1\cdot(-1)\cdot\frac{3}{60}+1\cdot 0\cdot\frac{3}{60}+1\cdot 1\cdot\frac{6}{60}+2\cdot(-1)\cdot\frac{16}{60}\\
&\quad +2\cdot 0\cdot\frac{16}{60}+2\cdot 1\cdot\frac{16}{60}=\frac{3}{60},
\end{aligned}$$

berechnet sich die Kovarianz von X und Y zu

$$Cov(X,Y)=\frac{3}{60}-\frac{9}{5}\cdot\frac{3}{60}=-\frac{1}{25}.$$

Damit ergeben sich insgesamt:

$$\begin{aligned}
E(Z) &= E(X)+E(Y)=\frac{9}{5}+\frac{3}{60}=1.85\\
\text{und}\quad Var(Z) &= Var(X+Y)\\
&= Var(X)+Var(Y)+2Cov(X,Y)\\
&= \frac{4}{25}+0.6808-\frac{2}{25}\\
&= 0.7608.
\end{aligned}$$

Lösung 8.4

(a) Damit $f(x,y)$ eine Dichtefunktion ist, muß diese größer gleich 0 sein, was offensichtlich erfüllt ist, und zudem muß gelten:

$$\int_0^1\int_0^1 f(x,y)\,dx\,dy = 1 \Leftrightarrow \int_0^1 \left[\frac{cx^2}{2} + yx\right]_{x=0}^{x=1} dy = 1$$

$$\Leftrightarrow \int_0^1 \left(\frac{c}{2} + y\right) dy = 1 \quad \Leftrightarrow \quad \left[\frac{c}{2}y + \frac{y^2}{2}\right]_{y=0}^{y=1} = 1$$

$$\Leftrightarrow \frac{c}{2} + \frac{1}{2} = 1 \quad \Leftrightarrow \quad c = 1.$$

(b) Die Randdichten berechnen sich als:

$$f_X(x) = \begin{cases} \int_0^1 (x+y)\,dy = \left[xy + \frac{1}{2}y^2\right]_{y=0}^{y=1} \\ \quad = x + \frac{1}{2} & \text{für } 0 \le x \le 1 \\ 0 & \text{sonst,} \end{cases}$$

$$f_Y(y) = \begin{cases} y + \frac{1}{2} & \text{für } 0 \le y \le 1 \\ 0 & \text{sonst.} \end{cases}$$

Als Verteilungsfunktionen von X und Y erhält man somit:

$$F_X(x) = \begin{cases} 0 & \text{für } x < 0 \\ \int_0^x \left(v + \frac{1}{2}\right) dv = \left[\frac{v^2}{2} + \frac{1}{2}v\right]_0^x \\ \quad = \frac{x^2+x}{2} & \text{für } 0 \le x \le 1 \\ 1 & \text{für } x > 1, \end{cases}$$

$$F_Y(y) = \begin{cases} 0 & \text{für } y < 0 \\ \frac{y^2+y}{2} & \text{für } 0 \le y \le 1 \\ 1 & \text{für } y > 1. \end{cases}$$

(c) Da gilt

$$f_X \cdot f_Y = \left(x + \frac{1}{2}\right) \cdot \left(y + \frac{1}{2}\right) \neq f_{XY}\,,$$

sind X und Y *nicht* unabhängig.

(d) Es gilt:

$$\begin{aligned}
\int_0^x \int_0^y (u+v)du\,dv &= \int_0^x \left[\frac{1}{2}u^2 + uv\right]_{u=0}^{u=y} dv \\
&= \int_0^x (\frac{1}{2}y^2 + yv)dv = \left[\frac{1}{2}y^2 v + \frac{1}{2}yv^2\right]_{v=0}^{v=x} \\
&= \frac{1}{2}y^2 x + \frac{1}{2}yx^2 = \frac{1}{2}(y^2x + x^2y).
\end{aligned}$$

Damit folgt:

$$F(x,y) = \begin{cases} 0 & \text{für } x < 0 \ \vee \ y < 0 \\ \frac{1}{2}(y^2x + x^2y) & \text{für } 0 \le x \le 1 \ \wedge \ 0 \le y \le 1 \\ F_X(x) & \text{für } 0 \le x \le 1 \ \wedge \ y > 1 \\ F_Y(y) & \text{für } 0 \le y \le 1 \ \wedge \ x > 1 \\ 1 & \text{für } x \ge 1 \ \wedge \ y \ge 1. \end{cases}$$

Lösung 8.5

(a) Die Randdichten von X und Y lassen sich wie folgt berechnen, wobei für $x \in \{0, 1, \ldots\}$ gilt:

$$\begin{aligned}
f_X(x) &= \sum_{y=0}^{\infty} e^{-2\lambda} \frac{\lambda^{x+y}}{x!y!} = e^{-\lambda}\frac{\lambda^x}{x!} \sum_{y=0}^{\infty} e^{-\lambda}\frac{\lambda^y}{y!} \\
&= e^{-\lambda}\frac{\lambda^x}{x!}
\end{aligned}$$

und für $y \in \{0, 1, \ldots\}$ gilt:

$$\begin{aligned}
f_Y(y) &= \sum_{x=0}^{\infty} e^{-2\lambda} \frac{\lambda^{x+y}}{x!y!} = e^{-\lambda}\frac{\lambda^y}{y!} \sum_{x=0}^{\infty} e^{-\lambda}\frac{\lambda^x}{x!} \\
&= e^{-\lambda}\frac{\lambda^y}{y!}.
\end{aligned}$$

Für $x = y = 0$ gilt $f_X(0) = 0$ und $f_Y(0) = 0$. Man erhält somit für die Randdichten jeweils eine Poisson-Verteilung mit Parameter λ.

(b) Man betrachte zunächst die bedingte Verteilung von $X|Y = y$.
Für $y \in \{0, 1, \ldots\}$ gilt:

$$f_X(x|Y = y) = \begin{cases} \frac{e^{-2\lambda}\lambda^{x+y}/(x!y!)}{e^{-\lambda}\lambda^{x}/y!} = e^{-\lambda}\lambda^x/x! & \text{für } x = 0, 1, \ldots \\ 0 & \text{sonst.} \end{cases}$$

Analog berechnet man die bedingte Verteilung von $Y|X = x$, d.h. für $x \in \{0, 1, \ldots\}$ gilt:

$$f_Y(y|X = x) = \begin{cases} e^{-\lambda}\lambda^x/y! & \text{für } y = 0, 1, \ldots \\ 0 & \text{sonst.} \end{cases}$$

Damit ist also:

$$\begin{aligned} f_X(x|y) &= f_X(x) \quad \text{für } y \in \{0, 1, \ldots\}, \\ f_Y(y|x) &= f_Y(y) \quad \text{für } x \in \{0, 1, \ldots\}. \end{aligned}$$

(c) Nach (b) sind X und Y unabhängig. Daraus folgt unmittelbar

$$Cov(X, Y) = 0.$$

Lösung 8.6

(a) Es gilt

$$P(Y = 1) = \frac{4}{7},\ P(Y = 2) = \frac{2}{7},\ P(Y = 3) = \frac{1}{7}.$$

Damit erhält man unter Berücksichtigung der Unabhängigkeit von X und Y als gemeinsame Wahrscheinlichkeitsfunktion:

$$f(x, y) = \begin{cases} \frac{4}{7n} & \text{für } x \in \{1, \ldots, n\}\ ,\ y = 1 \\ \frac{2}{7n} & \text{für } x \in \{1, \ldots, n\}\ ,\ y = 2 \\ \frac{1}{7n} & \text{für } x \in \{1, \ldots, n\}\ ,\ y = 3 \\ 0 & \text{sonst.} \end{cases}$$

(b) Die gesuchte Wahrscheinlichkeit berechnet sich als

$$\begin{aligned} P\left(X > \frac{n}{2}, Y \le 2\right) &= P\left(X > \frac{n}{2}\right) \cdot P(Y \le 2) \\ &= \left(1 - P\left(X \le \frac{n}{2}\right)\right) \cdot \frac{6}{7} \\ &= \left(1 - \frac{\left[\frac{n}{2}\right]}{n}\right) \cdot \frac{6}{7} \\ &= \begin{cases} \frac{1}{2} \cdot \frac{6}{7} = \frac{3}{7} & \text{für } n \text{ gerade} \\ \left(1 - \frac{n-1}{2n}\right) \cdot \frac{6}{7} & \text{für } n \text{ ungerade.} \end{cases} \end{aligned}$$

(c) Es gilt

$$\begin{aligned} E(X) &= \frac{n+1}{2}, \\ E(Y) &= \frac{4}{7} \cdot 1 + \frac{2}{7} \cdot 2 + \frac{1}{7} \cdot 3 = \frac{11}{7}, \end{aligned}$$

woraus man erhält:

$$E(XY) = Cov(X,Y) + E(X)E(Y) = 0 + \frac{n+1}{2} \cdot \frac{11}{7} = \frac{11(n+1)}{14}.$$

Lösung 8.7

(a) Für den Träger $\mathcal{T}_{XY}$, d.h. die möglichen Ausprägungen von X, Y gilt:

$$\mathcal{T}_{XY} = \{(0,0), (0,1), (1,0), (1,1), (1,2), (2,1), (2,2)\}.$$

Weiterhin gilt:

$$\begin{aligned} P(X=0, Y=0) &= P(\text{“kein Besucher wird eingelassen”}) \\ &= 0.5 \cdot (1-0.6) \cdot (1-0.8) = 0.04, \\ P(X=0, Y=1) &= P(\text{“der letzte Besucher wird eingelassen”}) \\ &= 0.5 \cdot (1-0.6) \cdot 0.8 = 0.16, \\ P(X=1, Y=0) &= 0.5 \cdot 0.4 \cdot 0.2 = 0.04, \\ P(X=1, Y=1) &= 0.5 \cdot 0.6 \cdot 0.2 + 0.5 \cdot 0.4 \cdot 0.8 = 0.22, \\ P(X=1, Y=2) &= 0.5 \cdot 0.6 \cdot 0.8 = 0.24, \\ P(X=2, Y=1) &= 0.5 \cdot 0.6 \cdot 0.2 = 0.06, \\ P(X=2, Y=2) &= 0.5 \cdot 0.6 \cdot 0.8 = 0.24. \end{aligned}$$

Damit erhält man die gemeinsame Wahrscheinlichkeitsfunktion zusammen mit den Marginalverteilungen in Tabellenform, wobei es sich bei den Werten in Klammern um die Produkte der Marginalverteilungen handelt, also um die gemeinsame Verteilung bei Unabhängigkeit:

		Y			
		0	1	2	
X	0	0.04 (0.016)	0.16 (0.088)	0 (0.096)	0.2
	1	0.04 (0.04)	0.22 (0.22)	0.24 (0.24)	0.5
	2	0 (0.024)	0.06 (0.132)	0.24 (0.144)	0.3
		0.08	0.44	0.48	1

(b) X und Y sind nicht unabhängig, da z.B.

$$P(X=0, Y=1) = 0.16 \neq P(X=0) \cdot P(Y=1) = 0.2 \cdot 0.44 = 0.088\,.$$

Lösung 8.8

(a) Man erhält

$$E(R_1) = \frac{6+8}{2} = 7, \qquad Var(R_1) = \frac{(8-6)^2}{12} = \frac{4}{12} = \frac{1}{3},$$
$$E(R_2) = 8, \qquad Var(R_2) = 4.$$

(b) Da R_2 als $N(8,4)$-verteilt angenommen wird, gilt $P(R_2 = 8) = 0$. Für die anderen Wahrscheinlichkeiten berechnet man

$$\begin{aligned}
P(R_2 \geq 9) &= 1 - P(R_2 \leq 9) \\
&= 1 - P\left(\frac{R_2 - 8}{2} \leq \frac{9-8}{2}\right) \\
&= 1 - \Phi(0.5) = 1 - 0.692 = 0.308, \\
P(6 \leq R_2 \leq 10) &= P(R_2 \leq 10) - P(R_2 \leq 6) \\
&= P\left(\frac{R_2 - 8}{2} \leq 1\right) - P\left(\frac{R_2 - 8}{2} \leq -1\right) \\
&= \Phi(1) - (1 - \Phi(1)) = 2\Phi(1) - 1 \\
&= 2 \cdot 0.841 - 1 = 0.682.
\end{aligned}$$

(c) $P(6.5 \leq R_1 \leq 7.5) = 1 \cdot \frac{1}{2} = 0.5$.

(d) Das Jahresendvermögen V läßt sich darstellen als

$$\begin{aligned} V &= 150000 \cdot \left(1 + \frac{R_1}{100}\right) + 50000 \cdot \left(1 + \frac{R_2}{100}\right) \\ &= 200000 + 1500 \cdot R_1 + 500 \cdot R_2 \quad \text{mit} \\ E(V) &= 200000 + 1500 \cdot E(R_1) + 500 \cdot E(R_2) \\ &= 214500, \\ Var(V) &= 1500^2 \cdot Var(R_1) + 500^2 \cdot Var(R_2) \\ &= 1750000. \end{aligned}$$

(e)(e1) Die Kovarianz von R_1 und R_2 erhält man als

$$\begin{aligned} Cov(R_1, R_2) &= \rho \cdot \sqrt{Var(R_1)} \cdot \sqrt{Var(R_2)} \\ &= -0.5 \cdot \sqrt{\frac{1}{3}} \cdot 2 \\ &= -0.577. \end{aligned}$$

(e2) Sei x das Vermögen, das bei der Bank angelegt wird. Dann gilt für das Vermögen

$$V = 200000 + \frac{x \cdot R_1}{100} + \frac{(200000 - x) \cdot R_2}{100},$$

und die Varianz ergibt sich durch

$$\begin{aligned} Var(V) &= \frac{x^2}{100^2} \cdot Var(R_1) + \frac{(200000 - x)^2}{100^2} \cdot Var(R_2) \\ &\quad + \frac{2 \cdot x \cdot (200000 - x)}{100^2} \cdot Cov(R_1, R_2). \end{aligned}$$

Zur Minimierung der Varianz wird diese Summe differenziert und gleich null gesetzt:

$$\begin{aligned} &2x \cdot Var(R_1) - 2 \cdot (200000 - x) \cdot Var(R_2) \\ &\quad + (400000 - 4x) \cdot Cov(R_1, R_2) \stackrel{!}{=} 0\,. \end{aligned}$$

Auflösen nach x ergibt schließlich

$$x \approx 166891\,,$$

d.h. 166891 Euro werden bei der Bank angelegt. Für das zu erwartende Vermögen erhält man dann:

$$\begin{aligned} E(V) &= 200000 + 1668.91 \cdot E(R_1) + 331.09 \cdot E(R_2) \\ &= 214331.09 \text{ Euro.} \end{aligned}$$

Lösung 8.9

Es gilt

$$\begin{aligned} 13 &= Var(3X + 2Y) \\ &= Var(3X) + Var(2Y) + 2 \cdot Cov(3X, 2Y) \\ &= 9 \cdot Var(X) + 4 \cdot Var(Y) + 2 \cdot 3 \cdot 2 \cdot Cov(X, Y) \\ &= 9 + 16 + 12 \cdot Cov(X, Y) . \end{aligned}$$

Damit folgt

$$Cov(X, Y) = -1$$

und schließlich

$$\rho(X, Y) = \frac{Cov(X, Y)}{\sqrt{Var(X)} \cdot \sqrt{Var(Y)}} = \frac{-1}{1 \cdot 2} = -\frac{1}{2} .$$

9

Parameterschätzung

Aufgaben

Aufgabe 9.1

In einem Fünf-Familienhaus wohnen die Familien 'A', 'B', 'C', 'D' und 'E' (die Familiennamen sind aus Datenschutzgründen anonymisiert worden). Von diesen Familien ist das Durchschnittseinkommen pro Monat erfaßt worden:

Lfd. Nr.	Familie	monatl. Durchschnittseinkommen (netto) x_i in Euro
1	A	1500
2	B	1250
3	C	1750
4	D	1750
5	E	1250

(a) Berechnen Sie das Durchschnittseinkommen μ dieser fünf Familien.
(b) Ziehen Sie alle möglichen Stichproben vom Umfang $n = 3$ ohne Zurücklegen aus dieser Grundgesamtheit vom Umfang $N = 5$, und schätzen Sie in jeder Stichprobe das Durchschnittseinkommen, d.h. berechnen Sie $\bar{x}$.
(c) Bestimmen und zeichnen Sie die Wahrscheinlichkeitsverteilung von $\bar{X}$. Berechnen Sie Erwartungswert, Varianz und Standardabweichung von $\bar{X}$.
(d) Welche Schlüsse können Sie aus (b) und (c) ziehen?

(Lösung siehe Seite 185)

Aufgabe 9.2

Die Suchzeiten von n Projektteams, die in verschiedenen Unternehmen dasselbe Problem lösen sollen, können als unabhängig und identisch exponentialverteilt angenommen werden. Aufgrund der vorliegenden Daten soll nun

der Parameter λ der Exponentialverteilung mit der Maximum-Likelihood-Methode geschätzt werden. Es ergab sich eine durchschnittliche Suchzeit von $\bar{x} = 98$.
Man stelle die Likelihoodfunktion auf, bestimme die ML-Schätzfunktion für λ und berechne den ML-Schätzwert für λ.
(Lösung siehe Seite 187)

Aufgabe 9.3

Die durch die Werbeblöcke erzielten täglichen Werbeeinnahmen eines Fernsehsenders können als unabhängige und normalverteilte Zufallsvariablen angesehen werden, deren Erwartungswert davon abhängt, ob ein Werktag vorliegt oder nicht. Für die weitere Auswertung wurden folgende Statistiken berechnet (alle Angaben in Euro):

$$\begin{array}{rll} \text{Werktage (Mo–Fr) } (n = 36): & \bar{x} = 72\,750 & s = 16\,350, \\ \text{Wochenende (Sa–So) } (n = 25): & \bar{x} = 187\,750 & s = 26\,350. \end{array}$$

Man gebe jeweils ein Schätzverfahren zur Berechnung von 99 %-Konfidenzintervallen für die wahren täglichen Werbeeinnahmen an Werktagen bzw. Wochenenden an und berechne die zugehörigen Schätzungen.
(Lösung siehe Seite 187)

Aufgabe 9.4

Eine Grundgesamtheit besitze den Mittelwert μ und die Varianz σ^2. Die Stichprobenvariablen $X_1, \ldots, X_5$ seien unabhängige Ziehungen aus dieser Grundgesamtheit. Man betrachtet als Schätzfunktionen für μ die Stichprobenfunktionen

$$\begin{aligned} T_1 &= \bar{X} = \frac{1}{5}(X_1 + X_2 + \ldots + X_5), \\ T_2 &= \frac{1}{3}(X_1 + X_2 + X_3), \\ T_3 &= \frac{1}{8}(X_1 + X_2 + X_3 + X_4) + \frac{1}{2}X_5, \\ T_4 &= X_1 + X_2, \\ T_5 &= X_1. \end{aligned}$$

(a) Welche Schätzfunktionen sind erwartungstreu für μ?
(b) Welche Schätzfunktion ist die wirksamste, wenn alle Verteilungen mit existierender Varianz zur Konkurrenz zugelassen werden?

(Lösung siehe Seite 188)

Aufgabe 9.5

Zur Schätzung eines unbekannten Parameters θ stehen fünf Schätzfunktionen $T1 - T5$ zur Auswahl. Die Schätzfunktionen haben in Abhängigkeit vom Stichprobenumfang n folgende statistische Eigenschaften:

$T1$	$Bias(T1) = 0$	$Var(T1) = \frac{1}{n}$
$T2$	$Bias(T2) = 0$	$Var(T2) = \frac{1}{15}$
$T3$	$Bias(T3) = 1$	$Var(T3) = \frac{1}{n}$
$T4$	$Bias(T4) = -2$	$Var(T4) = \frac{1}{n}$
$T5$	$Bias(T5) = 0$	$Var(T5) = \frac{1}{5}$

(a) Bestimmen Sie die MSE's für die Schätzverfahren $T2$, $T3$ und $T5$. Sind die Verfahren konsistent?

(b) Die fünf Schätzverfahren wurden mit einem Stichprobenumfang von $n = 50$ insgesamt 300 mal durchgeführt, d.h. es wurden 300 Stichproben vom Umfang $n = 50$ gezogen und die Schätzer $T1 - T5$ jeweils berechnet. Abbildung 9.1 zeigt für die fünf Schätzverfahren Histogramme der realisierten Schätzer. Ordnen Sie den Schätzverfahren die dazu passenden Histogramme zu (mit ausführlicher Begründung).

(c) Wie ändert sich die Gestalt des Histogramms von Schätzverfahren $T1$ wenn der Stichprobenumfang n erhöht wird.

(Lösung siehe Seite 188)

Aufgabe 9.6

Aus einer dichotomen Grundgesamtheit seien $X_1, \ldots, X_n$ unabhängige Wiederholungen der Zufallsvariable X mit $P(X = 1) = \pi$, $P(X = 0) = 1 - \pi$. Bezeichne $\hat{\pi} = \sum_{i=1}^{n} X_i/n$ die relative Häufigkeit.

(a) Man bestimme die erwartete mittlere quadratische Abweichung (MSE) für $\pi \in \{0, 0.25, 0.5, 0.75, 1\}$ und zeichne den Verlauf von MSE in Abhängigkeit von π.

(b) Als alternative Schätzfunktion betrachtet man

$$T = \frac{n}{\sqrt{n} + n}\hat{\pi} + \frac{\sqrt{n}}{n + \sqrt{n}} 0.5.$$

Man bestimme den Erwartungswert und die Varianz dieser Schätzfunktion und skizziere die erwartete mittlere quadratische Abweichung.

(Lösung siehe Seite 189)

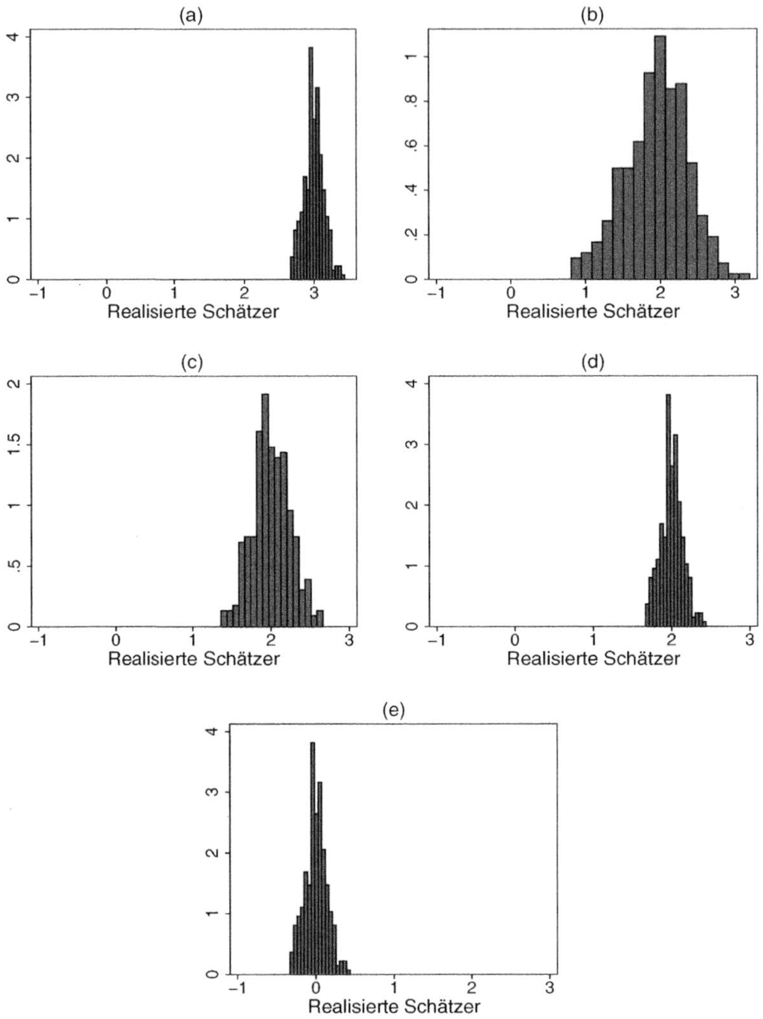

Abbildung 9.1. Histogramme der 300 realisierten Schätzer $T1$, $T2$, $T3$, $T4$ und $T5$.

Aufgabe 9.7

Bei der Analyse der Dauer von Arbeitslosigkeit wurde der Zusammenhang zwischen Ausbildungsniveau und Dauer der Arbeitslosigkeit untersucht. Unter den 123 Arbeitslosen ohne Ausbildung waren 86 Kurzzeit-, 19 mittelfristige und 18 Langzeitarbeitslose.

(a) Man schätze die Wahrscheinlichkeit, daß ein Arbeitsloser ohne Ausbildung kurzzeitig, mittelfristig oder langfristig arbeitslos ist, und gebe für jede der Schätzungen ein 95 %- und 99 %-Konfidenzintervall an.
(b) Wieviel größer müßte der Stichprobenumfang sein, um die Länge der Konfidenzintervalle zu halbieren?

(Lösung siehe Seite 190)

Aufgabe 9.8

Wir betrachten Konfidenzintervalle zum Niveau 95% für μ bei einem normalverteilten Merkmal mit ebenfalls unbekannter Varianz. Welche der folgenden Aussagen sind richtig?

(a) Die Breite der Konfidenzintervalle ist zufällig. d.h. bei wiederholter Durchführung des Experiments sind die realisierten Intervalle unterschiedlich breit.
(b) Bei wiederholter Durchführung des Experiments fällt der Parameter μ mit 95% Wahrscheinlichkeit in das Konfidenzintervall.
(c) Bei wiederholter Durchführung des Experiments überdeckt das Konfidenzintervall den Parameter μ mit 95% Wahrscheinlichkeit.
(d) Als realisiertes Konfidenzintervall erhält man [0.2; 0.6]. Mit 95 prozentiger Wahrscheinlichkeit liegt der wahre Parameter in diesem Intervall.
(e) Mit wachsendem Stichprobenumfang nimmt die Länge der Konfidenzintervalle im Mittel ab.
(f) Unter- und Obergrenze eines Konfidenzintervalls sind zufällig.

(Lösung siehe Seite 190)

Aufgabe 9.9

Der Bundeskanzler stellt mal wieder die Vertrauensfrage. Über die Wahrscheinlichkeit π, dass ein Bundestagsabgeordneter dem Kanzler das Vertrauen ausspricht gibt es unterschiedliche Aussagen. In Kreisen der Opposition geht man von $\pi = 0.3$ aus, die meisten Regierungsmitglieder gehen von $\pi = 0.6$ aus und in den Medien ist von $\pi = 0.5$ die Rede. Um sicher zu gehen, führt der Bundeskanzler eine Zufallsstichprobe vom Umfang $n = 5$ (mit Zurücklegen) unter den 601 Bundestagsabgeordneten durch. Von den 5 befragten

Abgeordneten würden ihm die ersten drei das Vertrauen aussprechen, die anderen beiden nicht.

(a) Bestimmen Sie den Maximum-Likelihood Schätzer für π.
(b) Würde sich der in (a) berechnete Maximum-Likelihood Schätzer ändern, wenn anstelle der ersten drei Abgeordneten der erste, dritte und fünfte befragte Abgeordnete das Vertrauen aussprechen würde (und die anderen beiden nicht). Begründung!
(c) Gehen Sie jetzt davon aus, dass 301 der 601 Abgeordneten das Vertrauen aussprechen. Im Vorfeld werden ohne Zurücklegen fünf Abgeordnete befragt. Bestimmen Sie (eventuell durch geeignete Approximation) die Wahrscheinlichkeit, dass genau drei Abgeordnete das Vertrauen aussprechen.

(Lösung siehe Seite 191)

Aufgabe 9.10

Sei x eine Realisation einer binomialverteilten Zufallsvariable, d.h. $X \sim B(n, \pi)$. Der Anteilswert π soll durch $\bar{X} = X/n$ geschätzt werden.

(a) Zeigen Sie: $\bar{X}$ ist Maximum-Likelihood-Schätzer für π.
(b) Ist $\bar{X}$ erwartungstreu für π?
(c) Wie groß muß n sein, damit die Varianz von $\bar{X}$ für alle möglichen Werte von π kleiner als 0.01 ist?
(d) Wie groß ist der MSE von $\bar{X}$?

(Lösung siehe Seite 192)

Aufgabe 9.11

Zeigen Sie, daß für die empirische Varianz $\tilde{S}^2$ gilt: $E_{\sigma^2}(\tilde{S}^2) = (n-1)/n\,\sigma^2$.
(Lösung siehe Seite 193)

Aufgabe 9.12

(a) Die Suchzeit X nach der Ursache eines Defekts in einem technischen Gerät werde als exponentialverteilt mit Parameter λ angenommen. Es sei bekannt, daß die mittlere Suchzeit 100 Tage beträgt.
  (a1) Geben Sie den Parameter λ der Exponentialverteilung an.
  (a2) Wie groß ist die Wahrscheinlichkeit, daß die Suchzeit zwischen 90 und 110 Tagen liegt?

(b) Die Suchzeiten bei n Geräten können als unabhängig und identisch exponentialverteilt angenommen werden. Aufgrund der vorliegenden Daten soll nun der Parameter λ der Exponentialverteilung mit der Maximum-Likelihood-Methode geschätzt werden. Es ergab sich eine durchschnittliche Suchzeit von $\bar{x} = 98$.
(b1) Stellen Sie die Likelihoodfunktion auf.
(b2) Bestimmen Sie die ML-Schätzfunktion für λ.
(b3) Berechnen Sie den ML-Schätzwert für λ.

(Lösung siehe Seite 193)

Aufgabe 9.13

In der folgenden Tabelle sind die Längen der Kelchblätter x_i und Blütenblätter y_i von $n = 12$ Pflanzen einer Art gegeben.

i	1	2	3	4	5	6	7	8	9	10	11	12
x_i	7.8	6.9	5.4	5.8	6.3	7.2	5.1	6.1	5.8	7.4	6.4	6.6
y_i	2.4	2.1	1.7	1.9	2.0	2.3	1.5	1.9	1.8	2.3	2.1	2.0

Fassen Sie die x_i und die y_i als Realisationen von 12 unabhängigen Zufallsvariablen auf, die alle dieselbe Verteilung wie X: "Länge der Kelchblätter" bzw. Y: "Länge der Blütenblätter" besitzen.

(a) Schätzen Sie die Erwartungswerte und die Varianzen von X und Y anhand der obigen Daten.
(b) Überlegen Sie sich sinnvolle Schätzer für die Kovarianz und die Korrelation zwischen X und Y, und berechnen Sie diese. Was läßt sich über den Zusammenhang von X und Y sagen?

(Lösung siehe Seite 194)

Aufgabe 9.14

Für die Durchführung eines Entwicklungshilfeprojekts soll in einem Entwicklungsland zunächst der Anteil der Personen ermittelt werden, die unter dem Existenzminimum leben. In einer Pilotstudie mit $n = 50$ Personen wurden 30 als "arm", d.h. als "unter dem Existenzminimum lebend" eingestuft.

(a) Schätzen Sie aus obigen Angaben den Anteil der Armen in diesem Land.
(b) Berechnen Sie ein näherungsweises 90 %-Konfidenzintervall für den Anteil der armen Bevölkerung in diesem Entwicklungsland.
(c) Berechnen Sie ein 95 %-Konfidenzintervall für den Anteil der Armen, und vergleichen Sie es mit dem in (b) berechneten.

(d) In einer weiteren Zufallsstichprobe werden $n = 200$ Personen befragt. Auch bei dieser größeren Stichprobe ergab sich ein Anteil von 0.6 an Personen, die unter dem Existenzminimum leben. Geben Sie ebenfalls ein 95 %-Konfidenzintervall an, und vergleichen Sie es mit dem in (c) berechneten. Womit läßt sich der Unterschied erklären?

(e) Bestimmen Sie den notwendigen Stichprobenumfang, damit der geschätzte Anteil Armer in der Bevölkerung mit 90 % Sicherheitswahrscheinlichkeit um weniger als 5 Prozentpunkte vom wahren Wert abweicht.

(Lösung siehe Seite 195)

Lösungen

Lösung 9.1

In diesem Fall entsprechen die fünf Familien der Grundgesamtheit.

(a) Das Durchschnittseinkommen dieser fünf Familien ist damit der Parameter μ der Grundgesamtheit mit

$$\mu = \frac{1}{5}\sum_{i=1}^{5} x_i = \frac{1}{5} \cdot 7500 = 1500.$$

(b) In der folgenden Tabelle sind alle möglichen Stichproben und die jeweils resultierenden Schätzwerte für μ aufgeführt:

Stichprobe		$\bar{x} = \frac{1}{3}\sum_{j=1}^{3} x_j$
ABC	$\frac{1}{3}(1500 + 1250 + 1750) =$	1500
ACD		1666.67
ADE		1500
ABD		1500
ABE		1333.33
ACE		1500
BCD		1583.33
BDE		1416.67
CDE		1583.33
BCE		1416.67

(c) $\bar{X}$ kann fünf Ausprägungen annehmen, wobei gilt

$$P(\bar{X} = \bar{x}) = \frac{\text{Anzahl günstiger Ereignisse}}{\text{Anzahl möglicher Ereignisse}}.$$

Es gibt zehn mögliche Ereignisse. Daraus ergibt sich die Wahrscheinlichkeitsverteilung von $\bar{X}$ als:

$\bar{x}$	1333.33	1416.67	1500	1583.33	1666.67
$P(\bar{X} = \bar{x})$	0.1	0.2	0.4	0.2	0.1

Dabei ist beispielsweise

$$P(\bar{X} = 1500) = \frac{\text{Anzahl günstiger Ereignisse}}{\text{Anzahl möglicher Ereignisse}} = \frac{4}{10} = 0.4.$$

Graphisch läßt sich diese Wahrscheinlichkeitsverteilung als Stabdiagramm veranschaulichen:

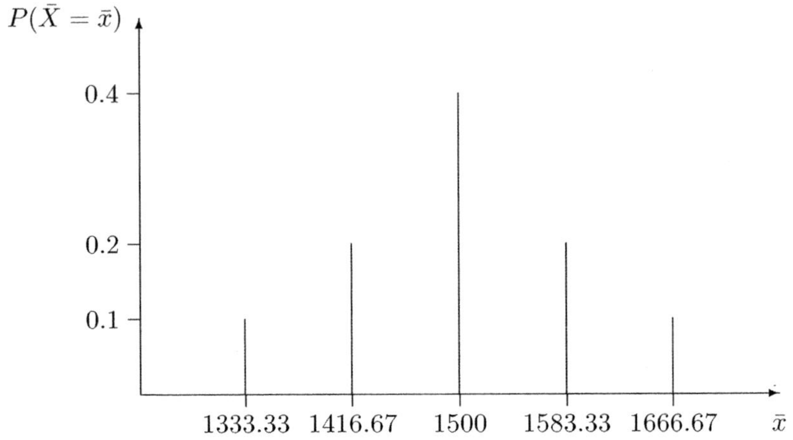

Der Erwartungswert von $\bar{X}$ berechnet sich als

$$\begin{aligned} E(\bar{X}) &= 1333.33 \cdot 0.1 + 1416.67 \cdot 0.2 + 1500 \cdot 0.4 + \\ &\quad 1583.33 \cdot 0.2 + 1666.67 \cdot 0.1 = 1500. \end{aligned}$$

Mit

$$\begin{aligned} E(\bar{X}^2) &= 1333.33^2 \cdot 0.1 + 1416.67^2 \cdot 0.2 + 1500^2 \cdot 0.4 + \\ &\quad 1583.33^2 \cdot 0.2 + 1666.67^2 \cdot 0.1 \\ &= 2258333.30 \end{aligned}$$

ergibt sich für die Varianz von $\bar{X}$

$$Var(\bar{X}) = E(\bar{X}^2) - [E(\bar{X})]^2 = 2258333.30 - 1500^2 = 8333.33$$

und für die Standardabweichung

$$\sqrt{Var(\bar{X})} = 91.29.$$

(d) Zum einen wird in (b) klar, daß das Ergebnis der Schätzung, also die Realisation von $\bar{X}$, je nach gezogener Stichprobe unterschiedlich ist, also vom Zufall abhängt.
Zum anderen zeigt die Abbildung in (c), daß das wahre μ weder systematisch über- noch unterschätzt wird. Die Schätzungen "pendeln" sich bei μ ein. Dies erkennt man auch am Wert von $E(\bar{X})$.

Lösung 9.2

Sei X_i die Suchzeit des i-ten Teams. Für $x = (x_1, \ldots, x_n)$ ergibt sich die Likelihoodfunktion

$$f(x \mid \lambda) = \prod_{i=1}^{n} \lambda e^{-\lambda x_i} = \lambda^n e^{-\lambda \sum x_i}.$$

Zur Bestimmung des ML-Schätzers wird diese nach λ differenziert und gleich null gesetzt:

$$n\lambda^{n-1} e^{-\lambda \sum x_i} - \lambda^n e^{-\lambda \sum x_i} \sum_{i=1}^{n} x_i \stackrel{!}{=} 0$$

$$\Leftrightarrow \quad n - \lambda \sum_{i=1}^{n} x_i = 0 \quad \Leftrightarrow \quad \lambda = \frac{1}{\bar{x}}.$$

Man erhält also allgemein $\hat{\lambda} = \frac{1}{\bar{x}}$ als ML-Schätzer für λ. Im vorliegenden Beispiel gilt

$$\hat{\lambda} = \frac{1}{98} = 0.01.$$

Lösung 9.3

Ein 99 % Konfidenzintervall für μ unter Normalverteilung und unbekannter Varianz ist gegeben durch (vgl. Abschnitt 9.4.1 in Fahrmeir et al., 2004)

$$\left[\bar{X} - t_{0.995}(n-1) \cdot \frac{s}{\sqrt{n}}, \bar{X} + t_{0.995}(n-1) \cdot \frac{s}{\sqrt{n}}\right].$$

Für $n > 30$ erhält man ein approximatives Konfidenzintervall durch

$$\left[\bar{X} - z_{0.995} \cdot \frac{s}{\sqrt{n}}, \bar{X} + z_{0.995} \cdot \frac{s}{\sqrt{n}}\right].$$

Somit erhält man für die Werktage

$$\left[72750 - 2.58 \cdot \frac{16350}{6}, 72750 + 2.58 \cdot \frac{16350}{6}\right] = [65719.5, 79780.5]$$

als approximatives Konfidenzintervall und für das Wochenende

$$\left[187750 - 2.7969 \cdot \frac{26350}{5}, 187750 + 2.7969 \cdot \frac{26350}{5}\right] = [173010.34, 202489.66]$$

als Konfidenzintervalle.

Lösung 9.4

(a) Zur Überprüfung, welche Schätzfunktionen erwartungstreu sind für μ, werden deren Erwartungswerte unter Verwendung bereits bekannter Resultate (s. etwa Abschnitt 9.2.1 in Fahrmeir et al., 2004) berechnet:

$$\begin{aligned} E(T_1) &= \mu\,, \\ E(T_2) &= \mu\,, \\ E(T_3) &= \frac{1}{8}\,4\mu + \frac{1}{2}\mu = \frac{1}{2}\mu + \frac{1}{2}\mu = \mu\,, \\ E(T_4) &= \mu + \mu = 2\mu\,, \\ E(T_5) &= \mu\,. \end{aligned}$$

Mit Ausnahme der Schätzfunktion T_4 sind also alle Schätzfunktionen erwartungstreu für μ.

(b) Zunächst berechnet man den jeweiligen MSE, der bei den erwartungstreuen Schätzern mit der Varianz übereinstimmt:

$$\begin{aligned} MSE(T_1) &= Var(T_1) = \frac{1}{25}\,5\sigma^2 = \frac{1}{5}\sigma^2\,, \\ MSE(T_2) &= Var(T_2) = \frac{1}{9}\,3\sigma^2 = \frac{1}{3}\sigma^2\,, \\ MSE(T_3) &= Var(T_3) = \frac{1}{64}\,4\sigma^2 + \frac{1}{4}\sigma^2 = \frac{1}{16}\sigma^2 + \frac{1}{4}\sigma^2 = \frac{5}{16}\sigma^2\,, \\ MSE(T_4) &= Var(T_4) + (Bias(T_4))^2 = 2\sigma^2 + (2\mu - \mu)^2 = 2\sigma^2 + \mu^2\,, \\ MSE(T_5) &= Var(T_5) = \sigma^2\,. \end{aligned}$$

Damit besitzt die Schätzfunktion T_1 für alle σ^2 den kleinsten MSE und ist somit unter den angegebenen Funktionen T_1 bis T_5 am wirksamsten.

Lösung 9.5

(a) Die MSE's sind gegeben durch

$$\begin{aligned} MSE(T_2) &= Var(T_2) + Bias^2(T_2) = \tfrac{1}{15} + 0 = \tfrac{1}{15}, \\ MSE(T_3) &= Var(T_3) + Bias^2(T_3) = \tfrac{1}{n} + 1, \\ MSE(T_5) &= Var(T_5) + Bias^2(T_5) = \tfrac{1}{5} + 0 = \tfrac{1}{5}. \end{aligned}$$

Keines der Schätzverfahren T_2, T_3 und T_5 ist konsistent, da

$$\begin{aligned} \lim_{n\to\infty} MSE(T_2) &= \frac{1}{15} \neq 0 \\ \lim_{n\to\infty} MSE(T_3) &= 1 \neq 0 \\ \lim_{n\to\infty} MSE(T_5) &= \frac{1}{5} \neq 0. \end{aligned}$$

(b) Drei der Schätzverfahren sind erwartungstreu und zwei Schätzverfahren sind verzerrt. Damit müssen drei der fünf Histogramme um den *selben* Wert schwanken. Es handelt sich um die Histogramme in den Abbildungen b), c) und d), die alle um den Wert 2 schwanken. Damit korrespondiert Histogramm b) mit dem unverzerrten Schätzer mit der größten Varianz, also T_5. Histogramm c) korrespondiert mit dem unverzerrten Schätzer mit der zweitgrößten Varianz, also T_2. Histogramm d) ist demnach dem Schätzer T_1 zuzuordnen. T_3 korrespondiert zu Histogramm a), da T_3 einen positiven Bias besitzt. T_4 korrespondiert zu Histogramm e), da T_4 einen negativen Bias besitzt.

(c) Die Histogramme werden mit wachsendem Stichprobenumfang immer *steiler* und sind immer mehr auf *einen Wert (2) konzentriert.*

Lösung 9.6

(a) Wegen $E(\bar{X}) = \pi$ und $Var(\bar{X}) = \frac{1}{n^2} n\pi(1-\pi) = \pi(1-\pi)/n$ gilt für die mittlere quadratische Abweichung:

$$\begin{aligned} MSE(\bar{X}) &= Var(\bar{X}) + Bias(\bar{X})^2 \\ &= \pi(1-\pi)/n. \end{aligned}$$

Daraus ergibt sich

π	0	1/4	1/2	3/4	1
MSE	0	$\frac{3/16}{n}$	$\frac{1/4}{n}$	$\frac{3/16}{n}$	0

Der $MSE(\bar{X})$ ist eine konkave Funktion über $[0,1]$ mit dem Maximum bei $\pi = 0.5$. Weiterhin ist diese Funktion spiegelsymmetrisch um $\pi = 0.5$.

(b) Man erhält unter Ausnutzung bekannter Rechenregeln für Erwarungswert und Varianz:

$$\begin{aligned} E(T) &= \frac{n}{\sqrt{n}+n} E(\hat{\pi}) + \frac{\sqrt{n}}{\sqrt{n}+n} 0.5 = \frac{1}{\sqrt{n}+n}(n\pi + \sqrt{n}0.5), \\ Var(T) &= \left(\frac{n}{\sqrt{n}+n}\right)^2 Var(\hat{\pi}) \\ &= \left(\frac{n}{\sqrt{n}+n}\right)^2 \pi(1-\pi)/n = \frac{n}{(\sqrt{n}+n)^2}\pi(1-\pi), \\ MSE(T) &= Var(T) + Bias(T)^2 \\ &= Var(T) + (E(T)-\pi)^2 \\ &= \frac{n}{(\sqrt{n}+n)^2}\pi(1-\pi) + \left(\frac{1}{\sqrt{n}+n}(n\pi + \sqrt{n}0.5) - \pi\right)^2 \\ &= \frac{1}{(\sqrt{n}+n)^2}(n\pi(1-\pi)) + (n\pi + \sqrt{n}0.5 - (\sqrt{n}+n)\pi)^2 \end{aligned}$$

$$\begin{aligned}
&= \frac{1}{(\sqrt{n}+n)^2}(n\pi(1-\pi) + (\sqrt{n}(0.5-\pi))^2) \\
&= \frac{1}{(\sqrt{n}+n)^2}(n\pi - n\pi^2 + n(0.25 - \pi + \pi^2)) \\
&= \frac{0.25n}{(\sqrt{n}+n)^2}.
\end{aligned}$$

Der $MSE(T)$ ist konstant, d.h. nicht abhängig von π. Als Funktion entspricht er einer Parallele zur π-Achse.

Lösung 9.7

(a) Es gilt:

$$\begin{aligned}
\hat{\pi}_{\text{kurz}} &= 86/123 &\approx 0.699, \\
\hat{\pi}_{\text{mittel}} &= 19/123 &\approx 0.154, \\
\hat{\pi}_{\text{lang}} &= 18/123 &\approx 0.146.
\end{aligned}$$

Ein approximatives Konfidenzintervall für die Anteilswerte π_i, $i =$ kurz, mittel und lang ist gegeben durch

$$\hat{\pi}_i \pm z_{1-\frac{\alpha}{2}} \sqrt{\frac{\hat{\pi}_i(1-\hat{\pi}_i)}{n}}$$

(vgl. Abschnitt 9.4.2 in Fahrmeir et al., 2004).
In der folgenden Tabelle sind die 95 %- und die 99 %-Konfidenzintervalle für π_{kurz}, π_{mittel} und π_{lang} abgedruckt:

	π_{kurz}	π_{mittel}	π_{lang}
95 %	$[0.61814, 0.78024]$	$[0.09060, 0.21835]$	$[0.08388, 0.20881]$
99 %	$[0.59250, 0.80587]$	$[0.07039, 0.23855]$	$[0.06412, 0.22857]$

(b) Für die Breite b der Konfidenzintervalle gilt

$$b = 2 \cdot z_{1-\frac{\alpha}{2}} \sqrt{\frac{\hat{\pi}_i(1-\hat{\pi}_i)}{n}}.$$

Um die Breite zu halbieren, muß also n vervierfacht werden.

Lösung 9.8

Allgemein ist das 95% Konfidenzintervall für μ bei normalverteiltem Merkmal mit unbekannter Varianz gegeben durch

$$[\bar{X} - t_{1-\alpha/2}(n-1)\frac{S}{\sqrt{n}}, \bar{X} + t_{1-\alpha/2}(n-1)\frac{S}{\sqrt{n}}].$$

(a) Die Breite des Intervalls ist

$$B = 2t_{1-\alpha/2}(n-1)\frac{S}{\sqrt{n}}.$$

Die darin enthaltenen Standardabweichung S ist eine Zufallsvariable und damit auch die Breite B des Konfidenzintervalls. Die Aussage ist also richtig.

(b) Der Parameter μ ist *nicht* zufällig, kann also auch nicht in das Konfidenzintervall fallen. Zufällig ist per Konstruktion das Konfidenzintervall. Die Aussage ist somit falsch.

(c) Dies ist die korrekte Häufigkeitsinterpretation von Konfidenzintervallen. Das zufällige Intervall überdeckt in 95 Prozent der Fälle den unbekannten Parameter.

(d) Nach Durchführung des Experiments sind Wahrscheinlichkeitsaussagen nicht mehr sinnvoll. Das realisierte Intervall ist eine nicht zufällige Größe. Die Aussage ist also falsch.

(e) Diese Aussage ist richtig, da die Breite reziprok von n abhängt und darüberhinaus die Standardabweichung im Durchschnitt bzw. tendenziell mit wachsendem Stichprobenumfang kleiner wird. Etwas formaler müsste man $E(B)$ bestimmen und zeigen, dass $E(B)$ mit wachsendem n kleiner wird.

(f) Die Grenzen des Konfidenzintervalls hängen von den zufälligen Größen $\bar{X}$ und S ab, so dass diese tatsächlich zufällig sind. Die Aussage ist somit korrekt.

Lösung 9.9

(a) Definiere für $i = 1, \ldots, 5$ die Zufallsvariablen:

$$X_i = \begin{cases} 1 & i\text{–te befragte Abgeordnete spricht Vertrauen aus} \\ 0 & \text{sonst.} \end{cases}$$

Es gilt $X_i \sim B(1, \pi)$ mit $\pi \in \{0.3, 0.5, 0.6\}$. Der ML Schätzer kann durch die folgenden beiden Schritte bestimmt werden:

1. Bestimmung der Likelihood

   $$L(\pi) = \pi^3(1-\pi)^{5-3} = \pi^3(1-\pi)^2$$

2. Likelihood in Abhängigkeit von π

   $$\pi_{Op} = 0.3 \qquad L(0.3) = 0.01323$$

   $$\pi_{Med} = 0.5 \qquad L(0.5) = 0.03125$$

   $$\pi_{Ria} = 0.6 \qquad L(0.6) = 0.03456$$

Damit ist $\hat{\pi} = 0.6$ der ML–Schätzer.

(b) Der ML–Schätzer ist unabhängig von der Reihenfolge der ja/nein Antworten (siehe Likelihood). Damit ändert sich der Schätzer nicht.

(c) Sei X = „Anzahl Vertrauensfrage mit ja“. Es gilt $X \sim H(5, 601, 301)$. Diese hypergeometrische Verteilung kann durch eine Binomialverteilung approximiert werden, d.h. $X \overset{a}{\sim} B\left(5, \frac{301}{601} = 0.5\right)$. Damit erhält man

$$P(X = 3) = \binom{5}{3} 0.5^3 (1 - 0.5)^2 = 0.3125.$$

Lösung 9.10

(a) Die Likelihood ist gegeben durch $L(\pi) = \binom{n}{x} \pi^x (1-\pi)^{n-x}$. Differenzieren von $L(\pi)$ und Nullsetzen liefert

$$\frac{\partial L(\pi)}{\partial \pi} = \binom{n}{x} \cdot \left[x\pi^{x-1}(1-\pi)^{n-x} + \pi^x (n-x)(1-\pi)^{n-x-1} \cdot (-1)\right] \overset{!}{=} 0 .$$

Durch Auflösen nach π erhält man

$$\hat{\pi}_{ML} = \frac{x}{n} .$$

(b) Da $E(\bar{X}) = \dfrac{1}{n} E(X) = \dfrac{1}{n} n\pi = \pi$, ist $\bar{X}$ ist erwartungstreu für π .

(c) Es gilt

$$Var(X) = n\pi(1-\pi) \leq \frac{1}{4} n .$$

Damit folgt

$$\begin{aligned} Var(\bar{X}) &= Var\left(\frac{X}{n}\right) \\ &= \frac{1}{n^2} Var(X) \leq \frac{1}{4n} . \end{aligned}$$

Es muß gelten

$$\frac{1}{4n} \leq 0.01 ,$$

so daß schließlich

$$n \geq 25$$

folgt.

(d) $MSE(\bar{X}) = Var(\bar{X}) + \left(Bias(\bar{X})\right)^2 = \dfrac{1}{n} \pi (1-\pi)$.

Lösung 9.11

Der Erwartungswert von $\tilde{S}^2$ leitet sich wie folgt her:

$$\begin{aligned}
E(\tilde{S}^2) &= E\left(\frac{1}{n}\sum_{i=1}^{n}(X_i-\bar{X})^2\right)\\
&= E\left(\frac{1}{n}\sum_{i=1}^{n}X_i^2-2X_i\bar{X}+\bar{X}^2\right)\\
&= \frac{1}{n}\sum_{i=1}^{n}\left\{E(X_i^2)-2E(X_i\bar{X})+E(\bar{X^2})\right\}\\
&= \frac{1}{n}\sum_{i=1}^{n}E(X_i^2)-\frac{2}{n^2}\sum_{i=1}^{n}\sum_{j=1}^{n}E(X_iX_j)+\frac{1}{n^2}\sum_{i=1}^{n}\sum_{j=1}^{n}E(X_iX_j)\\
&= \frac{1}{n}\sum_{i=1}^{n}E(X_i^2)-\frac{1}{n^2}\sum_{i=1}^{n}\sum_{j=1}^{n}E(X_iX_j)\\
&= \left(\frac{1}{n}-\frac{1}{n^2}\right)\sum_{i=1}^{n}E(X_i^2)-\frac{1}{n^2}\sum_{i\neq j}E(X_iX_j)\\
&= \frac{n-1}{n^2}\sum_{i=1}^{n}E(X_i^2)+\frac{1}{n^2}\sum_{i\neq j}E(X_i)E(X_j)\\
&= \frac{(n-1)n}{n^2}\,E(X^2)+\frac{1}{n^2}n(n-1)E(X)^2\\
&= \frac{n-1}{n}\left\{E(X^2)-E(X)^2\right\}=\frac{n-1}{n}\,\sigma^2.
\end{aligned}$$

Lösung 9.12

(a)(a1) Es gilt: $E(X)=\frac{1}{\lambda}$. Da $E(X)=100$, folgt $\lambda=\frac{1}{100}=0.01$.

(a2) Die Suchzeit liegt zwischen 90 und 110 Tagen mit einer Wahrscheinlichkeit von:

$$\begin{aligned}
P(90\le X\le 110) &= P(X\le 110)-P(X\le 90)\\
&= \left(1-e^{-\lambda\cdot 110}\right)-\left(1-e^{-\lambda\cdot 90}\right)\\
&= e^{-90/100}-e^{-110/100}=0.07369.
\end{aligned}$$

(b)(b1) Die Likelihoodfunktion lautet hier

$$L(\lambda)=\prod_{i=1}^{n}\lambda\cdot e^{-\lambda x_i}=\lambda^n\cdot\prod_{i=1}^{n}e^{-\lambda x_i},$$

woraus man die Log-Likelihood direkt erhält als:

$$l(\lambda) = \log L(\lambda) = n \cdot \log(\lambda) - \lambda \sum_{i=1}^{n} x_i.$$

(b2) Zur Bestimmung des ML-Schätzers wird die Log-Likelihood zunächst differenziert mit

$$l'(\lambda) = \frac{n}{\lambda} - \sum x_i$$

und anschließend gleich null gesetzt und nach λ aufgelöst:

$$\begin{aligned} l'(\lambda) \stackrel{!}{=} 0 \quad &\Leftrightarrow \quad \frac{n}{\hat{\lambda}} = \sum x_i \\ &\Leftrightarrow \quad \hat{\lambda} = \frac{n}{\sum x_i} = \frac{1}{\bar{x}}. \end{aligned}$$

Die ML-Schätzfunktion lautet $1/\bar{x}$.

(b3) Der ML-Schätzwert für λ ergibt sich hier zu $1/\bar{x} = 1/98 = 0.0102$.

Lösung 9.13

(a) Die Schätzungen für die Erwartungswerte von X und Y sind

$$\bar{x} = \frac{1}{12} \sum_{i=1}^{12} x_i = \frac{1}{12} \cdot 76.8 = 6.4$$

und

$$\bar{y} = \frac{1}{12} \sum_{i=1}^{12} y_i = \frac{1}{12} \cdot 24.0 = 2.0.$$

Die Varianzen von X und Y werden durch

$$\begin{aligned} s_X^2 &= \frac{1}{11} \sum_{i=1}^{12} (x_i - \bar{x})^2 = \frac{1}{11} \left(\sum_{i=1}^{12} x_i^2 - 12 \cdot \bar{x}^2 \right) \\ &= \frac{1}{11} (498.92 - 12 \cdot 6.4^2) = \frac{1}{11} \cdot 7.4 \\ &= 0.673 \end{aligned}$$

und

$$s_Y^2 = \frac{1}{11} \sum_{i=1}^{12} (y_i - \bar{y})^2 = \frac{1}{11} (48.76 - 12 \cdot 2^2) = \frac{1}{11} \cdot 0.76 = 0.069$$

geschätzt.

(b) Als Schätzer für die Kovarianz und die Korrelation bieten sich die entsprechenden deskriptiven Maße an, d.h. für die Kovarianz

$$\begin{aligned} s_{XY} &= \frac{1}{11}\sum_{i=1}^{12}(x_i-\bar{x})(y_i-\bar{y}) = \frac{1}{11}\left(\sum_{i=1}^{12} x_i y_i - 12\cdot \bar{x}\bar{y}\right) \\ &= \frac{1}{11}(155.91 - 12\cdot 6.4\cdot 2.0) = \frac{1}{11}\cdot 2.31 \\ &= 0.21 \end{aligned}$$

und damit für die Korrelation

$$\begin{aligned} r_{XY} &= \frac{s_{XY}}{s_X\cdot s_Y} = \frac{0.21}{\sqrt{0.0673}\sqrt{0.069}} = \frac{0.21}{0.2155} \\ &= 0.9745, \end{aligned}$$

d.h. zwischen Kelch- und Blütenblättern besteht ein nahezu vollständiger, positiver, linearer Zusammenhang.

Lösung 9.14

In der Stichprobe vom Umfang $n = 50$ werden 30 Personen als arm eingestuft.

(a) Eine Schätzung des Anteils der Armen ergibt sich mit diesen Angaben zu

$$\hat{\pi} = \frac{30}{50} = \frac{3}{5} = 0.6.$$

(b) Da $n = 50 \geq 30$, ist die Faustregel erfüllt. Es kann also mit Hilfe der Normalverteilung ein approximatives 90 %-Konfidenzintervall bestimmt werden. Dieses ist gegeben durch

$$\left[\hat{\pi} - z_{1-\alpha/2}\cdot\sqrt{\frac{\hat{\pi}(1-\hat{\pi})}{n}}\ ,\ \hat{\pi} + z_{1-\alpha/2}\cdot\sqrt{\frac{\hat{\pi}(1-\hat{\pi})}{n}}\right].$$

Hier ergibt sich mit $\hat{\pi} = 0.6$, $\alpha = 0.1$, $z_{1-\alpha/2} = z_{0.95} = 1.6449$, $n = 50$ und $\sqrt{\hat{\pi}(1-\hat{\pi})/n} = \sqrt{0.6\cdot 0.4/50} = 0.06928$ das Intervall

$$[0.486\ ,\ 0.714].$$

(c) Nun sei $\alpha = 0.05$, d.h. es ist eine größere Sicherheit verlangt. Mit $z_{1-\alpha/2} = z_{0.975} = 1.96$ erhält man das Intervall

$$[0.464\ ,\ 0.736].$$

Dieses Konfidenzintervall ist etwas breiter als das unter (b) berechnete, d.h. für den Wunsch nach mehr Sicherheit "zahlt" man mit größerer Schätzungenauigkeit.

(d) Seien nun $n = 200$, $\hat{\pi} = 0.6$, $\alpha = 0.05$, $z_{0.975} = 1.96$ und $\sqrt{\hat{\pi}(1-\hat{\pi})/n} = \sqrt{0.6 \cdot 0.4/200} = 0.034641$. Mit diesen Werten erhält man

$$[0.532\ ,\ 0.668].$$

Dieses Konfidenzintervall ist viel kürzer als das unter (c) errechnete. Diese Erhöhung der Schätzgenauigkeit wird durch die Vergrößerung des Stichprobenumfangs erzielt.

(e) Will man nun den Anteil von Armen auf fünf Prozentpunkte genau mit einer Sicherheitswahrscheinlichkeit von 90 % schätzen, so reicht dazu ein Stichprobenumfang n mit

$$n \geq \left(\frac{z_{1-\alpha/2}}{2d}\right)^2 = \left(\frac{1.6449}{2 \cdot 0.05}\right)^2 = 270.57,$$

also $n = 271$ aus.

10

Testen von Hypothesen

Aufgaben

Aufgabe 10.1

Eine Verbraucherzentrale möchte überprüfen, ob ein bestimmtes Milchprodukt Übelkeit bei den Konsumenten auslöst. In einer Studie mit zehn Personen wird bei sieben Personen nach dem Genuß dieses Milchprodukts eine auftretende Übelkeit registriert. Überprüfen Sie zum Signifikanzniveau $\alpha = 0.05$ die statistische Nullhypothese, daß der Anteil der Personen mit Übelkeitssymptomen nach dem Genuß dieses Produkts in der Grundgesamtheit höchstens 60 % beträgt. Geben Sie zunächst das zugehörige statistische Testproblem an.
(Lösung siehe Seite 203)

Aufgabe 10.2

Bisher ist der Betreiber des öffentlichen Verkehrsnetzes in einer Großstadt davon ausgegangen, daß 35 % der Fahrgäste Zeitkarteninhaber sind. Bei einer Fahrgastbefragung geben 112 der insgesamt 350 Befragten an, daß sie eine Zeitkarte benutzen. Testen Sie zum Niveau $\alpha = 0.05$, ob sich der Anteil der Zeitkarteninhaber verändert hat. Formulieren Sie die Fragestellung zunächst als statistisches Testproblem.
(Lösung siehe Seite 204)

Aufgabe 10.3

Eine Brauerei produziert ein neues alkoholfreies Bier. In einem Geschmackstest erhalten 150 Personen je ein Glas alkoholfreies bzw. gewöhnliches Bier, und sie sollen versuchen, das alkoholfreie Bier zu identifizieren.

(a) Das gelingt 98 Personen. Testen Sie anhand dieser Daten die Hypothese, alkoholfreies und gewöhnliches Bier seien geschmacklich nicht zu unterscheiden ($\alpha = 0.1$).

(b) Unter den befragten Personen waren 15 Beschäftigte der Brauerei. Von diesen gelingt neun die richtige Identifizierung. Man überprüfe die Hypothese aus (a) für diese Subpopulation mit einem exakten Testverfahren.

(Lösung siehe Seite 204)

Aufgabe 10.4

Nehmen Sie an, ein Test zur Messung der sozialen Anpassungsfähigkeit von Schulkindern sei genormt auf Mittelwert $\mu = 50$ und Varianz $\sigma^2 = 25$. Ein Soziologe glaubt, eine Möglichkeit zur Organisation des Unterrichts gefunden zu haben, die den Umgang der Schüler miteinander u.a. durch vermehrte Teamarbeit fördert und damit die soziale Anpassungsfähigkeit erhöht.
Aus der Grundgesamtheit aller Schüler und Schülerinnen werden 84 zufällig ausgewählt und entsprechend dieses neuen Konzepts unterrichtet. Nach Ablauf eines zuvor festgelegten Zeitraums wird bei diesen Kindern ein mittlerer Testwert für die soziale Anpassungsfähigkeit von 54 beobachtet.

(a) Läßt sich damit die Beobachtung des Soziologen stützen? D.h. entscheiden Sie über die Behauptung des Soziologen anhand eines geeigneten statistischen Tests zum Niveau $\alpha = 0.05$. Formulieren Sie zunächst die Fragestellung als statistisches Testproblem.
(b) Was ändert sich in (a), wenn
  (b1) der Stichprobenumfang $n = 25$,
  (b2) der beobachtete Mittelwert $\bar{x} = 51$,
  (b3) die Standardabweichung $\sigma = 9$,
  (b4) das Signifikanzniveau $\alpha = 0.01$
  beträgt?

(Lösung siehe Seite 205)

Aufgabe 10.5

Von einer Zufallsvariable X mit Erwartungswert $E(X) = \mu$ ist bekannt, dass sie mit Varianz $\sigma^2 = 4$ normalverteilt ist. Aus einer i.i.d. Stichprobe $X_1, \cdots, X_{15}$ vom Umfang $n = 15$ ist das arithmetische Mittel $\bar{x} = 1.5$ errechnet worden.

(a) Testen Sie die Hypothese $H_0 : \mu = 1$ zweiseitig mit $\alpha = 0.05$ gegen die Alternativhypothese $H_1 : \mu \neq 1$.
(b) In der folgenden Abbildung sind vier Gütefunktionen des Tests in (a) für verschiedene Stichprobenumfänge gegeben. Ordnen Sie die folgenden Stichprobenumfänge
  - $n_1 = 100$

- $n_2 = 15$
- $n_3 = 5$
- $n_4 = 30$

jeweils einem Gütefunktionsgraphen zu. Die Zuordnung tragen Sie bitte in der Legende von Abbildung 10.1 ein, indem Sie jedem Linienmuster das entsprechende n zuordnen. Begründen Sie Ihre Zuordnung ausführlich!

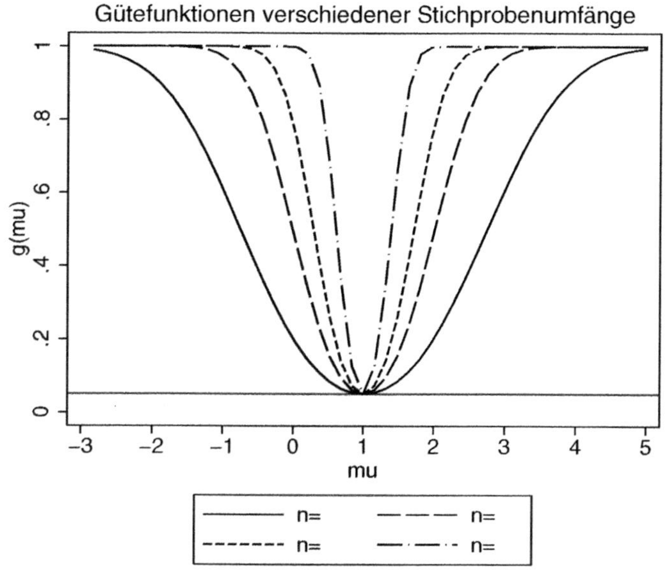

Abbildung 10.1. *Gütefunktionen basierend auf verschiedenen Stichprobenumfängen.*

(c) Bestimmen Sie ein Konfidenzintervall für μ zur Irrtumswahrscheinlichkeit $\alpha = 0.05$, wenn für eine Stichprobe vom Umfang $n = 15$ das arithmetische Mittel $\overline{x} = 1.5$ errechnet wurde.

(d) Welche Auswirkung hat eine Erhöhung des Stichprobenumfangs auf das in (c) berechnete Konfidenzintervall, wenn angenommen wird, dass das arithmetische Mittel $\overline{x}$ und die Varianz σ^2 unverändert bleiben?

(Lösung siehe Seite 206)

Aufgabe 10.6

Betrachten Sie einen Gauß-Test für $H_0 : \mu = 0$ gegen $H_1 : \mu \neq 0$ zum Niveau $\alpha = 0.05$. Welche der folgenden Aussagen sind richtig?

(a) Beträgt der p-Wert 0.02, dann wird die Nullhypothese abgelehnt.
(b) Beträgt der p-Wert 0.02, dann ist H_1 mit Wahrscheinlichkeit 0.98 wahr.
(c) Wird H_0 aufgrund der Teststatistik abgelehnt, dann ist die Nullhypothese mit absoluter Sicherheit falsch.
(d) Die Wahrscheinlichkeit einer Fehlentscheidung ist 5%.

(Lösung siehe Seite 207)

Aufgabe 10.7

Aufgrund einer Theorie über die Vererbung von Intelligenz erwartet man bei einer bestimmten Gruppe von Personen einen mittleren Intelligenzquotienten (IQ) von 105. Dagegen erwartet man bei Nichtgültigkeit der Theorie einen mittleren IQ von 100. Damit erhält man das folgende statistische Testproblem:

$$H_0 : \mu = 100 \quad \text{gegen} \quad H_1 : \mu = 105\,.$$

Die Standardabweichung des als normalverteilt angenommenen IQs sei $\sigma = 15$. Das Signifikanzniveau sei mit $\alpha = 0.1$ festgelegt.

(a) Geben Sie zunächst allgemein für eine Stichprobe vom Umfang $n = 25$
- den Ablehnungsbereich eines geeigneten statistischen Tests,
- den Annahmebereich dieses Tests und
- die Wahrscheinlichkeit für den Fehler 2. Art an.

(b) Welchen Bezug haben die Wahrscheinlichkeiten für den Fehler 1. Art und für den Fehler 2. Art zur Gütefunktion dieses Tests?
(c) Sie beobachten in Ihrer Stichprobe einen mittleren IQ von 104. Zu welcher Entscheidung kommen Sie?

(Lösung siehe Seite 208)

Aufgabe 10.8

Im Rahmen einer großangelegten Studie über "Frauen und Schwangerschaft" interessiert u.a. das Alter von Frauen bei der Geburt des ersten Kindes. Es wird vermutet, daß das Durchschnittsalter Erstgebärender bei über 25 Jahren liegt.
Zur Überprüfung dieser Hypothese werden 49 Mütter zufällig ausgewählt und nach ihrem Alter bei der Geburt des ersten Kindes befragt. Es ergab sich ein Durchschnittsalter von $\bar{x} = 26$.

(a) Überprüfen Sie zum Niveau $\alpha = 0.05$ die statistische Nullhypothese $H_0 : \mu \leq 25$ gegen die Alternative $H_1 : \mu > 25$. Gehen Sie davon aus, daß das Alter Erstgebärender normalverteilt ist. Dabei ist die Varianz mit $\sigma^2 = 9$ aus Erfahrung bekannt. Interpretieren Sie Ihr Ergebnis.

(b) Wie ist der Fehler 1. Art definiert, und was sagt er hier aus?
(c) Bestimmen Sie die Wahrscheinlichkeit für den Fehler 2. Art unter der Annahme, daß $\mu = 27$ das wahre Alter Erstgebärender ist.
(d) Bestimmen Sie ein 95 %-Konfidenzintervall für das Alter Erstgebärender.

(Lösung siehe Seite 209)

Aufgabe 10.9

Ein Marktforschungsinstitut führt jährliche Untersuchungen zu den Lebenshaltungskosten durch. Die Kosten für einen bestimmten Warenkorb beliefen sich in den letzten Jahren auf durchschnittlich 600 Euro. Im Beispieljahr wurde in einer Stichprobe von 40 zufällig ausgewählten Kaufhäusern jeweils der aktuelle Preis des Warenkorbs bestimmt. Als Schätzer für den aktuellen Preis des Warenkorbs ergab sich ein mittlerer Preis von 605 Euro. Die Varianz $\sigma^2 = 225$ sei aufgrund langjähriger Erfahrung bekannt. Gehen Sie von einer Normalverteilung des Preises für den Warenkorb aus.

(a) Hat sich der Preis des Warenkorbs im Vergleich zu den Vorjahren signifikant zum Niveau $\alpha = 0.01$ erhöht? Wie lautet das zugehörige statistische Testproblem?
(b) Was sagt der Fehler 2. Art hier aus? Bestimmen Sie die Wahrscheinlichkeit für den Fehler 2. Art unter der Annahme, daß 610 Euro der tatsächliche aktuelle Preis des Warenkorbs ist. Geben Sie zunächst die allgemeine Formel für die Gütefunktion des obigen Tests in diesem konkreten Testproblem an.
(c) Wie groß müßte der Stichprobenumfang mindestens sein, um bei einem Niveau von $\alpha = 0.01$ eine Erhöhung des mittleren Preises um 5 Euro als signifikant nachweisen zu können? Überlegen Sie sich dazu eine allgemeine Formel zur Bestimmung des erforderlichen Stichprobenumfangs.

(Lösung siehe Seite 210)

Aufgabe 10.10

Betrachten Sie eine Stichprobe aus Bernoulli-verteilten Zufallsvariablen $X_1, \ldots, X_n$ mit $X_i \sim B(1, \pi), i = 1, \ldots, n$. Das interessierende Testproblem sei

$$H_0 : \pi \leq 0.5 \quad \text{gegen} \quad H_1 : \pi > 0.5.$$

Für eine Stichprobe vom Umfang $n = 10$ wird der exakte Binomialtest mit dem Ablehnungsbereich $C = \{6, 7, \ldots, 10\}$ durchgeführt.

(a) Welches Niveau besitzt der Test?

(b) Bestimmen Sie die Gütefunktion des Tests an den Stellen

$$\pi = 0, 0.05, 0.1, \dots, 1,$$

und skizzieren Sie diese.

(Lösung siehe Seite 211)

Aufgabe 10.11

Der Wirt einer Kneipe in Schwabing denkt über ein Handy-Verbot in seinem Lokal nach. Er vermutet, daß mehr als 50 % seiner Gäste ein derartiges Verbot begrüßen würden. Um seine Behauptung zu stützen, plant er die Durchführung einer Befragung seiner Gäste zu diesem Thema. Anschließend möchte er einen statistischen Test zum Niveau $\alpha = 0.1$ durchführen. An der Befragung sollen 15 zufällig ausgewählte Gäste teilnehmen und danach befragt werden, ob sie ein Verbot begrüßen würden oder nicht.

(a) Welcher Test ist zur Überprüfung der Fragestellung geeignet? Geben Sie den Test an, d.h. formulieren Sie die Hypothesen, geben Sie die Testgröße und deren exakte Verteilung an, und bestimmen Sie daraus den Ablehnbereich des Tests.
(b) Wie groß ist in dem von Ihnen angegebenen Test die Wahrscheinlichkeit für den Fehler 1. Art maximal?
(c) Angenommen, der wahre Anteil der Gäste, die ein Verbot begrüßen würden, wäre nur 45 %. Mit welcher Wahrscheinlichkeit würde der in (a) angegebene Test trotzdem die Vermutung des Wirts bestätigen?
(d) Der Wirt hat die Befragung durchgeführt. Neun der 15 Befragten haben angegeben, daß sie ein Verbot begrüßen würden. Zu welcher Entscheidung hinsichtlich der Vermutung des Wirts kommen Sie aufgrund dieses Ergebnisses?
(e) Ein anderer Wirt interessierte sich für dieselbe Fragestellung und führte eine Totalerhebung durch. Dabei ermittelte er den wahren Anteil der Gäste, die ein Handy-Verbot begrüßen würden als $\pi = 65$ %. Wie groß ist die Wahrscheinlichkeit für den Fehler 2. Art, wenn der tatsächliche Anteil auch für die Kneipe des ersten Wirts 0.65 beträgt?
(f) Durch welche Verteilung läßt sich die in (a) gefragte Verteilung der Testgröße approximieren? Lösen Sie die Teilaufgaben (a) bis (e) nun auch mit Hilfe dieser approximierenden Verteilung.

(Lösung siehe Seite 212)

Lösungen

Lösung 10.1

Die Verbraucherzentrale möchte die Befürchtung überprüfen, daß das Milchprodukt Übelkeit hervorruft, also daß der Anteil der Personen mit Übelkeitssymptomen über ein bestimmtes Maß, hier 60 %, hinausgeht. Damit lautet das statistische Testproblem:

$$H_0 : \pi \leq \pi_0 = 0.6 \quad \text{gegen} \quad H_1 : \pi > \pi_0 = 0.6.$$

Wenn H_0 verworfen wird, ist folgende Aussage der Verbraucherzentrale zulässig: "Wir haben herausgefunden, daß das Milchprodukt mit einer Sicherheitswahrscheinlichkeit von $1 - \alpha$ Übelkeit hervorruft."
Bei der Wahl eines geeigneten Tests und seiner Durchführung sind folgende Aspekte zu beachten:

- Das Merkmal (Übelkeit: Ja/Nein) ist binär,
- die Hypothese ist über einen Anteil formuliert, d.h. es ist der Binomialtest zu wählen, und zwar der exakte (vgl. Abschnitt 10.1.1 in Fahrmeir et al., 2004), da $n \cdot \pi_0 = 10 \cdot 0.6 = 6 \geq 5$, aber $n \cdot (1 - \pi_0) = 10 \cdot 0.4 < 5$,
- die Prüfgröße ist somit die Anzahl der Personen mit Übelkeit, kurz bezeichnet mit $\sum X_i$, wobei gilt: $\sum X_i \overset{H_0}{\sim} B(10, 0.6)$,
- der Ablehnungsbereich ist durch "große" Werte von $\sum X_i$ und $\alpha = 0.05$ festgelegt. Bei der Bestimmung des kritischen Werts nutze man aus, daß für $\pi > 0.5$ gilt:

  $$B(x|n,\pi) = P(X \leq x|n,\pi) = 1 - B(n - x - |n, 1 - \pi),$$

  d.h. man erhält hier $B(x|10, 0.6) = 1 - B(10 - x - 1|10, 0.4)$.

Gesucht ist nun x, so daß

$$\begin{aligned} P(X \geq x|0.6) &\leq 0.05 \quad \text{und} \\ P(X \geq x - 1|0.6) &> 0.05. \end{aligned}$$

Da

$$\begin{aligned} P(X \geq x|0.6) &= 1 - P(X < x|0.6) = 1 - P(X \leq x - 1|0.6) \\ &= 1 - [1 - B(10 - (x - 1) - 1|10, 0.4)] \\ &= B(10 - x|10, 0.4), \end{aligned}$$

gilt:

$$\begin{aligned} P(X \geq 10|0.6) &= B(0|10, 0.4) = 0.006 \quad < 0.05, \\ P(X \geq 9|0.6) &= B(1|10, 0.4) = 0.0464 \quad < 0.05, \\ P(X \geq 8|0.6) &= B(2|10, 0.4) = 0.1673 \quad > 0.05. \end{aligned}$$

Damit ist neun der kritische Wert, woraus sich der Ablehnungsbereich $C = \{9, 10\}$ ergibt. Also kann erst bei neun oder zehn Personen mit Übelkeit in einer Stichprobe vom Umfang zehn die Nullhypothese zum Niveau $\alpha = 0.05$ verworfen werden, d.h. diese Werte sind zu "unwahrscheinlich", wenn H_0 wahr wäre.
Da in diesem Beispiel nur sieben Personen Übelkeitssymptome aufweisen, kann H_0 nicht verworfen werden, d.h. es kann also nicht entschieden werden, daß das Milchprodukt Übelkeit auslöst.

Lösung 10.2

Das statistische Testproblem lautet hier

$$H_0 : \pi = \pi_0 = 0.35 \qquad \text{gegen} \qquad H_1 : \pi \neq \pi_0 = 0.35.$$

Es handelt sich also um einen Test auf den unbekannten Anteil in der Grundgesamtheit. Da der Stichprobenumfang sehr groß ist, kann der approximative Binomialtest (vgl. Abschnitt 10.1.2 in Fahrmeir et al., 2004) angewendet werden, denn

$$350 \cdot 0.35 = 122.5 > 5 \qquad \text{und} \qquad 350 \cdot (1 - 0.35) = 227.5 > 5.$$

Damit lautet die Prüfgröße

$$|Z| = \left| \frac{\sum X_i - n\pi_0}{\sqrt{n\pi_0(1-\pi_0)}} \right|,$$

wobei H_0 zum Niveau $\alpha = 0.05$ verworfen wird, falls $|z| > z_{1-\alpha/2} = z_{0.975} = 1.96$.
Mit $n = 350$, $\pi_0 = 0.35$ und $\sum x_i = 112$ ergibt sich

$$|z| = \left| \frac{112 - 122.5}{\sqrt{350 \cdot 0.35 \cdot 0.65}} \right| = |-1.177| = 1.177.$$

Da $z = 1.177 \not> 1.96$, kann H_0 zum Niveau $\alpha = 0.05$ nicht verworfen werden, d.h. die Beobachtung von 112 Zeitkarteninhabern spricht nicht dafür, daß sich der Anteil an Zeitkarteninhabern verändert hat.

Lösung 10.3

(a) Untersucht wird das Hypothesenpaar

$$H_0 : \ \pi = 0.5, \qquad H_1 : \ \pi > 0.5.$$

Als Teststatistik wird diejenige des approximativen Binomialtests verwendet:

$$z = \frac{x - n\pi}{\sqrt{n\pi(1-\pi)}} = \frac{98 - 150 \cdot 0.5}{\sqrt{150 \cdot 0.5^2}} = 3.75.$$

Der Vergleich mit $z_{0.9} = 1.28$ ergibt, daß H_0 zugunsten von H_1 verworfen wird.

(b) Für den exakten Binomialtest bei $n = 15$ ergibt sich für $X \sim B(15, 0.5)$ der p-Wert als:

$$P(X \geq 9) = 1 - P(X \leq 8) = 1 - 0.696 = 0.304.$$

Die Nullhypothese ist wegen $0.304 > \alpha = 0.10$ nicht abzulehnen.

Lösung 10.4

(a) Die Forschungshypothese lautet: "Die neue Form der Unterrichtsorganisation erhöht die soziale Anpassungsfähigkeit." Damit ergibt sich das statistische Testproblem als:

$$H_0 : \mu = 50 \quad \text{gegen} \quad H_1 : \mu > 50.$$

Da $\sigma^2 = 25$ bekannt und $n = 84$ groß ist, kann der approximative Gauß-Test verwendet werden, d.h. also folgende Prüfgröße

$$Z = \sqrt{n}\,\frac{\bar{X} - \mu_0}{\sigma},$$

wobei große Werte von Z für H_1 sprechen. Genauer wird H_0 zum Niveau $\alpha = 0.05$ verworfen, falls $z > z_{1-\alpha} = z_{0.95} = 1.64$.

Da $z = \sqrt{84}\,\frac{54-50}{5} = 7.33 > 1.64$, kann H_0 zum Niveau $\alpha = 0.05$ verworfen werden, d.h. man entscheidet aufgrund des Testergebnisses, daß der Vorschlag des Soziologen tatsächlich zu einer Erhöhung der sozialen Anpassungsfähigkeit führt.

(b) Der in (a) durchgeführte Test verändert sich wie folgt, falls

(b1) $n = 25$: Damit ergibt sich $z = 5\,\frac{54-50}{5} = 4 > 1.64$, d.h. H_0 kann noch verworfen werden, es ist aber bei der Verwendung des approximativen Tests Vorsicht geboten.

(b2) $\bar{x} = 51$: Damit ergibt sich $z = \sqrt{84}\,\frac{51-50}{5} = 1.83 > 1.64$, d.h. selbst dieser geringe Unterschied von einem Punkt führt noch zur Verwerfung von H_0, aber die Frage ist, ob dieser Unterschied noch von inhaltlicher Relevanz ist.

(b3) $\sigma = 9$: Damit ergibt sich $z = \sqrt{84}\,\frac{54-50}{9} = 4.07 > 1.64$, d.h. H_0 kann noch verworfen werden. Man sieht recht deutlich, daß sowohl eine Verringerung von n (b1) als auch eine Erhöhung von σ (b3) zu einer größeren "Unsicherheit" in dem beobachteten Ergebnis führt und sich dementsprechend in der Prüfgröße niederschlägt.

(b4) $\alpha = 0.01$: Damit ergibt sich $z = 7.33 > z_{0.99} = 2.33$, d.h. H_0 hätte auch noch zu einem kleineren Niveau verworfen werden können.

Das Fazit lautet: Eine Verkleinerung von n, eine Verringerung des Abstands zu H_0, eine Vergrößerung von σ und eine Verkleinerung von α bewirken jeweils eine "Verknappung" des Testergebnisses.

Lösung 10.5

(a) Es handelt sich wegen der bekannten Varianz um einen Gaußtest. Die Teststatistik ist gegeben durch

$$t = \frac{(\bar{x} - \mu)\sqrt{n}}{\sigma} = \frac{(1.5 - 1)\sqrt{15}}{2} = 0.968.$$

Die Nullhypothese wird abgelehnt, falls $|t| > t_{1-\alpha/2} = 1.96$. Da $t = 0.968 < 1.96$ kann die Nullhypothese nicht abgelehnt werden.

(b) Abbildung 10.1 zeigt die Zuordnung der Stichprobenumfänge zu den entsprechenden Gütefunktionen. Mit wachsendem Stichprobenumfang n

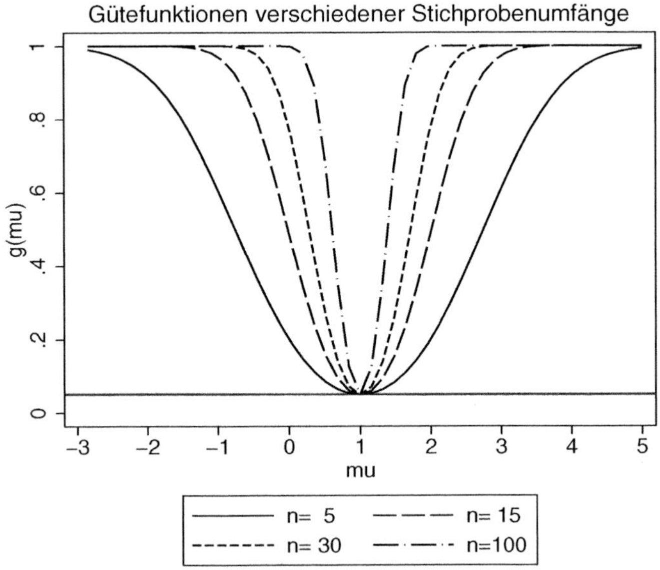

Abbildung 10.2. *Zuordnung der Gütefunktionen zu den verschiedenen Stichprobenumfängen.*

wird der Test bei festem α trennschärfer. Angenommen der wahre Mittelwert läge bei 2. Für $n = 5$ wäre die Wahrscheinlichkeit die H_0 Hypothese abzulehnen bei ≈ 0.2. Im Fall von $n = 100$ wäre diese Wahrscheinlichkeit bereits bei 1.

(c) Das Konfidenzintervall berechnet sich durch:

$$\begin{aligned}[\overline{x} - t_{(1-\frac{\alpha}{2})}\frac{\sigma}{\sqrt{n}}, \overline{x} + t_{(1-\frac{\alpha}{2})}\frac{\sigma}{\sqrt{n}}] &= [1.5 - 1.96\frac{2}{\sqrt{15}}, 1.5 + 1.96\frac{2}{\sqrt{15}}] \\ &= [0.49, 2.51]\end{aligned}$$

(d) Die Breite B des Intervalls ist gegeben durch

$$B = 2 \cdot t_{(1-\frac{\alpha}{2})}\frac{\sigma}{\sqrt{n}}.$$

Durch die Erhöhung des Stichprobenumfangs verringert sich also die Breite des Konfidenzintervalls.

Lösung 10.6

(a) Die Testentscheidung kann aufgrund des p-Werts getroffen werden. Die Nullhypothese wird abgelehnt, falls der p-Wert kleiner als das Signifikanzniveau ist. Die Aussage ist also richtig.

(b) Beim p-Wert handelt es sich um die Wahrscheinlichkeit die realisierte Teststatistik oder einen in Richtung H_1 extremeren Wert zu erhalten, unter der Annahme, dass H_0 wahr ist. Eine Aussage über den Wahrheitsgehalt von H_1 ist damit nicht verbunden. Die Behauptung ist also falsch.

(c) Bei Testentscheidungen handelt es sich stets um Entscheidungen unter Unsicherheit. Absolute Sicherheit ist nicht möglich, d.h. Fehlentscheidungen sind grundsätzlich möglich. Der Test wird lediglich so konstruiert, dass die Wahrscheinlichkeit des Fehlers 1. Art klein ist (hier 5%). Die Aussage ist also nicht korrekt.

(d) Auch diese Aussage ist falsch. Der Begriff Signifikanzniveau bzw. vor allem Irrtumswahrscheinlichkeit suggeriert, dass die Gesamtfehlerrate 5% beträgt. Tatsächlich kann die Gesamtfehlerrate ohne Zusatzinformation nicht bestimmt werden und sogar deutlich höher als das Signifikanzniveau sein. Hierzu ein Beispiel: Nehmen wir an Nullhypothese und Gegenhypothese sind je mit Wahrscheinlichkeit 50% wahr. Darüber hinaus besitze der Test eine Wahrscheinlichkeit für den Fehler 1. bzw. 2. Art von 5% bzw. 10%. Dann ist die Fehlerwahrscheinlichkeit gegeben durch

$$P(\text{Fehler}) = 0.5 \cdot 0.05 + 0.5 \cdot 0.1 = 0.075,$$

also höher als das Signifikanzniveau.

Lösung 10.7

(a) Ein geeigneter Test für das vorliegende Problem ist der Gauß-Test mit der Teststatistik

$$Z = \frac{\bar{X} - \mu_0}{\sigma} \cdot \sqrt{n} = \frac{\bar{X} - 100}{15} \cdot 5 = \frac{\bar{X} - 100}{3}.$$

Unter H_0 gilt: $Z \sim N(0,1)$. H_0 wird demnach abgelehnt, falls

$$z > z_{1-\alpha} = z_{0.9} = 1.28,$$

und beibehalten, falls $z \leq 1.28$.
Um die Wahrscheinlichkeit für den Fehler 2. Art berechnen zu können, muß zunächst die Verteilung der Teststatistik unter H_1 bestimmt werden. Unter H_1 gilt $\bar{X} \sim N(\mu_1, \sigma^2)$ und folglich

$$Z \sim N\left(\sqrt{n} \cdot \frac{\mu_1 - \mu_0}{\sigma}, 1\right) = N\left(\frac{5}{3}, 1\right).$$

Damit erhält man

$$\begin{aligned} P(H_0 \text{ beibehalten} \,|\mu = \mu_1) &= P(Z \leq 1.28|\mu = \mu_1) = \Phi\left(\frac{1.28 - 1.\bar{6}}{1}\right) \\ &= \Phi(-0.38\bar{6}) = 0.3498 \end{aligned}$$

als Wahrscheinlichkeit für den Fehler 2. Art.

(b) Betrachtet man die beiden Fehlerwahrscheinlichkeiten, so lassen sich diese umschreiben als

$$\begin{aligned} P(\text{Fehler 1. Art}) &= P(H_0 \text{ wird abgelehnt} \,|\mu = \mu_0) \\ &= \alpha = g(\mu_0) \quad \text{und} \end{aligned}$$

$$\begin{aligned} P(\text{Fehler 2. Art}) &= P(H_0 \text{ beibehalten} \,|\mu = \mu_1) \\ &= 1 - P(H_0 \text{ ablehnen} \,|\mu = \mu_1) = 1 - g(\mu_1). \end{aligned}$$

(c) Für $\bar{x} = 104$ erhält man

$$z = \frac{104 - 100}{3} = \frac{4}{3} = 1.\bar{3} > 1.28,$$

d.h. H_0 wird abgelehnt.

Lösung 10.8

(a) Das statistische Testproblem lautet hier:

$$H_0 : \mu \leq 25 \qquad \text{gegen} \qquad H_1 : \mu > 25.$$

Da die Zufallsvariable X: "Alter Erstgebärender" als $N(\mu, 9)$-verteilt vorausgesetzt wird, kann folgende Prüfgröße verwendet werden:

$$Z = \sqrt{n}\frac{\bar{X} - \mu_0}{\sigma},$$

wobei H_0 zum Niveau $\alpha = 0.05$ verworfen werden kann, falls $z > z_{1-\alpha} = z_{0.95} = 1.64$. Die Testgröße berechnet sich hier mit $\bar{x} = 26$, $\mu_0 = 25$, $\sigma = 3$ und $\sqrt{n} = \sqrt{49} = 7$ als

$$z = \frac{26 - 25}{3} \cdot 7 = 2.333.$$

Da $2.333 > 1.64$, kann H_0 verworfen werden. D.h. die Vermutung, daß das Alter Erstgebärender größer als 25 Jahre ist, kann zum Niveau $\alpha = 0.05$ bestätigt werden.

(b) Der Fehler 1. Art entspricht dem Ereignis "Lehne H_0 ab, obwohl H_0 wahr ist", d.h. H_0 wird fälschlicherweise verworfen. Hier bedeutet der Fehler 1. Art, daß man sich dafür entscheidet, daß das Alter Erstgebärender über 25 Jahre liegt, während Frauen bei der Geburt des ersten Kindes in Wirklichkeit jünger sind.

(c) Die Wahrscheinlichkeit für den Fehler 2. Art läßt sich wie folgt bestimmen, wobei ein Fehler 2. Art dann eintritt, wenn H_0 angenommen wird, obwohl $H_1 : \mu = 27$ zutrifft:

$$\begin{aligned} P(\text{Fehler 2. Art}) &= P(H_0 \text{ annehmen}|\mu = 27) \\ &= P\left(\frac{\bar{X} - 25}{3} \cdot 7 < 1.64|\mu = 27\right) \\ &= P\left(\frac{\bar{X} - 27 + 27 - 25}{3} \cdot 7 < 1.64|\mu = 27\right) \\ &= P\left(\frac{\bar{X} - 27}{3} \cdot 7 < 1.64 - \frac{27 - 25}{3} \cdot 7\right) \\ &= P(Z < -3.02\bar{6}) = \Phi(-3.02\bar{6}) \\ &\doteq 0. \end{aligned}$$

(d) Das 95 %-Konfidenzintervall für das Alter ist aufgrund der obigen Annahmen gegeben als

$$[\bar{X} - z_{0.975} \cdot \frac{\sigma}{\sqrt{n}}, \bar{X} + z_{0.975} \cdot \frac{\sigma}{\sqrt{n}}]$$

und berechnet sich hier als

$$[26 - 1.96 \cdot \frac{3}{7}\ ,\ 26 + 1.96 \cdot \frac{3}{7}] = [25.16\ ,\ 26.84].$$

Lösung 10.9

(a) Sei X der Preis des Warenkorbs mit $X \sim N(\mu, 225)$. Es soll

$$H_0 : \mu \leq 600 \quad \text{gegen} \quad H_1 : \mu > 600$$

getestet werden. Verwende dazu den Gaußtest (vgl. Abschnitt 10.1.3 in Fahrmeir et al., 2004) mit der Teststatistik

$$Z = \frac{\bar{X} - 600}{15}\sqrt{40}.$$

H_0 wird abgelehnt, falls $z > z_{0.99} = 2.3263$. Im vorliegenden Fall gilt

$$z = \frac{605 - 600}{15}\sqrt{40} = 2.108 < 2.3263,$$

d.h. H_0 wird beibehalten. Der Preis des Warenkorbs hat sich also nicht signifikant verändert.

(b) Allgemein handelt es sich beim Fehler 2. Art um die Wahrscheinlichkeit, H_0 beizubehalten, obwohl H_1 zutrifft. Hier bedeutet dies, daß der Preis für den Warenkorb tatsächlich gestiegen ist, während der Test fälschlicherweise H_0 (Preis kleiner gleich 600 Euro) beibehält.
Für die explizite Berechnung des Fehlers 2. Art muß die Verteilung von Z im Falle $\mu = 610$ berechnet werden. Es gilt $X \sim N(610, 225)$ und damit

$$Z \sim N\left(\frac{610 - 600}{15} \cdot \sqrt{40}, 1\right) \sim N(4.216, 1).$$

Damit erhält man für den Fehler 2. Art

$$\begin{aligned} P(Z \leq 2.3263 | \mu = 610) &= \Phi\left(\tfrac{2.3263 - 4.216}{1}\right) \\ &= \Phi(-1.89) = 1 - \Phi(1.89) \\ &= 1 - 0.9706 = 0.0294. \end{aligned}$$

(c) Es muß

$$z = \frac{605 - 600}{15} \cdot \sqrt{n} > 2.3263$$

gelten. Äquivalentes Umformen dieser Bedingung liefert

$$\begin{aligned} \tfrac{1}{3} \cdot \sqrt{n} &> 2.3263 \\ \Leftrightarrow \quad n &> 48.7. \end{aligned}$$

Der Stichprobenumfang muß also mindestens $n = 49$ betragen.

Lösung 10.10

Seien $X_1, ..., X_n$ u.i.v. mit $X_i \sim B(1, \pi)$. Das statistische Testproblem ist gegeben als:

$$H_0 : \pi \leq 0.5 \quad \text{gegen} \quad H_1 : \pi > 0.5.$$

Seien n=10 und der Ablehnbereich gegeben als $C = \{6, 7, ..., 10\}$.

(a) Bei der Bestimmung der maximalen Wahrscheinlichkeit für den Fehler 1. Art, d.h. für die Ablehnung von H_0, obwohl H_0 wahr ist, ist folgende Überlegung anzustellen: H_0 wird abgelehnt, falls $\sum X_i$ im Ablehnungsbereich liegt, also falls $\sum X_i \geq 6$, wobei

$$\sum_{i=1}^{10} X_i \overset{H_0}{\sim} B(10, 0.5).$$

Damit berechnet man

$$\begin{aligned}
P\left(\sum_{i=1}^{10} X_i \geq 6 | \pi \in H_0\right) &= \sum_{k=6}^{10} \binom{10}{k} \pi^k (1-\pi)^{10-k} \\
&\leq \sum_{k=6}^{10} \binom{10}{k} 0.5^k (1-0.5)^{10-k} \\
&= P\left(\sum_{i=1}^{10} X_i \geq 6 | 0.5\right) \\
&= 1 - P\left(\sum_{i=1}^{10} X_i < 6 | 0.5\right) \\
&= 1 - P\left(\sum_{i=1}^{10} X_i \leq 5 | 0.5\right) = 1 - 0.6230 \\
&= 0.377.
\end{aligned}$$

(b) Die Bestimmung der Gütefunktion erfordert die Berechnung folgender Wahrscheinlichkeit in Abhängigkeit von π:

$$\begin{aligned}
g(\pi) &= P\left(\sum_{i=1}^{10} X_i \geq 6 | \pi\right) = 1 - P\left(\sum_{i=1}^{10} X_i < 6 | \pi\right) \\
&= 1 - P\left(\sum_{i=1}^{10} X_i \leq 5 | \pi\right).
\end{aligned}$$

Man erhält

π	0	0.05	0.1	0.15	0.2	0.25	0.3
$g(\pi)$	0.0000	0.0000	0.0001	0.0014	0.0064	0.0197	0.0473
π	0.35	0.4	0.45	0.5	0.55	0.6	0.65
$g(\pi)$	0.0949	0.1662	0.2616	0.3770	0.5044	0.6331	0.7515
π	0.7	0.75	0.8	0.85	0.9	0.95	
$g(\pi)$	0.8497	0.9219	0.9672	0.9901	0.9984	0.9999	

Für $\pi > 0.5$ beachte man bei der Berechnung:

$$\begin{aligned} P\left(\sum_{i=1}^{10} X_i \geq 6|\pi\right) &= 1 - P\left(\sum_{i=1}^{10} X_i \leq 5|\pi\right) \\ &= 1 - \left(1 - P\left(10 - \sum_{i=1}^{10} X_i \leq 10 - 5 - 1|1 - \pi\right)\right) \\ &= P\left(10 - \sum_{i=1}^{10} X_i \leq 4|1 - \pi\right). \end{aligned}$$

Die Skizze der Gütefunktion hat folgende Gestalt, wobei die gepunktete Linie die maximale Wahrscheinlichkeit für den Fehler 1. Art anzeigt:

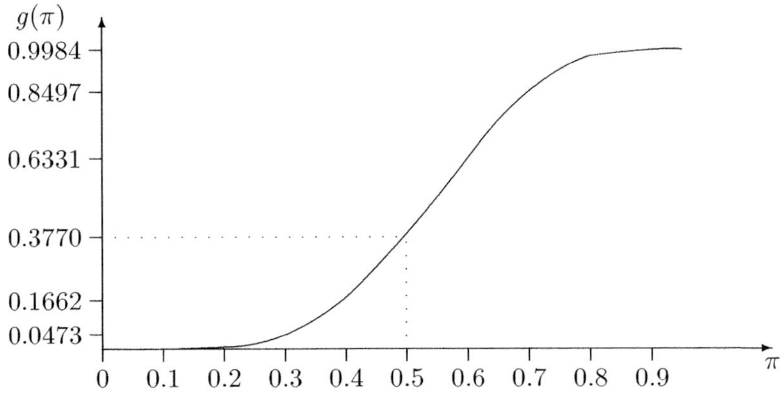

Lösung 10.11

(a) Es handelt sich hier um einen Test auf den Anteil eines dichotomen Merkmals. Damit ist der Binomialtest geeignet. Das statistische Testproblem lautet hier:

$$H_0 : \pi \leq 0.5 \quad \text{gegen} \quad H_1 : \pi > 0.5.$$

Als Testgröße verwendet man die Anzahl X der Gäste, die ein Verbot begrüßen. X ist unter H_0 binomialverteilt mit den Parametern $n = 15$

und $\pi = 0.5$. Große Werte der Testgröße X sprechen für H_1 und führen somit zur Ablehnung von H_0. Zur Festlegung des Ablehnungbereichs ist die kleinste Zahl c gesucht, für die folgende Bedingung gilt

$$P(X > c|\pi_0 = 0.5) \leq \alpha = 0.1.$$

Dies ist gleichbedeutend mit

$$P(X \leq c|\pi_0 = 0.5) \geq 0.9.$$

Aus der Tafel der Binomialverteilung (Fahrmeir et al., 2004, Tabelle B) bestimmt man

$$\begin{aligned} & P(X \leq 9|\pi_0 = 0.5) &=& \quad 0.8491 < 0.9 \\ \text{und} \quad & P(X \leq 10|\pi_0 = 0.5) &=& \quad 0.9408 > 0.9. \end{aligned}$$

Damit ist $c = 10$, und der Ablehnungsbereich C des Tests ist gegeben durch

$$C = \{x : x > 10\} = \{11, 12, 13, 14, 15\}.$$

(b) Der Fehler 1. Art tritt ein, wenn H_0 abgelehnt wird, obwohl H_0 wahr ist. Zur Bestimmung der maximalen Wahrscheinlichkeit für das Eintreten des Fehlers 1. Art genügt es, den ungünstigsten Fall, d.h. $\pi_0 = 0.5$ zu betrachten:

$$P(X > 10|\pi_0 = 0.5) = 1 - P(X \leq 10|\pi_0 = 0.5) = 1 - 0.9408 = 0.0592.$$

Die Wahrscheinlichkeit für das Eintreten des Fehlers 1. Art ist also maximal 0.0592. Damit wird das Niveau des Tests nicht ausgeschöpft.

(c) Geht man davon aus, daß der wahre Anteil der Gäste, die ein Handy-Verbot begrüßen würden, $\pi = 0.45$ ist, ergibt sich für die Wahrscheinlichkeit der Ablehnung von H_0:

$$P(X > 10|\pi = 0.45) = 1 - P(X \leq 10|\pi = 0.45) = 1 - 0.9745 = 0.0255.$$

(d) Der Wert neun liegt nicht im Ablehnungsbereich C des Tests. H_0 kann also nicht verworfen werden. Der Wirt kann nicht davon ausgehen, daß der Anteil der Gäste, die ein Handy-Verbot begrüßen würden, größer als 50 % ist.

(e) Geht man nun davon aus, daß der wahre Anteil der Gäste, die ein Handy-Verbot begrüßen würden, $\pi = 0.65$ ist, ergibt sich mit $Y = n - X$ für die Wahrscheinlichkeit der Beibehaltung von H_0:

$$\begin{aligned} P(X \leq 10|\pi = 0.65) &= P(n - X \geq 5|\pi = 0.65) \\ &= P(Y \geq 5|\pi_Y = 0.35) \\ &= 1 - P(Y \leq 4|\pi_Y = 0.35) = 1 - 0.3519 \\ &= 0.6481. \end{aligned}$$

Die Wahrscheinlichkeit für den Fehler 2. Art ist also fast 65 %. Das Ergebnis "H_0 wird beibehalten" ist demnach unter $\pi = 0.65$ nicht unwahrscheinlich und somit nicht besonders überraschend.

(f) Da hier $n\pi_0 = n(1-\pi_0) = 15 \cdot 0.5 = 7.5 > 5$ ist, ist eine Approximation der Binomialverteilung durch die Normalverteilung möglich. Genauer bedeutet dies

$$X \overset{a}{\sim} N(n\pi_0, n\pi_0(1-\pi_0)).$$

Damit erhält man

$$Z = \frac{X - n\pi_0}{\sqrt{n\pi_0(1-\pi_0)}} \overset{a}{\sim} N(0,1).$$

(f1) Der Test läßt sich also alternativ anhand der standardnormalverteilten Testgröße Z durchführen, wobei H_0 verworfen wird, falls $z > z_{1-\alpha}$ bzw. falls $x > n\pi_0 + \sqrt{n\pi_0(1-\pi_0)} \cdot z_{1-\alpha}$.
Da hier $\alpha = 0.1$ ist, ergibt sich mit $z_{1-\alpha} = z_{0.9} = 1.29$ die Entscheidungsregel:
Verwirf H_0, falls $x > 15 \cdot 0.5 + \sqrt{15 \cdot 0.5 \cdot 0.5} \cdot 1.29 = 9.997$. Damit ist der Ablehnungsbereich $C = \{x : x > 9.997\} = \{10, 11, 12, 13, 14, 15\}$.

(f2) Die maximale Wahrscheinlichkeit für den Fehler 1. Art ist

$$\begin{aligned} P(X > 9.997 | \pi_0 = 0.5) &= 1 - P(X \leq 9.997 | \pi_0) \\ &= 1 - P(Z \leq \frac{9.997 - 7.5}{1.936}) \\ &= 1 - \Phi(1.29) = 1 - 0.90 \\ &= 0.10. \end{aligned}$$

Das Niveau wird also hier voll ausgeschöpft.

(f3) Für $\pi = 0.45$ ergibt sich für die Wahrscheinlichkeit der Ablehnung von H_0:

$$\begin{aligned} P(X > 9.997 | \pi = 0.45) &= 1 - P(Z \leq \frac{9.997 - 15 \cdot 0.45}{\sqrt{15 \cdot 0.45 \cdot 0.55}}) \\ &= 1 - P(Z \leq \frac{3.247}{1.927}) \\ &= 1 - \Phi(1.685) = 1 - 0.954 \\ &= 0.046. \end{aligned}$$

(f4) Da $9 \notin C$, kann H_0 auch hier nicht verworfen werden.

(f5) Geht man nun wieder davon aus, daß der wahre Anteil $\pi = 0.65$ ist, erhält man

$$\begin{aligned} P(X \leq 9.997|\pi = 0.65) &= \Phi(\frac{9.997 - 15 \cdot 0.65}{\sqrt{15 \cdot 0.65 \cdot 0.35}}) \\ &= \Phi(\frac{9.997 - 9.75}{1.847}) \\ &= \Phi(\frac{0.247}{1.847}) = \Phi(0.134) \\ &= 0.552. \end{aligned}$$

Die Wahrscheinlichkeit für den Fehler 2. Art beträgt hier also fast 55 %, und damit kommt man zu derselben Interpretation des Ergebnisses wie beim exakten Binomialtest.

11

Spezielle Testprobleme

Aufgaben

Aufgabe 11.1

Von einem Intelligenztest X ist bekannt, daß er normalverteilte Werte liefert und $Var(X) = 225$ gilt. Zu testen ist aus einer Stichprobe vom Umfang $n = 10$ die Nullhypothese $E(X) \leq 110$.

(a) Welchen Ablehnungsbereich erhält man bei einem geeigneten Testverfahren? Wählen Sie dazu α=0.05.
(b) Wie lautet die Testentscheidung, wenn $\bar{x} = 112$ resultiert?
(c) Wie groß ist der Fehler 2. Art, wenn der tatsächliche Erwartungswert 120 beträgt?
(d) Welchen Ablehnungsbereich erhält man, wenn die Varianz nicht bekannt ist, dafür aber $s^2 = 230$ berechnet wurde. Wird H_0 abgelehnt?

(Lösung siehe Seite 225)

Aufgabe 11.2

In einer Untersuchung über das Ernährungsverhalten nehmen 32 zufällig ausgewählte Personen teil. Ein Aspekt der Untersuchung ist der Vergleich von fleischloser und nicht fleischloser Ernährung. Dabei lautet die Forschungshypothese, daß Personen mit fleischloser Ernährung im Mittel weniger Kalorien am Tag zu sich nehmen als Menschen, die sich nicht fleischlos ernähren. Von den 32 Personen in der Stichprobe ernähren sich 12 fleischlos. Für diese Gruppe ergibt sich ein Stichprobenmittelwert von $\bar{x}_1 = 1780$ Kalorien pro Tag, während die 20 Personen in der Stichprobe, die sich nicht fleischlos ernähren, im Mittel $\bar{x}_2 = 1900$ Kalorien zu sich nehmen. Außerdem ergeben sich die zugehörigen geschätzten Standardabweichungen als $s_1 = 230$ und $s_2 = 250$. Man kann davon ausgehen, daß die Kalorienmenge, die eine Person am Tag zu sich nimmt, eine normalverteilte Zufallsgröße ist. Außerdem nimmt man an, daß die Varianz dieser Zufallsgröße bei Personen mit fleischloser Ernährung mit der bei Personen mit nicht fleischloser Ernährung übereinstimmt.

(a) Für welchen Parameter ist die Statistik $\bar{X}$ ein geeigneter Punktschätzer? Welche Eigenschaften besitzt dieser Schätzer in diesem Fall?
(b) Berechnen Sie jeweils ein 95 % Konfidenzintervall für die durchschnittliche Kalorienmenge für die beiden Gruppen.
(c) Wie beurteilen Sie die obige Forschungshypothese aufgrund der in (a) berechneten Konfidenzintervalle?
(d) Welcher Test wäre zur Überprüfung der Forschungshypothese geeignet? Begründen Sie Ihre Wahl ausführlich, und führen Sie den Test zum Niveau $\alpha = 0.05$ durch.

(Lösung siehe Seite 226)

Aufgabe 11.3

Der Kinderschutzbund führt eine Untersuchung zur Situation von Pflegekindern durch. Dabei interessiert vor allem, ob das Pflegekind in einer Familie mit weiteren Kindern im Mittel besser integriert wird als bei Pflegeeltern ohne eigene Kinder. An der Studie nehmen acht Pflegeeltern teil, die auch eigene Kinder haben, und sechs Pflegeltern, die keine eigenen Kinder besitzen. Mit Hilfe eines Fragebogens wird ein Integrationsscore ermittelt, der umso höhere Werte annimmt, je besser das Pflegekind in die Familie integriert wird. Folgende Scores wurden ermittelt:

Pflegeeltern	Scores							
mit eigenen Kindern x_i	8	13	16	20	24	17	18	25
ohne eigene Kinder y_j	12	9	13	11	19	15		

(a) Sie möchten die obige Fragestellung mit einem statistischen Test überprüfen. Welcher Test ist dazu geeignet? (Normalverteilungsannahme ist hier nicht gegeben!) Begründen Sie kurz Ihre Wahl.
(b) Überprüfen Sie die obige Fragestellung mit dem von Ihnen in (a) genannten Test zum Niveau $\alpha = 0.1$. Interpretieren Sie Ihr Ergebnis.

(Lösung siehe Seite 227)

Aufgabe 11.4

Wie lauten Annahme- und Ablehnungsbereich der Tests in Aufgabe 10.7 und 10.9, wenn die Standardabweichungen σ unbekannt sind. Gehen Sie jeweils von einer beobachteten empirischen Standardabweichung von $s = 15$ aus. Bestimmen Sie für Aufgabe 10.9 auch den p-Wert.
(Lösung siehe Seite 227)

Aufgabe 11.5

Mendel erhielt bei einem seiner Kreuzungsversuche von Erbsenpflanzen folgende Werte:
315 runde gelbe Erbsen,
108 runde grüne Erbsen,
101 kantige gelbe Erbsen,
32 kantige grüne Erbsen.
Sprechen diese Beobachtungen für oder gegen die Theorie, daß das Verhältnis der 4 Sorten 9:3:3:1 sein müßte ($\alpha = 0.05$)?
(Lösung siehe Seite 228)

Aufgabe 11.6

Für den Tagesabsatz an Normalbenzin einer Selbstbedienungstankstelle an 240 Werktagen ergab sich folgende Tabelle:

Tagesabsatz (in 1000 Litern)	Anzahl der Werktage
bis 7	32
bis 8	120
bis 9	211
bis 10	240

Man prüfe die Hypothese, der Tagesabsatz an Normalbenzin besitze die Dichtefunktion

$$f(x) = \begin{cases} \frac{1}{4}x - \frac{3}{2} & \text{für } 6 \le x \le 8 \\ -\frac{1}{4}x + \frac{5}{2} & \text{für } 8 \le x \le 10 \\ 0 & \text{sonst} \end{cases}$$

(Dreiecksverteilung) zu einem Signifikanzniveau von $\alpha = 0.05$.
(Lösung siehe Seite 229)

Aufgabe 11.7

In einer empirischen Studie zum Rauchverhalten wurden 10 Raucher befragt, wieviele Zigaretten sie durchschnittlich pro Tag rauchen. Es wurden folgende Angaben gemacht:

$$26 \quad 34 \quad 5 \quad 20 \quad 50 \quad 44 \quad 18 \quad 39 \quad 29 \quad 19.$$

(a) Überprüfen Sie anhand des Vorzeichen-Tests zum Niveau $\alpha = 0.1$, ob der Median der Anzahl der gerauchten Zigaretten größer ist als 25.
(b) Überprüfen Sie die Hypothese aus (a) auch mit Hilfe des Wilcoxon-Vorzeichen-Rang-Tests zum Niveau $\alpha = 0.1$.

(c) Nehmen Sie nun an, daß für die durchschnittliche Anzahl der gerauchten Zigaretten pro Tag eine Normalverteilung unterstellt werden kann. Führen Sie zum Niveau $\alpha = 0.1$ einen geeigneten parametrischen Test durch. Vergleichen Sie Ihr Ergebnis mit denen aus (a) und (b).

(Lösung siehe Seite 230)

Aufgabe 11.8

In einer Universitätsklinik wird eine umfangreiche Studie über Behandlungsverfahren bei Patienten mit chronischen Schmerzen durchgeführt. Dazu wird u.a. der Befindlichkeitszustand der Patienten zu verschiedenen Zeitpunkten der Behandlung mit Hilfe eines Fragebogens erhoben. Erfaßt wird beispielsweise die Häufigkeit und Intensität des Auftretens der Schmerzen und der psychische Zustand der Patienten. Aus all diesen Variablen wird ein standardisierter Score gebildet, der ein Maß für die Befindlichkeit darstellt.
Im Rahmen der Studie soll nun getestet werden, ob davon ausgegangen werden kann, daß der Befindlichkeitsscore eine standardnormalverteilte Zufallsgröße ist. In einer Stichprobe von 50 Patienten ergab sich für den Befindlichkeitsscore folgende gruppierte Häufigkeitsverteilung:

i	Klasse K_i	absolute Häufigkeit
1	$[-2.5, -1.5)$	6
2	$[-1.5, -0.5)$	10
3	$[-0.5, 0.5)$	5
4	$[0.5, 1.5)$	7
5	$[1.5, 2.5)$	22

(a) Zeichnen Sie ein Histogramm für die Verteilung des Befindlichkeitsscores in der Stichprobe zu der oben angegebenen Klasseneinteilung. Beurteilen Sie aufgrund des Histogramms die Hypothese, daß der Score standardnormalverteilt ist.

(b) Führen Sie für die obige Fragestellung den χ^2-Anpassungstest zum Niveau $\alpha = 0.05$ und der Klasseneinteilung:

$$(-\infty, -1.5), \quad [-1.5, -0.5), \quad [-0.5, 0.5), \quad [0.5, 1.5), \quad [1.5, \infty)$$

durch. Formulieren Sie dazu zunächst das statistische Testproblem. Interpretieren Sie Ihr Ergebnis.

(Lösung siehe Seite 231)

Aufgabe 11.9

Auf zwei Maschinen A und B wird Tee abgepackt. Auf Stichprobenbasis soll nachgewiesen werden, daß die Maschine A mit einem größeren durchschnittlichen Füllgewicht arbeitet als die Maschine B ($\alpha = 0.01$).

(a) Man weiß, daß die Füllgewichte der beiden Maschinen annähernd normalverteilt sind mit $\sigma_A^2 = 49\,\text{g}^2$ und $\sigma_B^2 = 25\,\text{g}^2$. Eine Zufallsstichprobe vom Umfang $n_A = 12$ aus der Produktion der Maschine A liefert ein durchschnittliches Füllgewicht von $\bar{x}_A = 140\,\text{g}$. Eine Zufallsstichprobe aus der Produktion der Maschine B vom Umfang $n_B = 10$ ergibt ein durchschnittliches Füllgewicht von $\bar{x}_B = 132\,\text{g}$.
Man führe einen geeigneten Test durch.

(b) Die Varianzen seien nun unbekannt, aber man kann davon ausgehen, daß sie gleich sind. Man erhält als Schätzungen der Standardabweichungen $s_A = 5$ und $s_B = 4.5$. Man führe mit den Resultaten aus (a) einen geeigneten Test durch.

(Lösung siehe Seite 233)

Aufgabe 11.10

Nach einem Schlaganfall ist die Motorik der Patienten häufig erheblich gestört. In einem großen REHA-Zentrum befindet sich eine neue REHA-Maßnahme zur Verbesserung der Feinmotorik in der Entwicklung. Die Feinmotorik soll mittels zehn verschiedener Geschicklichkeitsübungen gemessen werden, die die Patienten sowohl vor als auch nach der REHA-Maßnahme absolvieren müssen. Es werden jeweils die als erfolgreich eingestuften Aufgaben gezählt. Von Interesse ist zu erfahren, ob die Patienten nach der REHA-Maßnahme tatsächlich bessere motorische Fähigkeiten haben.
Überprüfen Sie diese Frage mittels eines geeigneten statistischen Tests zum Niveau $\alpha = 0.05$ (Annahme der Normalverteilung ist hier nicht gegeben) anhand der für elf zufällig ausgewählte Schlaganfallpatienten ermittelten Anzahlen an erfolgreich absolvierten Übungen:

Patient	1	2	3	4	5	6	7	8	9	10	11
vor REHA	7	4	7	3	3	3	5	2	7	3	2
nach REHA	5	4	8	1	9	7	5	1	10	1	7

(Lösung siehe Seite 234)

Aufgabe 11.11

Bei fünf Personen wurde der Hautwiderstand jeweils zweimal gemessen, einmal bei Tag (X) und einmal bei Nacht (Y). Man erhielt für das metrische Merkmal Hautwiderstand folgende Daten

X_i	24	28	21	27	23
Y_i	20	25	15	22	18

(a) Die Vermutung in Forscherkreisen geht dahin, daß der Hautwiderstand nachts absinkt. Läßt sich diese Vermutung durch die vorliegende Untersuchung erhärten? Man teste einseitig mit einem verteilungsfreien Verfahren ($\alpha = 0.05$).
(b) Man überprüfe die Nullhypothese aus (a), wenn bekannt ist, daß der Hautwiderstand normalverteilt ist.

(Lösung siehe Seite 235)

Aufgabe 11.12

100 zufällig ausgewählte Studenten der LMU München wurden im Dezember 1997 nach ihrem Studienfach und nach ihrer Einstellung zum Studentenstreik befragt. Dabei ergaben sich folgende Häufigkeiten:

Einstellung Studienfach	positiv	negativ	neutral
Naturwissenschaften	20	5	15
Geisteswissenschaften	10	5	5
Wirtschaftswissenschaften	10	20	10

Testen Sie zum Signifikanzniveau von 0.01, ob die Merkmale "Studienfach" und "Einstellung zum Studentenstreik" unabhängig sind.
(Lösung siehe Seite 236)

Aufgabe 11.13

Betrachten Sie die Daten aus Aufgabe 3.5 als Zufallsstichprobe eines Jahres. Überprüfen Sie anhand eines geeigneten statistischen Tests zum Niveau $\alpha = 0.05$, ob die beiden Merkmale "Schulart" und "Staatsangehörigkeit" abhängig sind.
(Lösung siehe Seite 237)

Aufgabe 11.14

Bei $n = 10$ Probanden wurden Intelligenz (Variable X) und Gedächtnisleistung (Variable Y) ermittelt. Man erhielt die Wertepaare:

X	124	79	118	102	86	89	109	128	114	95
Y	100	94	101	112	76	98	91	73	90	84

Man teste die Hypothese der Unabhängigkeit von X und Y unter Verwendung des Bravais-Pearsonschen Korrelationskoeffizienten ($\alpha = 0.05$).
Hinweis: $\sum x_i^2 = 111\,548, \sum y_i^2 = 85\,727, \sum x_i y_i = 95\,929$.
(Lösung siehe Seite 238)

Aufgabe 11.15

Bei einer Umfrage zur Kompetenzeinschätzung der Politiker A und B werden folgende Zufallsvariablen betrachtet

$$X = \begin{cases} 1 & A \text{ ist kompetent} \\ 0 & A \text{ ist nicht kompetent,} \end{cases} \qquad Y = \begin{cases} 1 & B \text{ ist kompetent} \\ 0 & B \text{ ist nicht kompetent.} \end{cases}$$

Es wird eine Stichprobe von $n = 100$ befragt. 60 Personen halten A für kompetent, 40 Personen halten B für kompetent, 35 Personen halten beide für kompetent.

(a) Man gebe die gemeinsame (absolute) Häufigkeitsverteilung der Zufallsvariablen X und Y in einer Kontingenztafel an.
(b) Man teste die Hypothese der Unabhängigkeit von X und Y ($\alpha = 0.05$).

(Lösung siehe Seite 238)

Aufgabe 11.16

Ein Investor hat für zwei unabhängige Anlageformen A und B die Monatsrenditen $X_{A,i}$ bzw. $Y_{B,j}$ der letzten $n_A = 25$ bzw. $n_B = 36$ Monate ermittelt. Es wurden folgende Statistiken berechnet:

$$\bar{x}_A = 0.0047, \qquad s_A = 0.0144,$$
$$\bar{x}_B = 0.0072, \qquad s_B = 0.0149.$$

(a) Gehen Sie davon aus, daß die Renditen jeweils unabhängig und identisch normalverteilt sind:

$$X_{A,i} \sim N(\mu_A, \sigma_A^2), \quad X_{B,j} \sim N(\mu_B, \sigma_B^2).$$

Der Investor geht davon aus, daß beide Investments im Mittel positive Monatsrenditen erzielen. Untersuchen Sie mittels statistischer Tests ($\alpha = 0.05$), ob diese Behauptungen statistisch nachgewiesen werden können.
 (a1) Stellen Sie die Hypothesen der beiden Testprobleme auf.
 (a2) Wie lauten die Prüfgrößen? Wie sind sie unter H_0 verteilt?
 (a3) Bestimmen Sie für die Tests die Ablehnungsbereiche.
 (a4) Wie lauten die Testentscheidungen? Für die Anlageform B sei der p-Wert durch $p_B = 0.0085$ gegeben.

(b) Sie erfahren aus der Literatur, daß für Renditen zwar die Normalverteilungsannahme nicht immer gerechtfertigt ist, jedoch stets davon ausgegangen werden kann, daß sie symmetrisch verteilt sind.
Untersuchen Sie nun *jeweils* durch einen Wilcoxon-Vorzeichen-Rang-Test ($\alpha = 0.05$), ob nachgewiesen werden kann, daß die Investments eine positive Median-Rendite aufweisen. Hierzu wurden folgende Werte der Teststatistiken berechnet:

$$W_A^+ = 225 \quad \text{und} \quad W_B^+ = 509.$$

(b1) Stellen Sie die Hypothesen der Testprobleme auf.
(b2) Wie lauten die Prüfgrößen? Wie sind sie unter H_0 (approximativ) verteilt?
(b3) Bestimmen Sie für den Test der *Anlageform A* den Ablehnungsbereich, und führen Sie den Test durch.

(c) Der Investor ist der Auffassung, daß Anlageform B im Mittel eine höhere Monatsrendite erzielt als Anlageform A. Untersuchen Sie durch einen statistischen Test zum Niveau $\alpha = 0.05$, ob sich diese Auffassung statistisch erhärten läßt. Gehen Sie von normalverteilten Renditen unter der Annahme $\sigma_A = \sigma_B$ aus.
Ihnen steht folgende zusätzliche Angabe zur Verfügung:

$$\sqrt{\left(\frac{1}{n_A} + \frac{1}{n_B}\right) \frac{(n_A - 1) \cdot s_A^2 + (n_B - 1) \cdot s_B^2}{n_A + n_B - 2}} = 0.00384.$$

(c1) Stellen Sie die Hypothesen des Testproblems auf.
(c2) Wie lautet die Prüfgröße? Wie ist sie unter H_0 verteilt?
(c3) Wie lautet die Testentscheidung? (Kurz!)

(Lösung siehe Seite 239)

Lösungen

Lösung 11.1

(a) Das Hypothesenpaar ist

$$H_0: \quad \mu \leq 110, \qquad\qquad H_1: \quad \mu > 110.$$

Für den Gauß-Test

$$Z = \frac{\bar{X} - \mu_0}{\sigma}\sqrt{n}$$

erhält man den Ablehnungsbereich $(z_{1-\alpha}, \infty)$. Für $\alpha = 0.05$ ergibt sich $(1.64, \infty)$.

(b) Mit $\alpha = 0.05$ ergibt sich aus

$$z = \frac{112 - 110}{15}\sqrt{10} = \frac{2}{15}\sqrt{10} = 0.42,$$

daß H_0 nicht verworfen wird.

(c) Der Fehler 2. Art ist bestimmt durch

$$\begin{aligned}
&P(Z \leq z_{1-\alpha} \mid \mu = 120) = \\
&= P\left(\frac{\bar{X} - 120 + 120 - \mu_0}{\sigma}\sqrt{n} \leq z_{1-\alpha}\right) \\
&= P\left(Z + \frac{120 - \mu_0}{\sigma}\sqrt{n} \leq z_{1-\alpha}\right) \\
&= P\left(Z \leq z_{1-\alpha} - \frac{120 - \mu_0}{\sigma}\sqrt{n}\right) \\
&= P\left(Z \leq 1.64 - \frac{10}{15}\sqrt{10}\right) = P(Z \leq -0.46) \\
&= \Phi(-0.46) = 1 - \Phi(0.46) = 1 - 0.677 = 0.323.
\end{aligned}$$

(d) Der Ablehnungsbereich des t-Tests ist gegeben als $(t_{1-\alpha}(n-1), \infty)$. Für $\alpha = 0.05$ ergibt sich $(t_{0.95}(9), \infty)$, also $(1.83, \infty)$.
Die Teststatistik erhält man als

$$t = \frac{\bar{x} - \mu_0}{s}\sqrt{n} = \frac{112 - 110}{\sqrt{230}}\sqrt{10} = 0.417.$$

Die Nullhypothese wird demnach nicht abgelehnt.

Lösung 11.2

(a) $\bar{X}$ ist ein geeigneter Punktschätzer für den Erwartungswert μ der Verteilung von X. $\bar{X}$ ist erwartungstreu für μ, konsistent und effizient.

(b) Das Konfidenzintervall für μ_1 lautet mit $\bar{x}_1 = 1780, n_1 = 12$ und $s_1 = 230$:

$$\begin{aligned} & [\bar{x}_1 - t_{0.975}(n_1 - 1) \cdot \frac{s_1}{\sqrt{n_1}}, \bar{x}_1 + t_{0.975}(n_1 - 1) \cdot \frac{s_1}{\sqrt{n_1}}] \\ = & [1780 - 2.2010 \cdot \frac{230}{\sqrt{12}}, 1780 + 2.2010 \cdot 66.3953] \\ = & [1633.86, 1926.14]. \end{aligned}$$

Da $\bar{x}_2 = 1900, n_2 = 20$ und $s_2 = 250$, ergibt sich als Konfidenzintervall für μ_2:

$$\begin{aligned} & [1900 - 2.0930 \cdot \frac{250}{\sqrt{20}}, 1900 + 2.0930 \cdot 55.9017] \\ = & [1783.00, 2017.00]. \end{aligned}$$

(c) Die beiden Konfidenzintervalle überlappen sich. Man kann also aufgrund der Beobachtungen und dem vorgegebenen Signifikanzniveau von 5 % nicht schließen, daß sich die mittleren Kalorienmengen bei Personen mit fleischloser bzw. nicht fleischloser Ernährung unterscheiden.

(d) Da von einer Normalverteilung und unbekannten, aber gleichen Varianzen σ_1^2 und σ_2^2 ausgegangen werden kann, ist zum Vergleich der Erwartungswerte der Zwei-Stichproben-t-Test für unverbundene Stichproben mit folgender Testgröße geeignet:

$$\begin{aligned} T &= \frac{\bar{X}_1 - \bar{X}_2}{S\sqrt{\frac{1}{n_1} + \frac{1}{n_2}}}, \text{ wobei} \\ S^2 &= \frac{1}{n_1 + n_2 - 2}[(n_1 - 1)S_1^2 + (n_2 - 1)S_2^2]. \end{aligned}$$

Mit $n_1 = 12$, $n_2 = 20$, $s_1 = 230$ und $s_2 = 250$ ergibt sich:

$$s^2 = \frac{1}{12 + 32 - 2}(11 \cdot 230^2 + 19 \cdot 250^2) = \frac{1}{30}(581900 + 1187500) = 58980$$

und damit $s = \sqrt{58980} = 242.85$.
Somit erhält man

$$t = \frac{1780 - 1900}{242.85\sqrt{\frac{1}{12} + \frac{1}{20}}} = -\frac{120}{88.73} = -1.35.$$

Da $t = -1.35 \not< -1.697 = t_{1-\alpha}(n + m - 2) = t_{0.95}(30)$, kann H_0 nicht verworfen werden. Man kann also bei einem Signifikanzniveau von $\alpha =$

0.05 nicht schließen, daß Personen, die sich fleischlos ernähren, am Tag weniger Kalorien zu sich nehmen als Personen, bei denen auch Fleisch auf dem Speiseplan steht.

Lösung 11.3

(a) Es handelt sich hier um ein Zwei-Stichprobenproblem mit unabhängigen Stichproben. Da man nicht von einer Normalverteilung ausgehen kann und die Stichprobenumfänge klein sind, ist ein verteilungsfreier Test und zwar der Wilcoxon-Rangsummen-Test angebracht.

(b) Das statistische Testproblem lautet

$$H_0 : x_{med} \leq y_{med} \quad \text{gegen} \quad H_1 : x_{med} > y_{med},$$

d.h. X nimmt unter H_0 im Mittel kleinere Werte an als Y. Zur Berechnung der Testgröße werden in der gemeinsamen Stichprobe die Ränge verteilt, wie der folgenden Arbeitstabelle entnommen werden kann:

gemeinsame Stichprobe (Y)	8	13	16	20	24	17	18	25
Rang	1	5.5	8	12	13	9	10	14

gemeinsame Stichprobe (X)	12	9	13	11	19	15
Rang	4	2	5.5	3	11	7

Damit ergibt sich für die Testgröße:

$$T_W = \sum_{i=1}^{n} R(X_i) = 4 + 2 + 5.5 + 3 + 11 + 7 = 32.5.$$

H_0 kann verworfen werden, falls $T_W < w_\alpha(n, m)$. Da hier $w_\alpha(n, m) = w_{0.1}(6, 8) = 35 > 32.5 = T_W$ ist, kann H_0 verworfen werden. H_1 ist signifikant zum Niveau $\alpha = 0.1$. Man kann also bei einem Signifikanzniveau $\alpha = 0.1$ nachweisen, daß Pflegekinder in Pflegefamilien, in denen weitere Kinder sind, besser integriert werden.

Lösung 11.4

Da nun σ^2 als unbekannt vorausgesetzt wird, müssen in den Aufgaben 10.7 und 10.9 t-Tests anstelle von Gaußtests durchgeführt werden. Die Teststatistik lautet damit:

$$T = \frac{\bar{X} - \mu_0}{S} \cdot \sqrt{n} \sim t(n-1).$$

Zu Aufgabe 10.7:
H_0 wird nun abgelehnt, falls

$$T = \frac{\bar{X} - 100}{S} \cdot \sqrt{n} > t_{0.9}(24) = 1.318,$$

d.h. im Vergleich zum Gaußtest (mit bekannter Varianz) wird H_0 erst für größere Werte der Teststatistik abgelehnt. Für die Teststatistik ergibt sich

$$t = \frac{104 - 100}{15}\sqrt{25} = 1.\bar{3},$$

so daß H_0 abgelehnt wird.
Zu Aufgabe 10.9:
H_0 wird abgelehnt, falls

$$T = \frac{\bar{X} - 600}{S} \cdot \sqrt{40} > t_{0.99}(39) \approx t_{0.99}(\infty) = 2.3263.$$

Aufgrund des großen Stichprobenumfangs stimmen hier t-Test und Gaußtest überein. Der p-Wert kann somit aus der Standardnormalverteilung bestimmt werden:

$$\begin{aligned} p = P_{\mu=\mu_0}(T > 2.108) &= 1 - P_{\mu=100}(T \leq 2.108) \\ &= 1 - \Phi(2.108) = 0.0174. \end{aligned}$$

Lösung 11.5

Sei X der Ausgang des Kreuzungsexperiments mit

$$X = \begin{cases} 1, & \text{falls rund und gelb} \\ 2, & \text{falls rund und grün} \\ 3, & \text{falls kantig und gelb} \\ 4, & \text{falls kantig und grün.} \end{cases}$$

Die hypothetischen Wahrscheinlichkeiten sollen im Verhältnis 9 : 3 : 3 : 1 stehen, d.h.

$$\pi_1 = \frac{9}{16}, \quad \pi_2 = \frac{3}{16}, \quad \pi_3 = \frac{3}{16}, \quad \pi_4 = \frac{1}{16}.$$

Zu testen ist

$$H_0 : P(X = i) = \pi_i \quad \text{für } i = 1, 2, 3, 4$$

gegen

$$H_1 : P(X = i) \neq \pi_i \quad \text{für mindestens ein } i = 1, 2, 3, 4.$$

Verwende als Teststatistik:

$$\chi^2 = \sum_{i=1}^{4} \frac{(h_i - n\pi_i)^2}{n\pi_i},$$

wobei h_i die absoluten Häufigkeiten bezeichnen und $n = 556$ den Stichprobenumfang. Der folgenden Tabelle entnimmt man die für die Berechnung von χ^2 notwendigen Werte:

h_i	$n\pi_i$	$h_i - n\pi_i$	$\frac{(h_i-n\pi_i)^2}{n\pi_i}$
315	312.75	2.25	0.0162
108	104.25	3.75	0.1349
101	104.25	−3.25	0.1013
32	34.75	−2.75	0.2176

Damit erhält man

$$\begin{aligned}\chi^2 &= \frac{(315-312.75)^2}{312.75} + \frac{(108-104.25)^2}{104.25} + \\ &\quad \frac{(101-104.25)^2}{104.25} + \frac{(32-34.75)^2}{34.75} \\ &= 0.47.\end{aligned}$$

Unter H_0 gilt $\chi^2 \overset{a}{\sim} \chi^2(3)$, d.h. H_0 wird abgelehnt, falls $\chi^2 > \chi^2_{0.95}(3) = 7.815$. Da $\chi^2 = 0.47 < 7.815$, wird H_0 beibehalten.

Lösung 11.6

Ein geeigneter Test für das vorliegende Problem ist der χ^2-Anpassungstest. Zur Lösung der Aufgabe wird zunächst die Verteilungsfunktion der Dichte f benötigt. Sie ist gegeben durch

$$F(x) = \begin{cases} 0 & \text{für } x < 6 \\ \frac{1}{8}x^2 - \frac{3}{2}x + 4.5 & \text{für } 6 \le x \le 8 \\ \frac{1}{8}x^2 + \frac{5}{2}x - 11.5 & \text{für } 8 \le x \le 10 \\ 1 & \text{für } x > 10. \end{cases}$$

Damit erhält man

$$\begin{aligned} P(X \le 7) &= 0.125 \cdot 7^2 - 1.5 \cdot 7 + 4.5 &&= 0.125, \\ P(7 < X \le 8) &= 0.5 - 0.125 &&= 0.375, \\ P(8 < X \le 9) &= 0.875 - 0.5 &&= 0.375, \\ P(9 < X \le 10) &= 1 - 0.875 &&= 0.125. \end{aligned}$$

Aus diesen Wahrscheinlichkeiten lassen sich die unter der Nullhypothese erwarteten Anzahlen der Werktage berechnen und ergeben:

$$\begin{aligned}\chi^2 &= \frac{(32-0.125\cdot 240)^2}{0.125\cdot 240}+\frac{(88-0.375\cdot 240)^2}{0.375\cdot 240}\\ &= \frac{(91-0.375\cdot 240)^2}{0.375\cdot 240}+\frac{(29-0.125\cdot 240)^2}{0.125\cdot 240}\\ &= 0.222.\end{aligned}$$

Die Nullhypothese wird abgelehnt, falls $\chi^2 > \chi^2_{0.95}(3) = 7.91$. Da $\chi^2 = 0.222 < 7.91$, wird H_0 beibehalten.

Lösung 11.7

In dieser Aufgabe werden der Vorzeichen-Test, der Wilcoxon-Vorzeichen-Rang-Test und der t-Test miteinander verglichen.

(a) Dem Vorzeichen-Test liegt folgendes statistische Testproblem zugrunde

$$H_0 : x_{med} \leq 25 \qquad \text{gegen} \qquad H_1 : x_{med} > 25.$$

Da $\delta_0 = 25$, ermittle man als Testgröße A die Anzahl aller Beobachtungen mit einem Wert kleiner als 25. Diese ist unter H_0 binomialverteilt mit Parametern $n = 10$ und $\pi = 0.5$. Damit wird H_0 verworfen, falls $A \leq b_\alpha$ mit $B(b_\alpha) \leq \alpha < B(b_\alpha + 1)$. Man erhält aus Tabelle B (Fahrmeir et al., 2004):

$$\begin{aligned} B(2) = 0.0547 &\quad \leq \quad \alpha = 0.1 \\ B(3) = 0.1719 &\quad > \quad \alpha \end{aligned}$$

und damit $b_\alpha = 2$. Da $A = 4 > 2$, wird H_0 beibehalten. Es kann also nicht davon ausgegangen werden, daß der Median der Anzahl der gerauchten Zigaretten größer als 25 ist.

(b) Das Testproblem beim Wilcoxon-Vorzeichen-Rang-Test entspricht dem des Vorzeichen-Tests. Zur Berechnung der Teststatistik erstelle man zunächst eine Arbeitstabelle:

x_i	26	34	5	20	50	44	18	39	29	19
D_i	1	9	−20	−5	25	19	−7	14	4	−6
$\|D_i\|$	1	9	20	5	25	19	7	14	4	6
$rg\|D_i\|$	1	6	9	3	10	8	5	7	2	4
Z_i	1	1	0	0	1	1	0	1	1	0

aus der man die Teststatistik $W^+ = 1 + 6 + 10 + 8 + 7 + 2 = 34$ erhält. Dabei ist H_0 zum Niveau $\alpha = 0.1$ bei einem Stichprobenumfang von $n = 10$ zu verwerfen (vgl. Abschnitt 11.1.1 und Tabelle F in Fahrmeir et al., 2004), falls $W^+ > w^+_{1-\alpha}(n) = w^+_{0.9}(10) = 39$. Da $W^+ = 34 < 39$, kann H_0 nicht verworfen werden.

(c) Der t-Test kann unter der zusätzlichen Annahme durchgeführt werden, daß die durchschnittliche Anzahl gerauchter Zigaretten X pro Tag normalverteilt ist, d.h. $X \sim N(\mu, \sigma^2), \sigma^2$ unbekannt. Diese Annahme ist allerdings problematisch, da es sich bei X um eine diskrete Zufallsvariable handelt. Nun wird das statistische Testproblem über den Erwartungswert formuliert als:

$$H_0 : \mu \leq 25 \qquad \text{gegen} \qquad H_1 : \mu > 25,$$

wobei unter Normalverteilungsannahme μ und x_{med} übereinstimmen. Die Prüfgröße ist gegeben als:

$$T = \frac{\bar{X} - \mu_0}{S}\sqrt{n}.$$

Mit $\bar{x} = 28.4$, $\sum x_i^2 = 9740$ und

$$s^2 = \frac{1}{n-1}\left(\sum x_i^2 - n\bar{x}^2\right) = \frac{1}{9}(9740 - 10 \cdot 28.4^2) = 186.0\bar{4},$$

d.h. $s = 13.64$, ergibt sich:

$$t = \frac{28.4 - 25}{13.64}\sqrt{10} = 0.789,$$

wobei H_0 zu verwerfen ist, falls $T > t_{1-\alpha}(n-1) = t_{0.9}(9) = 1.383$ (nach Tabelle D in Fahrmeir et al., 2004). Da $t = 0.788 < 1.383$, kann H_0 nicht verworfen werden, d.h. alle drei Tests kommen zu derselben Entscheidung.

Lösung 11.8

(a) Zur Erstellung des Histogramms wird zunächst die folgende Arbeitstabelle angelegt:

i	Klasse K_i	Klassen-breite	absolute Häufigkeit	relative Häufigkeit
1	$[-2.5, -1.5)$	1	6	0.12
2	$[-1.5, -0.5)$	1	10	0.20
3	$[-0.5, 0.5)$	1	5	0.10
4	$[0.5, 1.5)$	1	7	0.14
5	$[1.5, 2.5)$	1	22	0.44

Damit ergibt sich das folgende Histogramm:

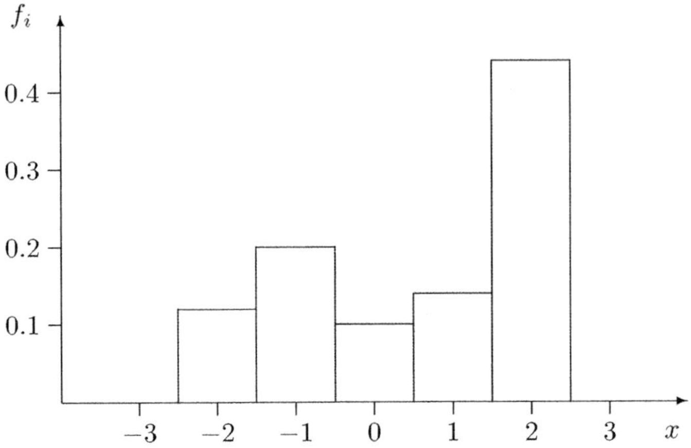

Die Verteilung ist nicht symmetrisch. Es liegt ein starkes Gewicht auf den Rändern. Damit spricht das Histogramm eher gegen die Annahme einer Normalverteilung.

(b) Das statistische Testproblem ist hier gegeben als:

$$H_0 : X \sim N(0,1) \quad \text{gegen} \quad H_1 : X \not\sim N(0,1).$$

Zur Überprüfung der Nullhypothese werden zunächst die unter H_0 erwarteten Besetzungswahrscheinlichkeiten berechnet. Diese ergeben sich als:

$$\begin{aligned}
\pi_1 &= P(-\infty < X < -1.5) = 1 - \Phi(1.5) = 1 - 0.9332 = 0.0668,\\
\pi_2 &= P(-1.5 \leq X < -0.5) = \Phi(-0.5) - \Phi(-1.5)\\
&= 1 - \Phi(0.5) - [1 - \Phi(1.5)]\\
&= \Phi(1.5) - \Phi(0.5) = 0.9332 - 0.6915 = 0.2417,\\
\pi_3 &= P(-0.5 \leq X < 0.5) = \Phi(0.5) - \Phi(-0.5) = \Phi(0.5) - [1 - \Phi(0.5)]\\
&= 2 \cdot \Phi(0.5) - 1 = 2 \cdot 0.6915 - 1 = 1.383 - 1 = 0.383.
\end{aligned}$$

Aufgrund der Symmetrie der Normalverteilung gilt $\pi_4 = \pi_2$ und $\pi_5 = \pi_1$. Damit läßt sich obiges Testproblem genauer formulieren als:

$$H_0 : P(X \in K_i) = \pi_i \quad \text{für } i = 1, ..., 5 \quad \text{gegen}$$

$$H_1 : P(X \in K_i) \neq \pi_i \quad \text{für mindestens ein } i \in \{1, ..., 5\}.$$

Zur Berechnung der Prüfgröße

$$\chi^2 = \sum_{i=1}^{5} \frac{(h_i - n\pi_i)^2}{n\pi_i}$$

des χ^2-Anpassungstests ist folgende Arbeitstabelle hilfreich:

h_i	$n\pi_i$	$\frac{(h_i - n\pi_i)^2}{n\pi_i}$
6	3.34	2.118
10	12.09	0.361
5	19.15	10.455
7	12.09	2.143
22	3.34	104.250

H_0 wird nun zum Niveau $\alpha = 0.05$ verworfen, falls $\chi^2 > \chi^2_{0.95}(k-1) = \chi^2_{0.95}(4) = 9.49$.
Da hier $\chi^2 = 119.327 > 9.49$, wird H_0 verworfen, d.h. man kann zum Niveau $\alpha = 0.05$ schließen, daß der Befindlichkeitsscore keine standardnormalverteilte Zufallsvariable ist.

Lösung 11.9

Seien X das Füllgewicht auf Maschine A und Y das Füllgewicht auf Maschine B. Man geht davon aus, daß X und Y unabhängig sind und normalverteilt mit $X \sim N(\mu_A, \sigma_A^2)$ und $Y \sim N(\mu_B, \sigma_B^2)$.

(a) Zu testen sind die Hypothesen

$$H_0 : \mu_A \leq \mu_B \quad \text{gegen} \quad H_1 : \mu_A > \mu_B .$$

Verwende als Test den Zwei-Stichproben-Gaußtest mit der Teststatistik

$$Z = \sqrt{n_A n_B} \cdot \frac{\bar{X} - \bar{Y}}{\sqrt{n_B \sigma_A^2 + n_A \sigma_B^2}} .$$

Unter H_0 ist Z standardnormalverteilt. H_0 wird abgelehnt, falls

$$z > z_{0.99} = 2.3263.$$

Im vorliegenden Fall gilt

$$z = \sqrt{12 \cdot 19} \cdot \frac{140 - 132}{\sqrt{19 \cdot 49 + 12 \cdot 25}} = 3.1179 > 2.3263,$$

d.h. H_0 wird abgelehnt. Zu einem Signifikanzniveau von $\alpha = 0.01$ läßt sich nachweisen, daß Maschine A mit einem höheren Füllgewicht als Maschine B arbeitet.

(b) Verwende nun als Test den t-Test mit der Teststatistik

$$T = \sqrt{\frac{n_A n_B}{n_A + n_B}} \cdot \frac{\bar{X} - \bar{Y}}{S} \sim t(n_A + n_B - 2)$$

mit

$$S^2 = \frac{(n_A - 1)S_A^2 + (n_B - 1)S_B^2}{n_A + n_B - 2}.$$

H_0 wird abgelehnt, falls

$$T > t_{0.99}(n_A + n_B - 2) = t_{0.99}(20) = 2.53.$$

$$t = \sqrt{\frac{12 \cdot 10}{12 + 10}} \cdot \frac{140 - 132}{\sqrt{22.8625}} = 3.9076,$$

d.h. auch hier wird H_0 abgelehnt.

Lösung 11.10

Da die gleichen Patienten vor und nach der REHA den Test absolvieren, liegt der Fall von verbundenen Stichproben vor. Außerdem ist die Annahme der Normalverteilung nicht gegeben. Damit ist bei dieser geringen Anzahl von Patienten ein verteilungsfreier Test eher geeignet wie z.B. der Wilcoxon-Vorzeichen-Rang-Test mit der Prüfgröße (vgl. Abschnitt 11.3 in Fahrmeir et al., 2004):

$$W^+ = \sum_{i=1}^{n} rg|D_i| Z_i \quad \text{mit } Z_i = \begin{cases} 1 & \text{für } D_i > 0 \\ 0 & \text{für } D_i < 0 \end{cases},$$

wobei $D_i = X_i - Y_i$ mit

$$\begin{aligned} X &= \text{Anzahl erfolgreich absolvierter Aufgaben nach REHA,} \\ Y &= \text{Anzahl erfolgreich absolvierter Aufgaben vor REHA.} \end{aligned}$$

Die Frage danach, ob nach der REHA die motorischen Fähigkeiten besser geworden sind, läßt sich über die mittlere Anzahl der erfolgreich absolvierten Aufgaben wie folgt als statistisches Testproblem formulieren:

$$\begin{aligned} H_0 &: x_{med} \leq y_{med} \quad \text{gegen} \quad H_1 : x_{med} > y_{med} \quad \text{bzw.} \\ H_0 &: D_{med} \leq 0 \quad \text{gegen} \quad H_1 : D_{med} > 0. \end{aligned}$$

Zur Berechnung der Prüfgröße wird folgende Arbeitstabelle erstellt:

i	1	2	3	4	5	6	7	8	9	10	11
x_i	5	4	8	1	9	7	5	1	10	1	7
y_i	7	4	7	3	3	3	5	2	7	3	2
D_i	-2	0	1	-2	6	4	0	-1	3	-2	5
$\|D_i\|$	2	0	1	2	6	4	0	1	3	2	5
$rg\|D_i\|$	4	-	1.5	4	9	7	-	1.5	6	4	8
Z_i	0	-	1	0	1	1	-	0	1	0	1

aus der sich die Prüfgröße $W^+ = 1.5 + 9 + 7 + 6 + 8 = 31.5$ ergibt. Da zwei D_i den Wert null annehmen, gehen nur neun Beobachtungen in die Analyse ein, wobei H_0 zum Niveau $\alpha = 0.05$ zu verwerfen ist, falls $W^+ > w^+_{0.95}(9) = 35$. Da $31.5 < 35$, kann H_0 nicht verworfen werden, d.h. aufgrund der vorliegenden Beobachtungen kann zum Niveau $\alpha = 0.05$ nicht geschlossen werden, daß die neuentwickelte REHA-Maßnahme zu einer Verbesserung der Feinmotorik führt.

Lösung 11.11

(a) Da es sich hier um eine verbundene Stichprobe handelt, geht man über zu den Differenzen

$$D_i = X_i - Y_i.$$

Da man nicht von der Normalverteilungsannahme ausgehen kann, erweist sich der Wilcoxon-Vorzeichen-Rang-Test als geeignet. Die Hypothesen

$$H_0 : X_{med} \leq Y_{med} \quad \text{gegen} \quad H_1 : X_{med} > Y_{med}$$

sind äquivalent zu

$$H_0 : D_{med} \leq 0 \quad \text{gegen} \quad H_1 : D_{med} > 0.$$

Die Teststatistik lautet

$$W^+ = \sum_{i=1}^{5} rg|D_i|Z_i \quad \text{mit}$$

$$Z_i = \begin{cases} 1, & \text{falls } D_i > 0 \\ 0, & \text{falls } D_i \leq 0. \end{cases}$$

Der folgenden Tabelle entnimmt man die zur Berechnung von W^+ benötigten Größen:

x_i	24	28	21	27	23
y_i	20	25	15	22	18
$D_i = x_i - y_i$	4	3	6	5	5
$rg(D_i)$	2	1	5	3.5	3.5
Z_i	1	1	1	1	1

Damit erhält man

$$W^+ = 2 + 1 + 5 + 3.5 + 3.5 = 15.$$

H_0 wird abgelehnt, falls

$$W^+ > w^+_{0.95}(5) = 13.$$

Im vorliegenden Fall wird also H_0 abgelehnt, d.h. das Absinken des Hautwiderstands ist signifikant zu $\alpha = 0.05$.

(b) Bei normalverteilten Merkmalen kann der einfache t-Test zum Test von

$$H_0 : \mu_D \leq 0 \quad \text{gegen} \quad H_1 : \mu_D > 0$$

verwendet werden. Die Teststatistik lautet

$$T = \frac{\bar{D} - 0}{S} \cdot \sqrt{n}.$$

Es gilt $\bar{d} = 4.6$ und $s^2 = 1.3$ und damit

$$t = \frac{4.6}{1.14}\sqrt{5} = 9.023.$$

H_0 wird abgelehnt, falls

$$T > t_{0.95}(4) = 2.1318.$$

Wie beim Wilcoxon-Test wird also auch hier H_0 abgelehnt.

Lösung 11.12

Zu testen sind die Hypothesen

$$\begin{aligned} & H_0 : \text{Unabhängigkeit zwischen Studienfach und Einstellung} \\ \text{gegen} \quad & H_1 : \text{Abhängigkeit zwischen Studienfach und Einstellung.} \end{aligned}$$

Verwende als Test einen χ^2-Unabhängigkeitstest mit der Teststatistik

$$\chi^2 = \sum_{i=1}^{k}\sum_{j=1}^{m} \frac{(h_{ij} - \tilde{h}_{ij})^2}{\tilde{h}_{ij}}$$

und

$$\tilde{h}_{ij} = \frac{h_{i\cdot}h_{\cdot j}}{n}.$$

Der folgenden Tabelle entnimmt man die für die Berechnung von χ^2 notwendigen $\tilde{h}_{ij}$:

	positiv	negativ	neutral	
Naturwissenschaften	16	12	12	40
Geisteswissenschaften	8	6	6	20
Wirtschaftswissenschaften	16	12	12	40
	40	30	30	100

Es gilt:

$$\chi^2 = \frac{(20-16)^2}{16} + \frac{(5-12)^2}{12} + \frac{(15-12)^2}{12} + \cdots + \frac{(10-12)^2}{12} = 14.58\bar{3}.$$

H_0 wird abgelehnt, falls

$$\chi^2 > \chi^2_{0.99}((k-1)(m-1)) = \chi^2_{0.99}(4) = 13.277.$$

Da $\chi^2 = 14.58\bar{3} > 13.277$, wird im vorliegenden Fall die Nullhypothese verworfen. Es besteht also ein signifikanter Zusammenhang zwischen Studienfach und Einstellung zum Studentenstreit.

Lösung 11.13

Da die beiden Merkmale "Schulart" und "Staatsangehörigkeit" nominal skaliert sind, ist der χ^2-Unabhängigkeitstest zur Überprüfung geeignet.
Das statistische Testproblem lautet

$$H_0 : X, Y \text{ unabhängig} \quad \text{gegen} \quad H_1 : X, Y \text{abhängig} \quad \text{bzw.}$$

$$H_0 : P(X = i, Y = j) = P(X = i) \cdot P(Y = j) \quad \text{gegen}$$

$$H_1 : P(X = i, Y = j) \neq P(X = i) \cdot P(Y = j) \text{ für mindestens ein Paar } (i, j).$$

Als Testgröße dient hier die Größe χ^2, die schon in Aufgabe 3.5 berechnet wurde. Dort ergab sich der Wert $\chi^2 = 21673.08$.
H_0 kann nun verworfen werden, falls $\chi^2 > \chi^2_{1-\alpha}((k-1)(m-1)) = \chi^2_{0.95}(2) = 5.9915$. Da hier $\chi^2 = 21673.08 > 5.9915$, kann H_0 zum Niveau $\alpha = 0.05$ verworfen werden, d.h. es liegt ein zum Niveau $\alpha = 0.05$ signifikanter Zusammenhang zwischen den Merkmalen "Schulart" und "Staatsangehörigkeit" vor.

Lösung 11.14

Unter der Annahme, daß die $(X_i, Y_i)_{i=1\dots n}$ unabhängig und gemeinsam normalverteilt sind, lauten die zu testenden Hypothesen

$$H_0 : \rho_{XY} = 0 \quad \text{gegen} \quad H_1 : \rho_{XY} \neq 0.$$

Als Testgröße verwende man hier

$$T = \frac{r_{XY}}{\sqrt{1 - r_{XY}^2}} \cdot \sqrt{n-2}.$$

Unter H_0 gilt $T \sim t(n-2)$. Im vorliegenden Fall gilt $\bar{x} = 104.4$, $\bar{y} = 91.9$ und damit

$$r_{XY} = \frac{95\,929 - 10 \cdot 104.4 \cdot 91.9}{\sqrt{(111\,548 - 10 \cdot 104.4^2)(85\,727 - 10 \cdot 91.9^2)}} = -0.0081.$$

Für T erhält man also:

$$t = \frac{-0.0081}{\sqrt{1 - 0.0081^2}} \cdot \sqrt{8} = -0.0229.$$

H_0 wird abgelehnt, falls

$$|T| > t_{0.975}(8) = 2.3060.$$

Im vorliegenden Fall wird also H_0 nicht abgelehnt.

Lösung 11.15

(a) Die Häufigkeitsverteilung ergibt sich als

		Y = 1	Y = 0	
X	1	35	25	60
	0	5	35	40
		40	60	100

(b) Man erhält für die unter Unabhängigkeit zu erwartenden Beobachtungen $\tilde{h}_{ij} = h_{i\cdot}h_{\cdot j}/n$ die Tafel

		Y = 1	Y = 0	
X	1	24	36	60
	0	16	24	40
		40	60	100

Daraus ergibt sich

$$\begin{aligned}\chi^2 &= \sum_{i,j} \frac{(h_{ij} - \tilde{h}_{ij})^2}{\tilde{h}_{ij}} \\ &= \frac{(35-24)^2}{24} + \frac{(25-36)^2}{36} + \frac{(5-16)^2}{16} + \frac{(35-24)^2}{24} \\ &= 5.042 + 3.361 + 7.563 + 5.042 \\ &= 21.007.\end{aligned}$$

Der Vergleich mit $\chi^2_{0.95}(1) = 3.84$ zeigt, daß H_0 abgelehnt wird.

Lösung 11.16

(a)(a1) Die Testprobleme lauten hier:

$$\begin{aligned} H_0^A &: \mu_A \leq 0 \quad \text{gegen} \quad H_1^A : \mu_A > 0, \\ H_0^B &: \mu_B \leq 0 \quad \text{gegen} \quad H_1^B : \mu_B > 0. \end{aligned}$$

(a2) Da $n_A = 25 \leq 30$ gilt:

$$T_A = \sqrt{n_A} \cdot \frac{\bar{X}_A}{S_A} \overset{H_0^A}{\sim} t(n_A - 1).$$

Wegen $n_B = 36 > 30$ gilt:

$$T_B = \sqrt{n_B} \cdot \frac{\bar{X}_B}{S_B} \overset{H_0^B}{\sim} N(0,1).$$

(a3) Der Ablehnungsbereich zu A lautet:

$$\{t_A \, : \, t_A > t_{0.95}(24)\} \text{ mit } t_{0.95}(24) = 1.7109.$$

Entsprechend ergibt sich der Ablehnungsbereich zu B als:

$$\{t_B \, : \, t_B > z_{0.95}\} \text{ mit } z_{0.95} = 1.64.$$

(a4) Da $t_A = \sqrt{25} \cdot \frac{0.0047}{0.0144} = 1.6319 < 1.7109$, wird H_0^A beibehalten, und da der p-Wert $p_B = 0.0085 < \alpha = 0.05$, wird H_0^B verworfen.

(b)(b1) Hier werden die Testprobleme über den Median formuliert:

$H_0^A : X_{A,med} \leq 0$ gegen $H_1^A : X_{A,med} > 0$,

$H_0^B : X_{B,med} \leq 0$ gegen $H_1^B : X_{B,med} > 0$.

(b2) Die Prüfgröße des Wilcoxon-Vorzeichen-Rang-Tests lautet z.B. für die Anlageform A

$$W_A^+ = \sum_{i=1}^{n_A} rg|D_i|Z_i,$$

wobei

$$\begin{aligned} D_i &= X_i - 0 = X_i \quad \text{und} \\ Z_i &= \begin{cases} 1 & X_i > 0 \\ 0 & X_i < 0. \end{cases} \end{aligned}$$

Es gilt:

$$\begin{aligned} W_A^+ &\overset{H_0^A}{\sim} N\left(\frac{n_A(n_A+1)}{4}, \frac{n_A(n_A+1)(2n_A+1)}{24}\right), \\ W_B^+ &\overset{H_0^B}{\sim} N\left(\frac{n_B(n_B+1)}{4}, \frac{n_B(n_B+1)(2n_B+1)}{24}\right). \end{aligned}$$

(b3) Es gilt unter $X_{A,med} = 0$:

$$\frac{(W_A^+ - n_A(n_A+1)/4)}{\sqrt{n_A(n_A+1)(2n_A+1)/24}} = \frac{W_A^+ - 162.5}{37.17}.$$

Es wird H_0 verworfen, wenn

$$\frac{W_A^+ - 162.5}{37.17} > z_{0.95} = 1.64,$$

d.h. wenn $W_A^+ > 223.46$. H_0^A wird somit abgelehnt.
Alternativ betrachtet man die normierte Teststatistik

$$\frac{225 - 25 \cdot 26/4}{\sqrt{\frac{25 \cdot 26 \cdot (50+1)}{24}}} = \frac{62.5}{37.165} = 1.6817 > 1.64 = z_{0.95}.$$

(c)(c1) Das Testproblem lautet nun:

$$H_0 : \mu_A \geq \mu_B \text{ gegen } H_1 : \mu_A < \mu_B.$$

(c2) Die Prüfgröße ist die des Zwei-Stichproben-t-Tests:

$$T = \frac{\bar{X}_B - \bar{X}_A}{\sqrt{\left(\frac{1}{n_A} + \frac{1}{n_B}\right) \frac{(n_A-1)\cdot S_A^2 + (n_B-1)\cdot S_B^2}{n_A+n_B-2}}} \overset{H_0}{\sim} t(n_A + n_B - 2) = t(59).$$

(c3) Der Ablehnungsbereich bestimmt sich durch

$$\{t \,:\, t > t_{0.95}(59)\}, \; t_{0.95}(59) \approx t_{0.95}(60) = 1.6706.$$

Mit $t = \frac{0.0072-0.0047}{0.00384} = 0.651 < 1.6706$ wird H_0 beibehalten.

12

Regressionsanalyse

Aufgaben

Aufgabe 12.1 (Fortsetzung von Aufgabe 3.12)

(a) Schätzen Sie $Var(\epsilon_i) = \sigma^2$.
(b) Prüfen Sie anhand des F-Tests zum Niveau $\alpha = 0.05$, ob β von null verschieden ist. Interpretieren Sie Ihr Ergebnis.

(Lösung siehe Seite 253)

Aufgabe 12.2

In einer Studie zur Untersuchung von Herzkreislauferkrankungen wurde bei sechs Männern der **B**ody**M**ass**I**ndex (Gewicht in kg/(Körpergröße in m)^2) ermittelt. Zusätzlich wurde deren systolischer Blutdruck gemessen, da vermutet wurde, daß Übergewicht Bluthochdruck hervorruft. Bezeichne X den BMI und Y die Systole. Für eine Vorstichprobe von sechs Männern erhielt man folgende Werte:

x_i	26	23	27	28	24	25
y_i	170	150	160	175	155	150

Nehmen Sie an, daß sich der Zusammenhang zwischen X und Y durch folgende Beziehung beschreiben läßt:

$$y_i = a + \beta x_i + \epsilon_i, \quad i = 1, \ldots, 6.$$

(a) Bestimmen Sie die KQ-Schätzer für α und β.
(b) Berechnen Sie ein 95 %-Konfidenzintervall für β.
(c) Führen Sie auf der Basis des Konfidenzintervalls einen Test zum Niveau $\alpha = 5$ % für die Hypothese $H_0 : \beta = 0$ gegen $H_1 : \beta \neq 0$ durch. Interpretieren Sie Ihr Ergebnis.

(Lösung siehe Seite 254)

Aufgabe 12.3

In Fahrmeir et al. (2004), Abschnitt 3.6.2, wurde ein lineares Regressionsmodell besprochen, das den Einfluß der täglichen Fernsehzeit auf das Schlafverhalten von Kindern untersucht.

(a) Testen Sie unter Normalverteilungsannahme, ob die vor dem Fernseher verbrachte Zeit einen signifikanten Einfluß auf die Dauer des Tiefschlafs ausübt ($\alpha = 0.05$). Warum ist die Normalverteilungsannahme hier problematisch?
(b) Ein weiteres Kind sah tagsüber 1.5 Stunden fern. Wie lange wird gemäß der angepaßten Regression sein Tiefschlaf erwartungsgemäß dauern? Geben Sie zu Ihrer Prognose auch ein 95 %-Konfidenzintervall an.

(Lösung siehe Seite 255)

Aufgabe 12.4 (Fortsetzung von Aufgabe 3.7)

(a) Nennen Sie einen Test, mit dem sich überprüfen läßt, ob die Dosis des Medikaments einen Einfluß auf die Reaktionszeit hat. Formulieren Sie diese Frage als statistisches Testproblem, und geben Sie die Testgröße an. Formen Sie die Testgröße so um, daß sie nur noch vom Bestimmtheitsmaß und vom Stichprobenumfang abhängt. Führen Sie den Test zum Niveau $\alpha = 0.05$ durch, und interpretieren Sie das Ergebnis.
(b) Geben Sie ein Prognoseintervall für eine Dosierung von $Y_0 = 5.5$mg an.

(Lösung siehe Seite 257)

Aufgabe 12.5

Das folgende Streudiagramm veranschaulicht für $n = 20$ Beobachtungen den Zusammenhang zweier Variablen Y und X:

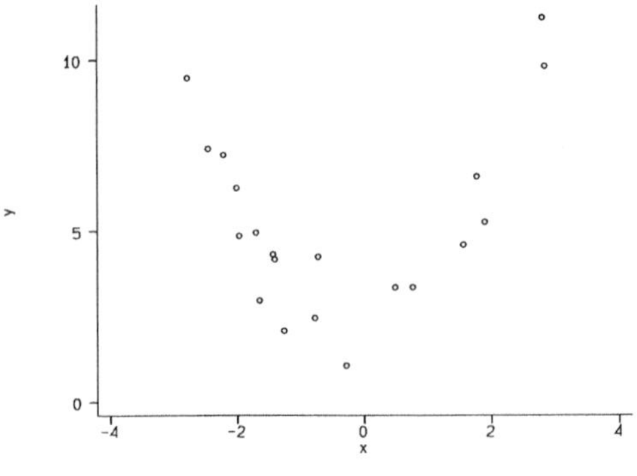

(a) Welches der folgenden beiden Regressionsmodelle wird den im Streudiagramm dargestellten Daten am besten gerecht? (Begründung!)

$$\begin{aligned} \text{Modell 1:} \quad y_i &= \alpha + \beta x_i + \epsilon_i \quad i = 1, \ldots, 20, \\ \text{Modell 2:} \quad y_i &= \alpha + \beta x_i^2 + \epsilon_i \quad i = 1, \ldots, 20. \end{aligned}$$

(b) Bestimmen Sie die KQ-Schätzer $\hat{\alpha}$ und $\hat{\beta}$ für das in (a) ausgewählte Modell. Verwenden Sie dabei einige der folgenden Größen:

$$\begin{aligned} &\sum x_i = -8.50, \quad \sum x_i^2 = 65.00, \quad \sum x_i^4 = 335.44, \\ &\sum y_i = 105.65, \quad \sum y_i x_i = -23.33, \quad \sum y_i x_i^2 = 465.63. \end{aligned}$$

(c) Das Bestimmtheitsmaß ist $R^2 = 0.87$. Wie lautet der Korrelationskoeffizient nach Bravais-Pearson?

(d) Das 95 %-Konfidenzintervall für β lautet $[0.80, 1.17]$. Testen Sie zum Signifikanzniveau $\alpha = 0.05$

$$H_0 : \beta = 0 \quad \text{gegen} \quad H_1 : \beta \neq 0.$$

(e) Welchen Wert y_0 prognostizieren Sie für einen neuen Wert $x_0 = 1.5$? Geben Sie auch ein 95 % Prognoseintervall an ($\hat{\sigma} = 0.97$).

(Lösung siehe Seite 258)

Aufgabe 12.6

Nach dem Schätzen einer linearen Einfachregression $Y_i = \alpha + \beta x_i + \epsilon_i$ ist oft ein Blick auf die Residuen $\hat{\epsilon}_i$ hilfreich, um Modellannahmen zu überprüfen.

(a) Welche Annahmen stellt man an die Fehlerterme ϵ_i und damit implizit an die Residuen $\hat{\epsilon}_i$?

(b) Welche zusätzlichen Modellannahmen sind unter Umständen nicht erfüllt?

(c) Ein exploratives Mittel zur Überprüfung der Modellannahmen ist der sogenannte Residualplot, das Streudiagramm der $(x_i, \hat{\epsilon}_i)$-Werte. Nachfolgend sind für fünf verschiedene Datensätze Residualplots dargestellt. Überlegen Sie bei jedem Bild, ob und wenn ja welche Annahme verletzt sein könnte.

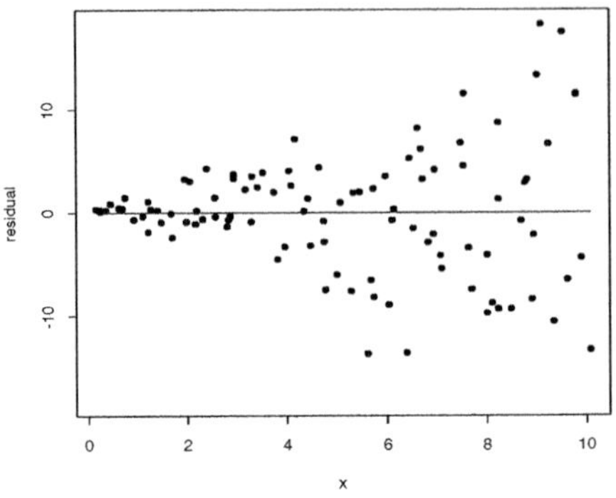

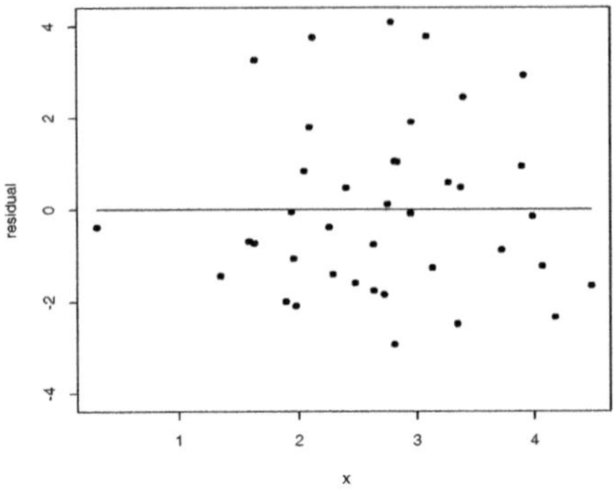

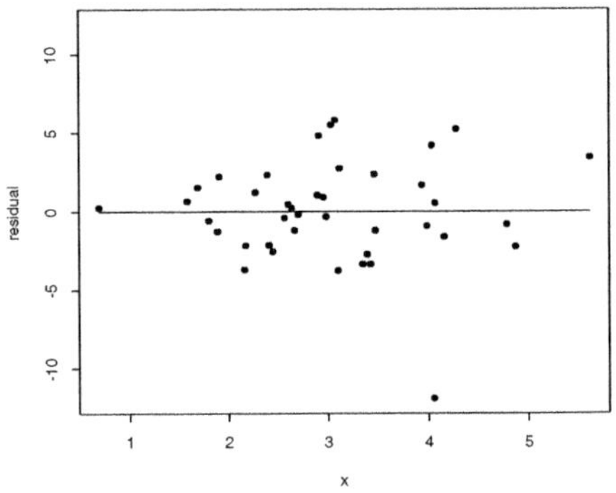

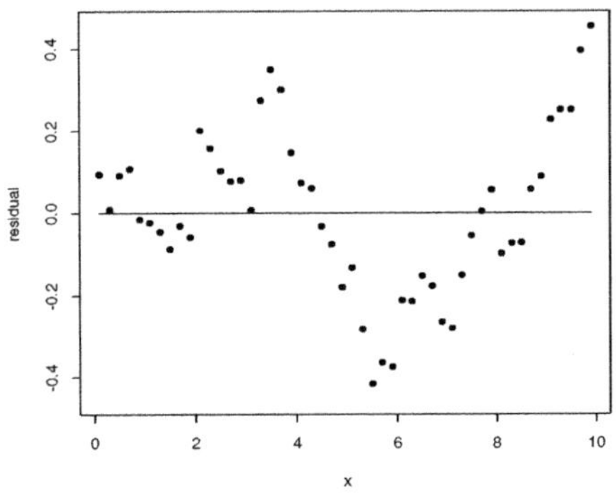

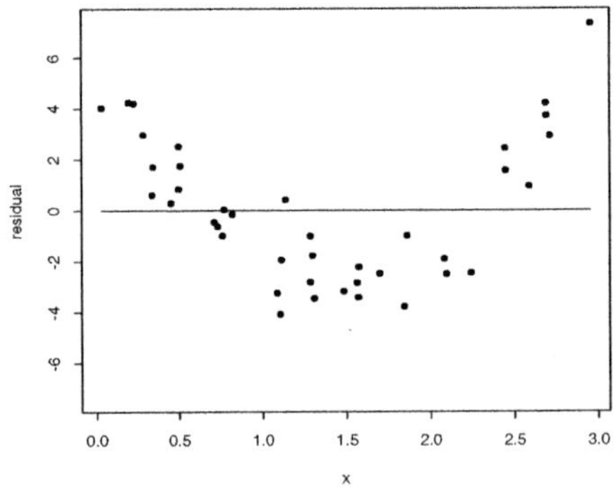

(Lösung siehe Seite 259)

Aufgabe 12.7

Zum Schätzen und Testen der linearen Einfachregression

$$Y_i = \alpha + \beta x_i + \epsilon_i, \qquad i = 1, \ldots, n,$$

gehen implizit und explizit verschiedene Annahmen ein, die bei realen Datensätzen unter Umständen verletzt sind. In den folgenden vier Bildern sind vier problematische Datensätze graphisch dargestellt. Welche Annahme erscheint Ihnen jeweils am kritischsten? Es genügt jeweils eine stichwortartige Antwort.

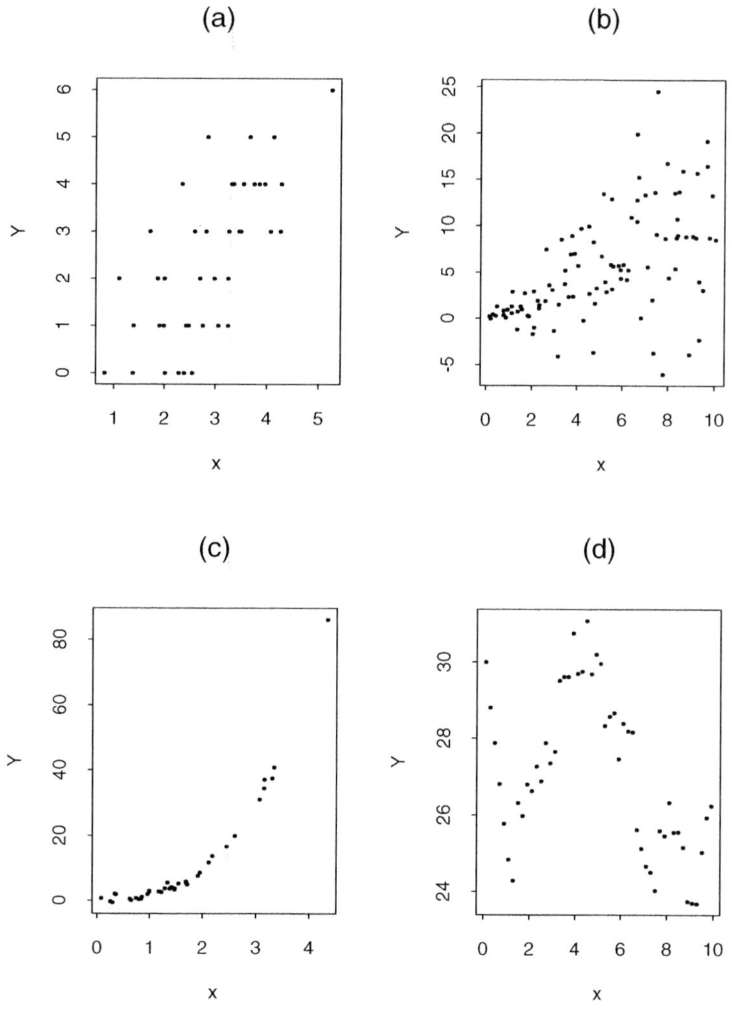

(Lösung siehe Seite 259)

Aufgabe 12.8

Betrachten Sie die lineare Einfachregression als Spezialfall der multiplen Regression. Zeigen Sie die Äquivalenz der beiden Teststatistiken T und F zum Prüfen der Hypothese $H_0 : \beta_1 = 0$.
(Lösung siehe Seite 260)

Aufgabe 12.9

Nach der sogenannten Permanent Income-Hypothese von M. Friedman (1957) hängt der Konsum C zum Zeitpunkt t vom Volkseinkommen und vom Konsum der Vorperiode ab, d.h.

$$C_t = \beta_1 Y_t + \beta_2 C_{t-1} + \epsilon_t .$$

Die nachfolgende Tabelle zeigt Schätzergebnisse für dieses multiple Regressionsmodell:

Kovariable	$\hat{\beta}_j$	$\hat{\sigma}_j$
Volkseinkommen	0.0700088	0.0144448
verz. Konsum	0.9239275	0.0159818

(Datengrundlage: Saisonbereinigte Quartalsdaten vom ersten Quartal 1969 bis zum zweiten Quartal 1990, $t = 1, \ldots, 102$).

(a) Bestimmen Sie für β_1 und β_2 jeweils 95 %-Konfidenzintervalle. Sind die beiden Kovariablen signifikant ($\alpha = 0.05$)?
(b) Interpretieren Sie die erhaltenen Ergebnisse inhaltlich. Berücksichtigen Sie dabei auch die Ergebnisse aus Teilaufgabe (a).
(c) Prognostizieren Sie den Konsum für das dritte Quartal 1990 ($t = 103$) bei einem Volkseinkommen von 6.4 und einem verzögerten Konsum von 5.7.
(d) Welche Annahme(n) des linearen Regressionsmodells ist(sind) verletzt?

(Lösung siehe Seite 261)

Aufgabe 12.10

An einer Meßstation in München wurden an 14 Tagen neben anderen Luftschadstoffen auch die Schwefeldioxidkonzentrationen gemessen und Tagesmittelwerte gebildet. Untersuchen Sie den Einfluß der Tagesdurchschnittstemperatur in Grad Celsius (X_1) auf die aus Symmetriegründen logarithmierten SO_2-Konzentrationen (Y). Liegt ein Wochenendeffekt vor? Die Variable X_2 gibt an, ob an einem Samstag oder Sonntag gemessen wurde ($X_2 = 1$) oder nicht ($X_2 = 0$).

Es gilt:

y	−3.15	−2.83	−3.02	−3.08	−3.54	−2.98	−2.78
x_1	16.47	16.02	16.81	22.87	21.68	21.23	20.55
x_2	0	0	0	1	1	0	0
y	−3.35	−2.76	−1.90	−2.12	−2.45	−1.97	−2.23
x_1	18.32	15.96	15.36	12.47	12.46	11.77	11.72
x_2	0	0	0	1	1	0	0

$$(\mathbf{X}'\mathbf{X})^{-1} = \begin{pmatrix} 1.5488742 & -0.0882330 & -0.0162669 \\ -0.0882330 & 0.0053732 & -0.0050992 \\ -0.0162669 & -0.0050992 & 0.3548391 \end{pmatrix},$$

$$\mathbf{X}'y = \begin{pmatrix} -38.16486 \\ -656.46618 \\ -11.19324 \end{pmatrix}.$$

(a) Schätzen Sie die Regressionskoeffizienten im zugehörigen multiplen linearen Modell, und kommentieren Sie Ihr Ergebnis.
(b) Als Bestimmheitsmaß erhält man $R^2 = 0.5781$. Tragen die Regressoren überhaupt zur Erklärung der SO_2-Konzentration bei? Führen Sie einen Overall-F-Test zum Niveau $\alpha = 0.01$ durch.
(c) Die geschätzten Standardabweichungen betragen $\hat{\sigma}_1 = 0.0267$ und $\hat{\sigma}_2 = 0.2169$. Testen Sie die Hypothesen $\beta_i = 0$ für $i = 1, 2$ zum Niveau $\alpha = 0.05$. Entfernen Sie die Kovariable aus dem Modell, die offenbar keinen Einfluß hat, und führen Sie eine lineare Einfachregression durch.

(Lösung siehe Seite 261)

Aufgabe 12.11

In 41 US-amerikanischen Städten wurde die Schwefeldioxid-Konzentration in der Luft in Abhängigkeit von klimatischen und geographischen Variablen untersucht. U. a. wurde auch ein multiples lineares Regressionsmodell mit den folgenden drei erklärenden Variablen gerechnet:

Variable	**Beschreibung**
temp	Jahresdurchschnittstemperatur in Grad Fahrenheit
entrpr	Anzahl der produzierenden Unternehmen mit mehr als 20 Arbeitern
wind	jährliche durchschnittliche Windgeschwindigkeit in Meilen pro Stunde

Die abhängige Variable war die logarithmierte jährliche durchschnittliche Schwefeldioxidkonzentration in Mikrogramm pro Quadratmeter $log(so2)$ (Datenquelle: Hand et al. , 1994, Small Data Sets).

Mit einem Statistikprogrammpaket erhielt man die folgenden Schätzungen:

Variable	Koeffizient	Std. Fehler
Intercept	7.4893	0.9928
temp	−0.0557	0.0117
enterpr	0.0006	0.0001
wind	−0.1580	0.0598

(a) Geben Sie die zugehörige Regressionsgleichung an. Welche Voraussetzungen müssen erfüllt sein, um auch auf Signifikanz der Regressionkoeffizienten testen zu können? Warum war es sinnvoll, die logarithmierten Schadstoffkonzentrationen zu betrachten?

(b) Bestimmen Sie ein zweiseitiges Konfidenzintervall zur Sicherheitswahrscheinlichkeit $1 - \alpha = 0.95$ für den Regressionskoeffizienten, der den Einfluß der Windgeschwindigkeit beschreibt. Ist dieser Koeffizient signifikant von null verschieden ($\alpha = 0.05$)? (Rechnung ist nicht erforderlich, aber eine Begründung!)

(Lösung siehe Seite 263)

Aufgabe 12.12

Der Datensatz golf enthält Daten zum Verkaufspreis gebrauchter Golf Modelle der Marke VW. Der Stichprobenumfang beträgt $n = 169$. Tabelle 12.1 enthält eine Beschreibung der im Datensatz enthaltenen Variablen. Ziel ist die Modellierung des Zusammenhangs zwischen dem Verkaufspreis (Variable *preis*) und den erklärenden Variablen (*alter*, *kilstand*, *tuev*, *sonderaus*1, *sonderaus*2) anhand geeigneter Regressionsmodelle.

Variable	**Beschreibung**
preis	Verkaufspreis in 1000 Euro
alter	Alter des Autos in Monaten
kilstand	Kilometerleistung in 1000 Km
tuev	Anzahl der Monate bis zum nächsten Tüv Termin
*sonderaus*1	Sonderausstatung ABS vorhanden 0 = ABS nicht vorhanden 1 = ABS vorhanden
*sonderaus*2	Schiebedach vorhanden 0 = Schiebedach nicht vorhanden 1 = Schiebedach vorhanden

Tabelle 12.1. *Variablenbeschreibung*

(a) Abbildung 12.1 zeigt Streudiagramme zwischen dem Verkaufspreis und den metrischen erklärenden Variablen *alter*, *kilstand* und *tuev*. Abbildung 12.2 zeigt Boxplots für den Preis geschichtet nach den Werten der binären Variablen *sonderaus*1 und *sonderaus*2. Interpretieren Sie die Grafiken. Welche Aussagen lassen sich über den Zusammenhang zwischen *preis* und den erklärenden Variablen treffen?

(b) Welche Aussagen können Sie über die 3 Korrelationskoeffizienten zwischen dem *preis* und den erklärenden Variablen *alter*, *kilstand* und *tuev* treffen? Hinweis: Eine genaue Angabe der Korrelationskoeffizienten ist nicht möglich, Sie sollen ihre Aussagen jedoch so genau wie möglich treffen.

(c) Abbildung 12.3 zeigt das Streudiagramm zwischen Preis und Kilometerstand. Zusätzlich eingezeichnet sind die geschätzten durchschnittlichen Zusammenhänge für die Modelle $M1 : preis = \beta_0 + \beta_1 \cdot kilstand + \varepsilon$ (durchgezogene Linie) und $M2 : preis = \beta_0 + \beta_1 \cdot 1/kilstand + \varepsilon$ (gestrichelte Linie). Die geschätzten Regressionskoeffizienten betragen $\hat{\beta}_0 = 5.597714$, $\hat{\beta}_1 = -0.0162792$ für Modell $M1$ und $\hat{\beta}_0 = 1.296881$, $\hat{\beta}_1 = 254.5488$ für Modell $M2$. Die jeweiligen Bestimmtheitsmaße sind $R^2 = 0.3250$ und $R^2 = 0.3760$. Wie lauten die Prognoseformeln der beiden Modellen? Interpretieren Sie die Ergebnisse. Welches Modell würden Sie bevorzugen (mit kurzer Begründung)?

(d) Tabelle 12.2 enthält Schätzergebnisse für ein multiples Regressionsmodell mit den erklärenden Variablen $kilstandinv = 1/kilstand$, *alter* und *sonderaus*1. Wie lautet die Modellgleichung, wie lautet die Formel für $\widehat{preis}$? Interpretieren Sie die Ergebnisse. Sind die Effekte der Variablen *alter* und *sonderaus*1 zum Niveau $\alpha = 0.05$ signifikant?

$R^2 = 0.6320$		
Variable	Geschätzter Koeffizient	Geschätzter Standard-Fehler
Konstante	$\hat{\beta}_0 =$ 6.259881	0.4944898
kilstandinv	$\hat{\beta}_1 =$ 161.0861	21.48556
alter	$\hat{\beta}_2 =$ −0.0356507	0.0033467
*sonderaus*1	$\hat{\beta}_3 =$ −0.2331171	0.1240331

Tabelle 12.2. *Schätzergebnis des multiplen Regressionsmodells aus Aufgabenteil (d).*

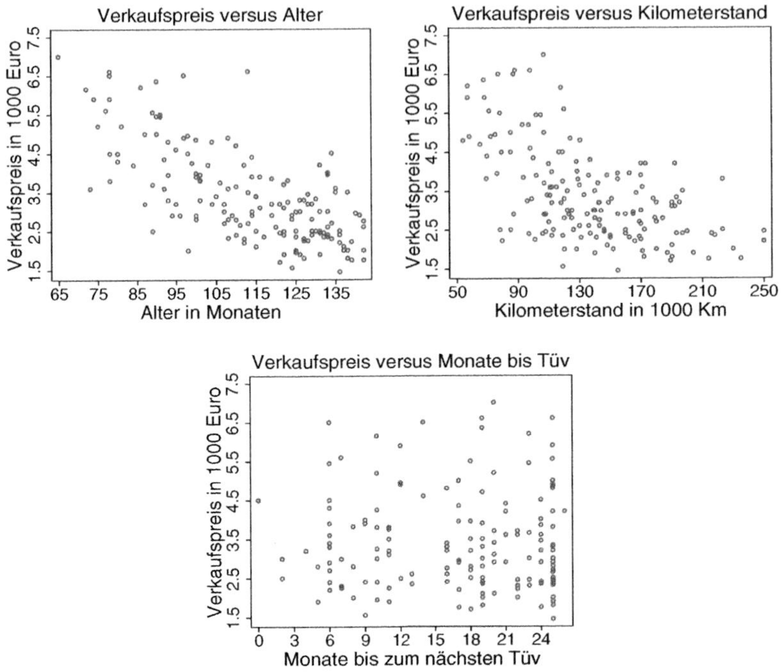

Abbildung 12.1. *Streudiagramme zwischen dem Verkaufspreis und den metrischen erklärenden Variablen Alter, Kilometerstand und Monate bis zum nächsten Tüv.*

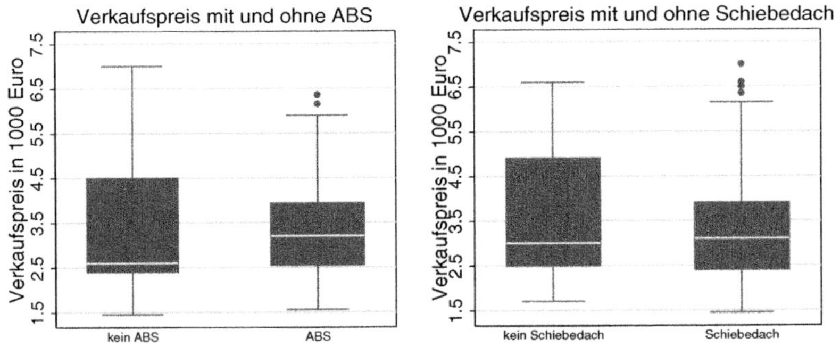

Abbildung 12.2. *Boxplots für den Preis geschichtet nach den Werten der binären Variablen sonderaus1 und sonderaus2.*

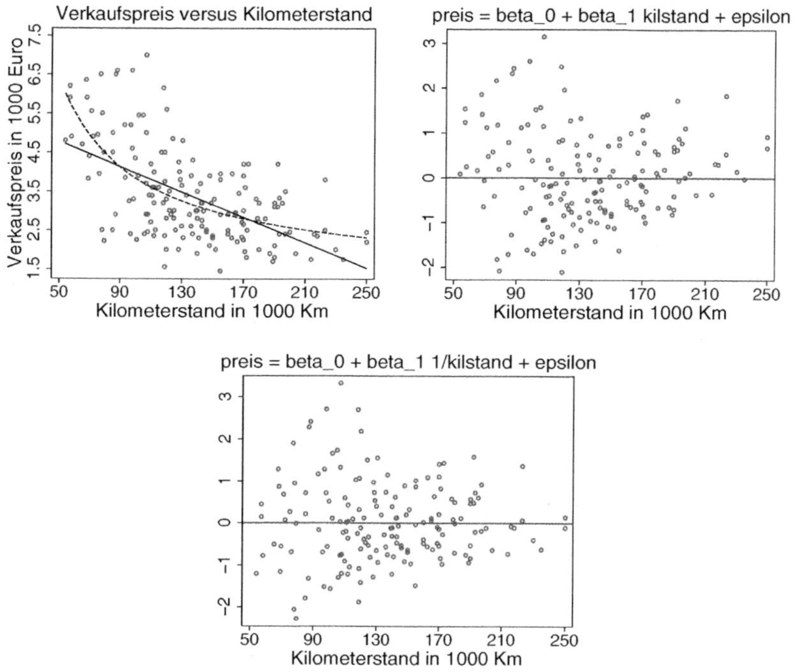

Abbildung 12.3. *Streudiagramm zwischen Preis und Kilometerstand. Zusätzlich eingezeichnet sind die geschätzten durchschnittlichen Zusammenhänge für die beiden Modelle M1 und M2. Die beiden unteren Grafiken zeigen die Residuen für die beiden Modelle in Abhängigkeit vom Kilometerstand.*

(Lösung siehe Seite 264)

Aufgabe 12.13

Im Zusammenhang mit der Berechnung von Preisindizes für Gebrauchtwagen wurden vom Statistischen Bundesamt im Herbst 2003 Regressionsanalysen zur Schätzung des durchschnittlichen Preises in Abhängigkeit von Charakteristika der Gebrauchtwagen durchgeführt. Der untersuchte Datensatz besitzt eine hohe Anzahl an Beobachtungen. Die in der Analyse verwendeten Variablen sind in Tabelle 12.3 abgedruckt. Tabelle 12.4 enthält Schätzergebnisse für ein multiples Regressionsmodell zwischen dem logarithmierten Verkaufspreis $ln(VP)$ und den erklärenden Variablen. Dabei wurde das folgende Modell geschätzt:

$$\begin{aligned} ln(VP) &= \beta_0 + \beta_1 \cdot Alt + \beta_2 \cdot Kil + \beta_3 \cdot ln(NP) + \\ &\quad \beta_4 \cdot D_{AUDI} + \ldots + \beta_{18} \cdot D_{TOYOTA} + \beta_{19} \cdot D_{Zeit} + \varepsilon \end{aligned}$$

(a) Interpretieren Sie die Schätzergebnisse. Gehen Sie dabei *nicht* auf die Ergebnisse für die Dummyvariablen der Automarken ein.

(b) Testen Sie, zum Signifikanzniveau $\alpha = 0.01$, ob die Variable Kil einen signifikanten Einfluss auf den (logarithmierten) durchschnittlichen Verkaufspreis besitzt.

(c) Bestimmen Sie anhand des geschätzten Koeffizienten der Variable Alt sowohl die durchschnittliche prozentuale monatliche als auch die jährliche Wertänderung eines Gebrauchtwagens.

Variable	Beschreibung
VP	Verkaufspreis
NP	deflationierter ehemaliger Neupreis
Alt	Fahrzeugalter in Monaten
Kil	Relative Kilometerzahl(geleistete Kilometer je Monat des Fahrzeugalters)
D_{Marke}	15 Dummyvariablen für die Hersteller (Audi, BMW, Mercedes Benz, VW, etc.)
D_{Zeit}	Zeitdummyvariable $D_{Zeit} = 0$ für Daten aus August 2003 $D_{Zeit} = 1$ für Daten aus September 2003

Tabelle 12.3. *Variablenbeschreibung.*

$R^2 = 0.96$		
Variable	Parameter-schätzer	Standard Fehler
Absolutglied	$\hat{\beta}_0 =$ 0.97948	0.0036
Alt	$\hat{\beta}_1 =$ −0.01437	0.00000279
Kil	$\hat{\beta}_2 =$ −0.000117	0.0000006125
$ln(NP)$	$\hat{\beta}_3 =$ 0.91569	0.000442244
Hersteller-Dummyvariable (Referenzmarke = Volkswagen)		
AUDI	$\hat{\beta}_4 =$ 0.09288	0.0003721
BMW	$\hat{\beta}_5 =$ 0.07717	0.00037003
CITROEN	$\hat{\beta}_6 =$ −0.20343	0.00064163
NISSAN	$\hat{\beta}_7 =$ −0.03100	0.00056686
FIAT	$\hat{\beta}_8 =$ −0.10170	0.00044523
FORD	$\hat{\beta}_9 =$ −0.06579	0.00035724
HONDA	$\hat{\beta}_{10} =$ −0.03123	0.00064286
MAZDA	$\hat{\beta}_{11} =$ −0.02799	0.00068333
BENZ	$\hat{\beta}_{12} =$ 0.09663	0.00031242
MITSUBISHI	$\hat{\beta}_{13} =$ 0.03830	0.00063516
OPEL	$\hat{\beta}_{14} =$ −0.09666	0.00027435
PEUGEOT	$\hat{\beta}_{15} =$ −0.04159	0.00056052
RENAULT	$\hat{\beta}_{16} =$ 0.00953	0.00032103
SEAT	$\hat{\beta}_{17} =$ −0.04029	0.00052788
TOYOTA	$\hat{\beta}_{18} =$ 0.00265	0.00060993
Zeitvariable	$\hat{\beta}_{19} =$ 0.00282	0.00016214

Tabelle 12.4. *Schätzergebnisse.*

(Lösung siehe Seite 266)

Lösungen

Lösung 12.1

(a) In Ergänzung zu Aufgabe 3.12 kann $Var(\epsilon_i) = \sigma^2$ erwartungstreu geschätzt werden durch

$$\sigma^2 = \frac{1}{n-2}\sum(Y_i - \hat{Y}_i)^2 = \frac{1}{n-2}SQR,$$

wobei

$$\begin{aligned}\sum(Y_i - \bar{Y})^2 &= \sum(\hat{Y}_i - \bar{Y})^2 + \sum(Y_i - \hat{Y}_i)^2,\\ SQT &= SQE + SQR,\\ \text{d.h.} \quad SQR &= SQT - SQE.\end{aligned}$$

Zur Berechnung kann man ausnutzen, daß folgende Resultate bereits vorliegen:

- $SQT = \sum y_i^2 - n\bar{y}^2 = 12.90821$,
- $R^2 = 0.997 = \dfrac{SQE}{SQT} \Longrightarrow SQE = SQT \cdot 0.997 = 12.87.$

Damit berechnet man:

$$SQR = 12.90821 - 12.87 = 0.03821,$$

woraus folgt:

$$\hat{\sigma}^2 = \frac{1}{8} \cdot 0.03821 = 0.0047.$$

(b) Das Testproblem lautet hier:

$$H_0 : \beta = 0 \quad \text{gegen} \quad H_1 : \beta \neq 0.$$

Die Prüfgröße ist gegeben als (s. Abschnitt 12.1.2 in Fahrmeir et al., 2004):

$$F = \frac{SQE/1}{SQR/(n-2)} \quad \text{oder} \quad F = \frac{R^2}{1-R^2} \cdot (n-2).$$

Die Prüfgröße berechnet sich als:

(b1) $F \overset{(c)}{=} \dfrac{12.87}{0.0047} = 2738.3.$

(b2) $F = \dfrac{0.997}{1-0.997} \cdot 8 = 2658.67.$

Die verschiedenen Werte für die Prüfgröße lassen sich auf Rundungsfehler zurückführen.

Da $F = 2738.3 > 5.318 = F_{0.95}(1,8)$, kann H_0 zum Niveau $\alpha = 0.5$

verworfen werden, d.h. es kann aus den vorliegenden Werten geschlossen werden, daß der Grad der Drehung zur linearen Vorhersage der Reaktionszeit geeignet ist.

Bemerkung: Es ist sinnvoll, zur Prüfung der Modellanpassung auch Residualplots zu zeichnen.

Lösung 12.2

(a) Die KQ-Schätzer lassen sich berechnen als

$$\hat{\beta} = \frac{\sum x_i y_i - n\bar{x}\,\bar{y}}{\sum x_i^2 - n\bar{x}^2}, \qquad \hat{\alpha} = \bar{y} - \hat{\beta}\bar{x}.$$

Mit den folgenden Hilfsgrößen:

$$\bar{x} = 25.5, \sum x_i^2 = 3919 \implies \sum x_i^2 - n\bar{x}^2 = 17.5$$

$$\bar{y} = 160, \ \sum x_i y_i = 24560 \implies \sum x_i y_i - n\bar{x}\,\bar{y} = 80$$

ergeben sich diese als

$$\hat{\beta} = \frac{80}{17.5} = 4.57, \ \hat{\alpha} = 160 - 4.57 \cdot 25.5 = 43.465.$$

(b) Ein $(1-\alpha)$-KI für β ist gegeben als (s. Abschnitt 12.1.2 in Fahrmeir et al., 2004):

$$[\hat{\beta} - t_{1-\alpha/2}(n-2) \cdot \hat{\sigma}_{\hat{\beta}} \ , \ \hat{\beta} + t_{1-\alpha/2}(n-2) \cdot \hat{\sigma}_{\hat{\beta}}],$$

wobei

$$\hat{\sigma}_{\hat{\beta}} = \hat{\sigma} \cdot \frac{1}{\sqrt{\sum (x_i - \bar{x})^2}} = \hat{\sigma} \cdot \frac{1}{\sqrt{\sum x_i^2 - n\bar{x}^2}}$$

mit

$$\hat{\sigma}^2 = \frac{1}{n-2} \sum \hat{\epsilon}_i^2 = \frac{1}{n-2} \sum (Y_i - \hat{Y}_i)^2 = \frac{1}{n-2} SQR.$$

Hier berechnet man $\hat{\sigma}^2$ direkt. Dazu erstellt man zunächst die folgende Arbeitstabelle:

i	1	2	3	4	5	6
x_i	26	23	27	28	24	25
y_i	170	150	160	175	155	150
$\hat{y}_i$	162.285	148.566	166.855	171.425	153.145	157.715
$\hat{\epsilon}_i$	7.715	1.434	−6.855	3.575	1.855	−7.715.

Daraus ergibt sich $\hat{\sigma}^2 = \frac{1}{4} \cdot 184.31 = 46.08$ und somit $\hat{\sigma} = 6.79$, woraus man insgesamt erhält:

$$\hat{\sigma}_{\hat{\beta}} = 6.79 \cdot \frac{1}{\sqrt{17.5}} = 1.623.$$

Damit berechnet sich obiges KI mit $t_{0.975}(4) = 2.776$ als

$$[4.57 - 2.776 \cdot 1.623\ ,\ 4.57 + 2.776 \cdot 1.623] = [0.06\ ,\ 9.08].$$

(c) Zu überprüfen ist: $H_0 : \beta = 0 \quad \text{gegen} \quad H_1 : \beta \neq 0$ anhand des Konfidenzintervalls aus (b).

Da $\beta_0 = 0 \notin [0.06\ ,\ 9.08]$, kann H_0 verworfen werden, d.h. man kann zum Niveau $\alpha = 5\ \%$ schließen, daß das Körpergewicht gemessen über BMI einen linearen Einfluß auf den systolischen Blutdruck hat.

Lösung 12.3

(a) In Fahrmeir et al. (2004) erhielt man basierend auf $n = 9$ Kindern

$$\hat{y} = \hat{\alpha} + \hat{\beta}x = 6.16 - 0.45x.$$

Um zu untersuchen, ob die vor dem Fernseher verbrachte Zeit einen signifikanten Einfluß auf die Dauer des Tiefschlafs ausübt, ist

$$H_0 : \beta = 0 \quad \text{gegen} \quad H_1 : \beta \neq 0$$

zu testen. Die Teststatistik lautet

$$T_{\beta_0} = \frac{\hat{\beta}}{\hat{\sigma}_{\hat{\beta}}}.$$

Unter der Normalverteilungsannahme für ϵ_i bzw. Y_i gilt unter $H_0 : T_{\beta_0} \sim t(n-2)$, also $T_{\beta_0} \sim t(7)$. Der Schätzer $\hat{\sigma}_{\hat{\beta}}$ berechnet sich als:

$$\hat{\sigma}_{\hat{\beta}} = \frac{\hat{\sigma}}{\sqrt{\sum_{i=1}^{n}(x_i - \bar{x})^2}} = \frac{\hat{\sigma}}{\sqrt{\sum_{i=1}^{n} x_i^2 - n\bar{x}^2}}$$

mit $\hat{\sigma} = \sqrt{\hat{\sigma}^2}$ und $\hat{\sigma} = \frac{1}{n-2}\sum_{i=1}^{n}\hat{\epsilon_i}^2 = \frac{1}{n-2}\sum_{i=1}^{n}(y_i - \hat{\alpha} - \hat{\beta}x_i)$.

Zur Bestimmung der Residuenquadratsumme betrachtet man folgende Tabelle:

i	1	2	3	4	5	6	7	8	9
x_i	0.3	2.2	0.5	0.7	1.0	1.8	3.0	0.2	2.3
y_i	5.8	4.4	6.5	5.8	5.6	5.0	4.8	6.0	6.1
$\hat{y}_i$	6.02	5.17	5.93	5.84	5.71	5.35	4.81	6.07	5.12
$\hat{\epsilon}_i$	−0.22	−0.77	0.57	−0.04	−0.11	−0.35	−0.01	−0.07	0.98

Daraus berechnet man

$$\begin{aligned}\sum_{i=1}^{9} \hat{\epsilon_i}^2 &= 0.0484 + 0.5929 + 0.3249 + 0.0016 + 0.0121 + \\ &\quad 0.1225 + 0.0001 + 0.0049 + 0.9604 \\ &= 2.0678\end{aligned}$$

und schließlich

$$\hat{\sigma} = \sqrt{\frac{2.0678}{7}} = \sqrt{0.2954} = 0.5435$$

sowie

$$\hat{\sigma}_{\hat{\beta}} = \frac{0.5435}{\sqrt{24.24 - 9 \cdot 1.\overline{3}^2}} = \frac{0.5435}{\sqrt{8.24}} \approx 0.19.$$

Damit erhält man als Realisation der Teststatistik

$$T_{\beta_0} = \frac{-0.45}{0.19} = -2.37.$$

T_{β_0} liegt im Ablehnungsbereich, denn

$$|T_{\beta_0}| > t_{1-\frac{\alpha}{2}}(n-2) = t_{0.975}(7) = 2.3646,$$

d.h. die Fernsehzeit hat einen signifikanten Einfluß auf die Dauer des Tiefschlafs.

(b) Mit $x_0 = 1.5$ erhält man den Prognosewert

$$\hat{y}_0 = 6.16 - 0.45x_0 = 5.485.$$

Anhand der allgemeinen Formel zur Berechnung des Konfidenzintervalls für Y_0

$$\hat{Y}_0 \pm t_{1-\frac{\alpha}{2}}(n-2)\hat{\sigma}\sqrt{1 + \frac{1}{n} + \frac{(x_0 - \bar{x})^2}{\sum x_i^2 - n\bar{x}^2}}$$

erhält man hier

$$\begin{aligned}
& 5.485 \pm 2.3648 \cdot 0.5435 \cdot \sqrt{1 + \frac{1}{9} + \frac{(1.5 - 1.\bar{3})^2}{8.24}} \\
\Longleftrightarrow\ & 5.485 \pm 1.2853 \cdot \sqrt{1.11} \\
\Longleftrightarrow\ & 5.485 \pm 1.354
\end{aligned}$$

und damit das Konfidenzintervall $KI = [4.13, 6.84]$. Die Normalverteilungsannahme ist problematisch, da die Dauer des Tiefschlafs keine negativen Werte annehmen kann.

Lösung 12.4

(a) Das statistische Testproblem lautet hier:

$$H_0 : \beta = 0 \quad \text{gegen} \quad H_1 : \beta \neq 0.$$

Ein geeigneter Test für dieses Testproblem ist erneut der F-Test mit der Testgröße:

$$F = \frac{SQE/1}{SQR/(n-2)} = \frac{R^2(n-2)}{1-R^2} = \frac{0.8 \cdot 8}{0.2} = \frac{6.4}{0.2} = 32.$$

Da hier $F = 32 > 5.32 = F_{0.95}(1, 8)$, kann H_0 verworfen werden. Die Dosis des Medikaments hat also einen zum Niveau $\alpha = 0.05$ signifikanten Einfluß auf die Reaktionszeit.

(b) Nach Abschnitt 12.1.2 in Fahrmeir et al. (2004) ist das Prognoseintervall gegeben durch

$$\hat{Y_0} \pm t_{1-\frac{\alpha}{2}}(n-2) \cdot \hat{\sigma} \cdot \sqrt{1 + \frac{1}{n} + \frac{(x_0 - \bar{x})^2}{\sum x_i^2 - n\bar{x}}}.$$

Einsetzen der vorliegenden Werte liefert

$$4.36 \pm 2.3060 \cdot 1.1886 \cdot \sqrt{1 + 0.1 + \frac{0.5^2}{86}}$$

und schließlich

$$KI = [1.48, 7.24].$$

Lösung 12.5

(a) Offensichtlich besteht kein positiver linearer Zusammenhang zwischen Y und X, so daß Modell 1 nicht adäquat ist. In Modell 2 wird ein quadratischer Zusammenhang zwischen Y und X modelliert, was den Daten eher gerecht wird.

(b) Man erhält

$$\begin{aligned}\hat{\beta} &= \frac{\sum_{i=1}^{n} y_i x_i^2 - n\overline{y}\overline{x^2}}{\sum_{i=1}^{n} x_i^4 - n\overline{x^2}^2} \\ &= \frac{465.63 - 20 \cdot 5.28 \cdot 3.25}{335.44 - 20 \cdot 3.25^2} \\ &= \frac{122.43}{124.19} = 0.986,\end{aligned}$$

$$\hat{\alpha} = \overline{y} - \hat{\beta}\,\overline{x^2} = 5.28 - 0.986 \cdot 3.25 = 2.075.$$

(c) Der Korrelationskoeffizient berechnet sich zu

$$r_{X^2Y} = +\sqrt{0.87} = +0.933.$$

(d) Da das Konfidenzintervall den Wert $\beta = 0$ nicht enthält, kann die Nullhypothese abgelehnt werden. X^2 besitzt also einen signifikanten Einfluß auf Y.

(e) Man prognostiziert $\hat{y}_0 = 2.075 + 0.986 \cdot 1.5^2 = 4.29$. Das 95 % Prognoseintervall ist gegeben durch

$$\begin{aligned} & \hat{y}_0 \pm t_{0.975}(18) \cdot \hat{\sigma} \cdot \sqrt{1 + \tfrac{1}{20} + \frac{(1.5^2 - \overline{x^2})^2}{\sum_{i=1}^{n} x_i^4 - 20 \cdot \overline{x^2}}} \\ \Leftrightarrow\ & 4.29 \pm 2.1009 \cdot 0.97 \cdot \sqrt{1 + \frac{1}{20} + \frac{(2.25 - 3.25^2)^2}{335.44 - 20.325}} \\ \Leftrightarrow\ & 4.29 \pm 2.03787 \cdot \sqrt{1.05 + \frac{1}{270.44}} \\ \Leftrightarrow\ & 4.29 \pm 2.03787 \cdot 1.0265.\end{aligned}$$

Damit erhält man das Intervall

$$KI = [2.19813, 6.38187]$$

als 95 %-Prognoseintervall für y_0.

Lösung 12.6

(a) Folgende Annahmen werden getroffen:
  (i) $E(\epsilon_i) = 0$.
  (ii) $Var(\epsilon_i) = \sigma^2$, d.h. die Varianz der ϵ_i bleibt konstant.
  (iii) $Cov(\epsilon_i, \epsilon_j) = E(\epsilon_i, \epsilon_j) = 0$, d.h. die ϵ_i sind paarweise unkorreliert.
  (iv) Die ϵ_i sind normalverteilt.

(b) Der Einfluß von Y auf X könnte unter Umständen nicht linear sein. Denkbar wäre etwa

$$y_i = \alpha + \beta x_i^2 + \epsilon_i$$

oder

$$y_i = \beta_0 + \beta_1 \exp(-\beta_2 x_i) + \epsilon_i.$$

(c) Aus den Graphiken kann man entnehmen:
  1. $|\epsilon_i|$ wächst mit wachsendem x, was auf eine Verletzung der Varianzhomogenität hindeutet (Annahme (ii)).
  2. Die Residuen liegen auf parallelen Ebenen. Dies deutet darauf hin, daß die y_i diskret sind, d.h. die Normalverteilungsannahme wäre verletzt.
  3. Hier sind keine Verletzungen der Modellannahmen erkennbar.
  4. Hier sind die Residuen autokorreliert, d.h. sie weisen einen Trend in Abhängigkeit von x auf. Mögliche Gründe hierfür:
     - Der Einfluß von X ist eigentlich nicht linear.
     - Die ϵ_i sind nicht unabhängig, sondern hängen voneinander ab, sind also korreliert.

     Beide Fälle kann man anhand der Residualplots nicht unterscheiden.
  5. Siehe 4.

Lösung 12.7

Im linearen Regressionsmodell werden folgende Annahmen getroffen:

(i) $E(\epsilon_i) = 0$.
(ii) $Var(\epsilon_i) = \sigma^2$, d.h. die Varianz der ϵ_i bleibt konstant.
(iii) $Cov(\epsilon_i, \epsilon_j) = 0$, d.h. die ϵ_i sind paarweise unkorreliert .
(iv) Die ϵ_i sind normalverteilt und damit auch die Y_i.

Folgende Annahmen scheinen in den abgedruckten Graphiken verletzt:

(a) Die Y-Beobachtungen sind offenbar ganzzahlig, so daß Annahme (iv) verletzt ist.
(b) Hier scheint Annahme (ii) verletzt, da die Streuung von Y mit wachsendem X zunimmt.
(c) , (d) Hier scheinen eher nichtlineare Beziehungen zwischen Y und X gegeben zu sein.

Lösung 12.8

Im multiplen Regressionsmodell gilt

$$\hat{\beta} = (\mathbf{X}'\mathbf{X})^{-1}\mathbf{X}'\mathbf{Y}.$$

Speziell für die lineare Einfachregression gilt

$$\mathbf{X}'\mathbf{X} = \begin{pmatrix} n & \sum_{i=1}^{n} x_i \\ \sum_{i=1}^{n} x_i & \sum_{i=1}^{n} x_i^2 \end{pmatrix}$$

und somit

$$(\mathbf{X}'\mathbf{X})^{-1} = \frac{1}{n\sum_{i=1}^{n} x_i^2 - (\sum_{i=1}^{n} x_i)^2} \begin{pmatrix} \sum_{i=1}^{n} x_i^2 & -\sum_{i=1}^{n} x_i \\ -\sum_{i=1}^{n} x_i & n \end{pmatrix}.$$

Ferner ist

$$\mathbf{X}'\mathbf{Y} = \begin{pmatrix} \sum_{i=1}^{n} Y_i \\ \sum_{i=1}^{n} x_i Y_i \end{pmatrix}.$$

Insgesamt erhält man also

$$\hat{\beta} = \frac{1}{n\sum x_i^2 - (\sum x_i)^2} \begin{pmatrix} \sum x_i^2 \sum Y_i & -\sum x_i \sum x_i Y_i \\ -\sum x_i \sum x_i Y_i & n \sum Y_i \end{pmatrix}.$$

Die zweite Komponente von $\hat{\beta}$ ist wie gefordert äquivalent zu $\hat{\beta}$ aus dem Einfachregressionsmodell.
Die erste Komponente ergibt

$$\begin{aligned}
\hat{\alpha} &= \frac{\sum x_i^2 \sum Y_i - \sum x_i \sum x_i Y_i}{n\sum x_i^2 - (\sum x_i)^2} - \bar{Y} + \bar{Y} \\
&= \bar{Y} + \frac{\sum x_i^2 \sum Y_i - \sum x_i \sum x_i Y_i - \sum x_i^2 \sum Y_i + \sum Y_i (\sum x_i)^2/n}{n\sum x_i^2 - (\sum x_i)^2} \\
&= \bar{Y} + \frac{\sum Y_i (\sum x_i)^2/n - \sum x_i \sum x_i Y_i}{n\sum x_i^2 - (\sum x_i)^2} \\
&= \bar{Y} - \frac{-\sum Y_i \sum x_i + n \sum x_i Y_i}{n\sum x_i^2 - (\sum x_i)^2} \cdot \frac{1}{n}\sum x_i \\
&= \bar{Y} - \hat{\beta}\bar{x}.
\end{aligned}$$

Die Teststatistik des F-Tests lautet

$$\begin{aligned}
F &= \frac{n-p-1}{p} \cdot \frac{SQE}{SQR} \\
&= (n-2) \cdot \frac{\sum(\hat{Y}_i - \bar{Y})^2}{\sum(\hat{Y}_i - Y_i)^2} \\
&= (n-2) \cdot \frac{\sum(\hat{\alpha} + \hat{\beta} x_i - \bar{Y})^2}{\sum \epsilon_i^2} \\
&= (n-2) \cdot \frac{\sum(\bar{Y} - \hat{\beta}\bar{x} + \hat{\beta} x_i - \bar{Y})^2}{\hat{\sigma}^2} \\
&= (n-2) \cdot \frac{\hat{\beta}^2 \sum(x_i - \bar{x})^2}{\hat{\sigma}^2}.
\end{aligned}$$

Diese ist $F(1, n-2)$-verteilt, d.h. ihre Wurzel, die mit der Teststatistik T aus der linearen Einfachregression identisch ist, ist $t(n-2)$ verteilt.

Lösung 12.9

(a) Ein 95 % Konfidenzintervall für β_1 ist gegeben durch

$$\hat{\beta}_1 \pm \hat{\sigma}_1 \cdot t_{0.975}(100) = \hat{\beta}_1 \pm \hat{\sigma}_1 \cdot z_{0.975} = 0.0700088 \pm 0.0144448 \cdot 1.96.$$

Somit erhält man $KI_1 = [0.042, 0.098]$ als Konfidenzintervall für β_1. Durch analoge Rechnung erhält man $KI_2 = [0.893, 0.955]$ als Konfidenzintervall für β_2. Da beide Konfidenzintervalle den Nullpunkt nicht enthalten, sind beide Kovariablen signifikant.

(b) Da beide Kovariablen signifikant sind, kann Friedmans Konsumtheorie nicht widerlegt werden.

(c) Man prognostiziert $\hat{y}_{103} = 0.0700088 \cdot 6.4 + 0.9239275 \cdot 5.7 \approx 5.71$.

(d) Da der verzögerte Konsum als unabhängige Variable im Modell auftaucht, sind die Beobachtungen nicht unabhängig.

Lösung 12.10

(a) Man erhält

$$\hat{\beta} = (\mathbf{X}'\mathbf{X})^{-1}\mathbf{X}'y = \begin{pmatrix} -1.008 \\ -0.103 \\ -0.004 \end{pmatrix}.$$

Die Temperatur hat wegen $\beta_1 = -0.103$ einen negativen Effekt auf die SO_2-Konzentration in der Luft, d.h. die SO_2-Konzentration nimmt mit steigenden Temperaturen ab. Dies ist typisch für Inversionswetterlagen. Wegen $\beta_2 = -0.004$ ist am Wochenende die Schadstoffkonzentration niedriger als an Werktagen.

(b) Das Testproblem ist gegeben als

$$H_0 : \beta_1 = \beta_2 = \ldots = \beta_5 = 0 \text{ gegen } H_1 : \beta_j \neq 0 \text{ für mindestens ein } j.$$

Die Teststatistik lautet

$$F = \frac{R^2}{1 - R^2} \cdot \frac{n-p-1}{p} \overset{H_0}{\sim} F(p, n-p-1)$$

und ist hier also $F(2, 11)$-verteilt.
Als Ablehnbereich erhält man

$$F > F_{1-\alpha}(2, 11) = F_{0.99}(2, 11) = 7.2.$$

Den Wert 7.2 erhält man als Näherung aus der Tabelle der F-Verteilung als arithmetisches Mittel aus $F_{0.99}(2, 10) = 7.5594$ und $F_{0.99}(2, 12) = 6.9266$. Mit Statistikprogrammpaketen erhält man $F_{0.99}(2, 11) = 7.2057$. Mit $R^2 = 0.5781$ erhält man hier die Realisation der Teststatistik

$$F = \frac{0.5781}{1 - 0.5781} \cdot \frac{11}{2} = 7.536,$$

d.h. H_0 kann abgelehnt werden, die Regressoren haben einen signifikanten Einfluß.

(c) Das Testproblem ist gegeben als

$$H_0 : \beta_j = 0 \quad \text{gegen} \quad H_1 : \beta_j \neq 0.$$

Die Teststatistiken lautet

$$T_{\beta_j} = \frac{\hat{\beta}_j}{\hat{\sigma}_j}.$$

Im vorliegenden Fall erhält man also als Realisationen der Teststatistiken

$$T_{\beta_1} = \frac{-0.103}{0.0267} = -3.858$$

und

$$T_{\beta_2} = \frac{-0.004}{0.2169} = -0.018.$$

Als Ablehnbereich ergibt sich

$$|T_{\beta_j}| > t_{1-\frac{\alpha}{2}}(n-p-1) = t_{0.975}(11) = 2.201.$$

Folglich hat die Temperatur einen signifikanten Einfluß auf die (logarithmierte) SO_2-Konzentration, wohingegen ein signifikanter Wochenendeffekt hier nicht nachgewiesen werden kann.

Zur Bestimmung der linearen Einfachregression zwischen der logarithmierten Schwefeldioxidkonzentration Y und der Temperatur X_1 berechnet man zunächst die folgenden Hilfsgrößen

$$\sum_{i=1}^{14} x_i = 233.69, \qquad \sum_{i=1}^{14} x_i^2 = 4089.47,$$
$$\sum_{i=1}^{14} y_i = -38.165, \qquad \sum_{i=1}^{14} x_i y_i = -656.4754.$$

Damit erhält man

$$\begin{aligned}
\hat{\beta} &= \frac{\sum_{i=1}^{n} x_i y_i - n\bar{x}\,\bar{y}}{\sum_{i=1}^{n} x_i^2 - n\bar{x}^2} = \frac{-656.4754 + 14 \cdot 16.69 \cdot 2.726}{4089.47 - 14 \cdot 16.69^2} = \frac{-19.5182}{189.6846} \\
&= -0.103, \\
\hat{\alpha} &= \bar{y} - \hat{\beta}\bar{x} = -2.726 + 0.103 \cdot 16.69 \\
&= -1.007.
\end{aligned}$$

Lösung 12.11

(a) Die Regressionsgleichung lautet

$$y_i = \beta_0 + \beta_1 \cdot temp_i + \beta_2 \cdot entrpr_i + \beta_1 \cdot wind_i + \epsilon_i \quad \text{für } i = 1, \ldots, 41.$$

Um testen zu können, ob die Regressionskoeffizienten signifikant von null verschieden sind, müssen die Fehlervariablen ϵ_i als unabhängig und identisch $N(0, \sigma^2)$ vorausgesetzt werden. Schadstoffkonzentrationen sind stets positiv, häufig eher klein mit wenigen sehr großen Ausreißern, d.h. ihre Verteilung ist eher linkssteil bzw. rechtsschief. Durch die Transformation der Schwefeldioxidkonzentration erreicht man eine größere Symmetrie der Verteilung der abhängigen Variablen. Dadurch sind die Voraussetzungen an die Fehlervariablen eher erfüllt.

(b) Allgemein ist das Konfidenzintervall gegeben durch

$$\hat{\beta}_3 \pm z_{1-\frac{\alpha}{2}} \cdot \hat{\sigma}.$$

Wegen $n = 41$ kann die Tabelle der Standardnormalverteilung anstelle der $t-$Verteilung verwendet werden. Einsetzen liefert

$$-0.1580 \pm 1.96 \cdot 0.0598$$

und damit das Konfidenzintervall

$$KI = [-0.275, -0.0408].$$

Die Testhypothesen lauten

$$H_0 : \beta_3 = 0 \quad \text{gegen} \quad H_1 : \beta_3 \neq 0.$$

H_0 kann verworfen werden; β_3 ist signifikant von null verschieden, da das Konfidenzintervall die null nicht enthält. $(1-\alpha)$-Konfidenzintervalle werden ja gerade so konstruiert, daß sie dem Annahmebereich des zugehörigen zweiseitigen Tests entsprechen.

Lösung 12.12

(a) Wir erhalten folgende Interpretation:
Alter: Wahrscheinlich besteht ein negativer annähernd linearer Zusammenhang; je älter das Auto desto niedriger der Preis des Autos.

Kilometerstand: Wahrscheinlich besteht ein negativer schwach nichtlinearer linearer Zusammenhang; je höher der Kilometerstand, desto geringer ist der Preis des Autos.

Monate bis TÜV: Hier ist kein Zusammenhang erkennbar.

ABS: Bei nicht-vorhandenem ABS ist der Median der Verkaufspreise geringer als bei vorhandenem ABS, wobei die Preise eine hohe Streuung aufweisen und nicht symmetrisch um den Median verteilt sind. Bei vorhandenem ABS ist der Median höher als bei Autos ohne ABS. Die Streuung um den Median ist geringer und erscheint annähernd symmetrisch.

Schiebedach: Hier ergibt sich eine ähnliche Interpretation wie beim ABS. Der Unterschied der Mediane ist nicht ganz so deutlich wie beim ABS.

(b) Folgende Aussagen können getroffen werden:
Alter: Der Korrelationskoeffizient ist negativ und dürfte betragsmäßig relativ hoch sein.
Kilometerstand: Der Korrelationskoeffizient ist wieder negativ. Allerdings sollte der Korrelationskoeffizient betragsmäßig kleiner sein als beim Alter.
TÜV: Anhand des Streudiagramms lässt sich ein Korrelationskoeffizient von nahe Null vermuten.
(Anmerkung die exakten Korrelationskoeffizienten sind -0.71, -0.58 und -0.03.)

(c) Die Prognoseformeln sind gegeben durch

$$\widehat{preis} = 5.597714 - 0.0162792 \cdot kilstand$$

für Modell $M1$ und

$$\widehat{preis} = 1.296881 + 254.5488 \cdot 1/kilstand$$

für Modell $M2$.
Zur Interpretation: Im ersten Modell $M1$ wird ein linearer Zusammenhang geschätzt. Hierbei ist der geschätzte Zusammenhang negativ. Je höher der Kilometerstand, desto niedriger ist der Preis. Erhöht sich der Kilometerstand um 1000 Km verringert sich der Wert des Autos durchschnittlich um $0.0162792 \cdot 1000 = 16.28$ Euro. Im zweiten Modell $M2$ ist der Zusammenhang bezüglich des invertierten Kilometerstands positiv. Je höher der invertierte Kilometerstand, desto höher ist der Preis, d.h. mit steigendem Kilometerstand sinkt der Preis nichtlinear. Zum Vergleich der beiden Modelle bietet sich das Bestimmtheitsmaß R^2 an. Da das Bestimmtheitsmaß des zweiten Modells $M2$ höher ist, ist das zweite Modell zu bevorzugen.

(d) Die Modellgleichung lautet:

$$preis = \beta_0 + \beta_1 \cdot kilstandinv + \beta_2 \cdot alter + \beta_3 \cdot sonderaus1 + \varepsilon$$

Die Prognosegleichung ist gegeben durch

$$\begin{aligned}\widehat{preis} &= 6.259881 + 161.0861 \cdot kilstandinv - 0.0356507 \cdot alter - \\ &\quad 0.2331171 \cdot sonderaus1.\end{aligned}$$

Zur Interpretation:

- Es besteht ein positiver Zusammenhang zwischen *kilstandinv* und *preis*, je höher der inverse Kilometerstand desto höher der Preis. Oder umgekehrt, je höher der Kilometerstand, desto geringer ist der Preis.
- Es wird ein negativer linearer Zusammenhang zwischen *alter* und *preis* geschätzt. Je älter das Auto, desto billiger ist es.
- Autos mit ABS sind durchschnittlich um 233.18 Euro billiger als Autos ohne ABS. (Es ist zu beachten, dass der *preis* in Tsd. Euro gemessen wurde.)
- Das Bestimmtheitsmaß R^2 ist mit 0.6320 relativ hoch.

Zur Signifikanz der Koeffizienten der Variablen *alter* und *sonderaus1*: Berechne zunächst das Quantil der Standardnormalverteilung mit $\alpha = 0.05$:

$$z_{1-\frac{\alpha}{2}} = z_{0.975} = 1.96$$

Als Testgrößen erhalten wir

$$\begin{aligned} z_{alter} &= \frac{\hat{\beta}_3}{\hat{\sigma}_{alter}} = \frac{-0.0356507}{0.0033467} = -10.6525, \\ z_{sonderaus1} &= \frac{\hat{\beta}_2}{\hat{\sigma}_{sonderaus1}} = \frac{0.2331171}{0.1240331} = -1.8795 \end{aligned}$$

Wegen

$$\begin{aligned} 1.96 = z_{0.975} &> |z_{alter}| = 1.8795 \\ 1.96 = z_{0.975} &< |z_{sonderaus_1}| = 10.6525 \end{aligned}$$

besitzt die Variable *alter* im Modell einen statistisch signifikanten Einfluss, während das Vorhandensein einer ABS Bremsung den Preis statistisch nicht signifikant erhöht.

Lösung 12.13

(a) Die Ergebnisse können wie folgt interpretiert werden:
- Mit steigendem Alter des Fahrzeugs sinkt der durchschnittliche logarithmierte Verkaufspreis linear. Ein um einen Monat älteres Auto besitzt einen durchschnittlich um 0.01437 verringerten logarithmierten Verkaufspreis.
- Je größer die relative Kilometerzahl, desto billiger das Auto. Eine Erhöhung der relativen Kilometerzahl um 1000, verringert (wegen der Linearität) den durchschnittlichen logarithmierten Verkaufspreis um $-0.000117 \cdot 1000 = 0.117$.
- Da der Logarithmus eine monotone Funktion ist erhöht sich der durchschnittliche log. Verkaufspreis mit dem Neupreis des Autos. Es handelt sich um einen nichtlinearen Anstieg, der mit zunehmendem Neupreis abflacht. Das bedeutet, dass teure Autos mehr an Wert verlieren als billige Autos.
- Im Vergleich zum August hat sich der durchschnittliche log. Verkaufspreis um 0.00282 erhöht.

Das Bestimmtheitsmaß ist sehr hoch, d.h. die Anpassung an die Daten ist sehr gut.

(b) Wir testen die Hypothese $H_0 : \beta_2 = 0$ gegen $H_1 : \beta_2 \neq 0$. Als Teststatistik fungiert

$$t = \frac{\hat{\beta}_2}{\hat{\sigma}_2} = \frac{-0.000117}{0.0000006125} = -191.02041,$$

wobei $\hat{\sigma}_2$ der geschätzte Standardfehler ist. Aufgrund des großen Stichprobenumfangs kann die beobachtete Teststatistik mit dem 99.5 Prozent Quantil der Standardnormalverteilung verglichen werden. Da $|t| < 2.58$ wird die Nullhypothese abgelehnt, d.h. der Kilometerstand besitzt einen statistisch signifikanten Einfluss auf den Verkaufspreis.

(c) Die durchschnittliche monatliche Wertänderung beträgt $(\exp(-0.01437) - 1) \cdot 100 = -1.43$ Prozent, d.h. pro Monat verliert ein Auto im Durchschnitt 1.43 Prozent seines Wertes. Die durchschnittliche jährliche Wertänderung beträgt $(\exp(-0.01437)^{12} - 1) \cdot 100 = -15.84$ Prozent.

13

Varianzanalyse

Aufgaben

Aufgabe 13.1

In einem Beratungszentrum einer bayerischen Kleinstadt soll eine weitere Stelle für telefonische Seelsorge eingerichtet werden. Aus Erfahrung weiß man, daß hauptsächlich Anrufe von Personen eingehen, die einen bayerischen Dialekt sprechen. Es wird vorgeschlagen, die Stelle mit einem Berater zu besetzen, der ebenfalls bayerisch spricht, da vermutet wird, daß der Dialekt eine wesentliche Rolle beim Beratungsgespräch spielt und zwar insofern, als die Anrufer mehr Vertrauen zu einem Dialekt sprechenden Berater aufbauen, was sich in längeren Beratungsgesprächen äußert.
Nehmen wir nun an, zur Klärung dieser Frage wurde eine Studie mit drei Beratern durchgeführt: Berater Nr. 1 sprach reines Hochdeutsch, Berater Nr. 2 hochdeutsch mit mundartlicher Färbung und der letzte bayerisch. Die ankommenden Anrufe von bayerisch sprechenden Personen wurden zufällig auf die drei Berater aufgeteilt. Für jedes geführte Beratungsgespräch wurde dessen Dauer in Minuten notiert. Es ergaben sich folgende Daten:

	Berater 1 Hochdeutsch	Berater 2 Hochdeutsch mit mundartlicher Färbung	Berater 3 Bayerisch
Dauer der Gespräche in Minuten	8	10	15
	6	12	11
	15	16	18
	4	14	14
	7	18	20
	6		12
	10		

(a) Schätzen Sie den Effekt, den die Sprache des jeweiligen Beraters auf die Dauer des Beratungsgesprächs hat. Interpretieren Sie die Unterschiede.
(b) Prüfen Sie zum Niveau $\alpha = 0.05$, ob die Sprache des jeweiligen Beraters Einfluß auf die Dauer des Beratungsgesprächs hat (Normalverteilung

kann vorausgesetzt werden). Stellen Sie zur Durchführung des statistischen Tests die entsprechende Varianzanalysetabelle auf. Interpretieren Sie Ihr Ergebnis.

Hinweis:

$$\bar{y}_{1.} = 8, \quad \bar{y}_{2.} = 14, \quad \bar{y}_{3.} = 15, \quad s_1^2 = 13, \quad s_2^2 = 10, \quad s_3^2 = 12.$$

(Lösung siehe Seite 271)

Aufgabe 13.2

Bei einem häufig benutzten Werkstoff, der auf drei verschiedene Weisen hergestellt werden kann, vermutet man einen unterschiedlichen Gehalt an einer krebserregenden Substanz. Von dem Werkstoff wurden für jede der drei Herstellungsmethoden vier Proben je 100 g entnommen und folgende fiktive Werte für den Gehalt an dieser speziellen krebserregenden Substanz in mg pro Methode gemessen:

	Herstellungsmethode		
	1	2	3
Gehalt	61	62	65
	58	59	62
	60	61	63
	60	61	62

(a) Schätzen Sie den Effekt der Herstellungsmethode auf den Gehalt an der krebserregenden Substanz, und interpretieren Sie die Unterschiede.
(b) Gehen Sie davon aus, daß der Gehalt an der krebserregenden Substanz approximativ normalverteilt ist. Prüfen Sie zum Signifikanzniveau $\alpha = 0.05$, ob sich die drei Herstellungsmethoden hinsichtlich des Gehalts an der krebserregenden Substanz unterscheiden.

(Lösung siehe Seite 272)

Aufgabe 13.3

Im Rahmen einer Studie über Behandlungsverfahren bei Patienten mit chronischen Schmerzen wird u.a. mit Hilfe eines Fragebogens ein normalverteilter Score erhoben, der ein Maß für die allgemeine Befindlichkeit des Patienten darstellt. Dabei nimmt der Score umso höhere Werte an, je besser die Befindlichkeit des Patienten ist. In den Score gehen unterschiedliche Faktoren wie die Häufigkeit und Intensität des Auftretens der Schmerzen, der psychische Zustand des Patienten usw. ein.

Es soll nun getestet werden, ob sich der Befindlichkeitsscore bei Patienten, die mit verschiedenen Therapien behandelt werden, unterscheidet. Dazu werden Patienten aus drei Gruppen befragt:
Die Patienten der ersten Gruppe erhalten neben einer medikamentösen eine psychotherapeutische Behandlung. Die der zweiten Gruppe werden sowohl medikamentös als auch mit Akupunktur therapiert, während die Patienten der dritten Gruppe rein medikamentös behandelt werden. Die Ergebnisse der Befragung entnehmen Sie der nachstehenden Tabelle:

	Gruppe 1	Gruppe 2	Gruppe 3
	20	13	9
Befindlich-	12	12	10
keits-	18	15	15
score	14	17	8
	16	16	8
	21	17	11
	17		13
	13		14
	18		
	21		

(a) Schätzen Sie die Effekte der jeweiligen Therapie auf den Befindlichkeitsscore der Patienten. Interpretieren Sie die Ergebnisse.
(b) Testen Sie zum Niveau $\alpha = 0.05$, ob die Therapie einen signifikanten Einfluß auf den Befindlichkeitsscore der Patienten hat. Formulieren Sie dazu die Frage als statistisches Testproblem, und stellen Sie die zugehörige Varianzanalysetabelle auf. Führen Sie den Test durch, und interpretieren Sie das Ergebnis.

Hinweis:

$$\bar{y}_{1\cdot} = 17, \quad \bar{y}_{2\cdot} = 15, \quad \bar{y}_{3\cdot} = 11, \quad s_1^2 = 10.4, \quad s_2^2 = 4.4, \quad s_3^2 = 7.4.$$

(Lösung siehe Seite 273)

Aufgabe 13.4

Eine Firma betreibt ihre Produkte in verschiedenen Ländern. Für die Firmenleitung ist insbesondere hinsichtlich gewisser Marketing-Strategien von Interesse, ob sich bestimmte Produkte vergleichbaren Typs in manchen Ländern besser umsetzen lassen als in anderen. Dazu wurden für einen zufällig herausgegriffenen Monat die Umsätze sowohl produkt- als auch länderbezogen notiert.

Die folgende Tabelle zeigt Ihnen die Umsätze in 1000 Euro für drei Länder und zwei Produkte:

		Produkt I					Produkt II				
	A	42	45	42	41	42	38	39	37	41	39
Land	B	36	36	36	35	35	39	40	36	36	36
	C	33	32	32	33	32	36	34	36	33	34

(a) Berechnen Sie die mittleren Umsätze und die zugehörigen Standardabweichungen für jede Land-Produkt-Kombination. Stellen Sie die Mittelwerte graphisch dar, und beschreiben Sie die beobachteten Zusammenhänge der Tendenz nach.
Bestimmen Sie zudem die Mittelwerte für jedes Land und für jedes Produkt, also unabhängig von der jeweils anderen Variable, und insgesamt.

(b) Schätzen Sie unter Verwendung der Ergebnisse aus (a) die Haupteffekte und die Wechselwirkungsterme. Inwieweit stützen diese Werte die von Ihnen geäußerte Vermutung hinsichtlich der beobachteten Zusammenhänge?

(c) Stellen Sie eine Varianzanalysetabelle auf, und prüfen Sie unter Annahme von approximativ normalverteilten Umsätzen die Hypothesen auf Vorliegen von Wechselwirkungen und Haupteffekten jeweils zum Signifikanzniveau $\alpha = 0.05$. Interpretieren Sie Ihr Ergebnis.

(Lösung siehe Seite 274)

Lösungen

Lösung 13.1

Man betrachte das Modell

$$Y_{ij} = \mu + \alpha_i + \epsilon_{ij} \text{ mit } \epsilon_{ij} \sim N(0, \sigma^2) \text{ unabhängig und } \sum_{i=1}^{I} n_i \alpha_i = 0.$$

(a) Da hier $n = n_1 + n_2 + n_3 = 7 + 5 + 6 = 18$ ist, ergibt sich das Gesamtmittel zu

$$\bar{y}_{..} = \frac{1}{n}(n_1 \bar{y}_{1.} + n_2 \bar{y}_{2.} + n_3 \bar{y}_{3.}) = \frac{1}{18}(7 \cdot 8 + 5 \cdot 14 + 6 \cdot 15) = \frac{216}{18} = 12.$$

Damit erhält man gemäß $\hat{\alpha}_i = \bar{y}_{i.} - \bar{y}_{..}$ die Schätzungen der Effekte als:

$$\hat{\alpha}_1 = 8 - 12 = -4, \quad \hat{\alpha}_2 = 14 - 12 = 2, \quad \hat{\alpha}_3 = 15 - 12 = 3.$$

Es zeigt sich, daß bei dem hochdeutsch sprechenden Berater ein deutlicher, negativer Effekt zu verzeichnen ist. Mundartlich gefärbtes Hochdeutsch und bayerischer Dialekt beim Berater haben einen positiven Effekt auf die Dauer des Telefonats in ähnlicher Größenordnung.

(b) Das statistische Testproblem lautet hier

$$H_0 : \alpha_1 = \alpha_2 = \alpha_3 = 0 \quad \text{gegen} \quad H_1 : \text{ mindestens zwei } \alpha_i \neq 0.$$

Man erhält folgende ANOVA-Tabelle (vgl. Abschnitt 13.1 in Fahrmeir et al., 2004):

Streuungs-ursache	Streuung	Freiheits-grade	mittl. quadr. Fehler	Prüfgröße
Gruppen	$SQE = 186$	$I - 1 = 2$	$186/2 = 93$	$\frac{93}{5.2} = 7.82$
Residuen	$SQR = 178$	$n - I = 15$	$178/15 = 11.9$	

mit

$$\begin{aligned} SQE &= \sum_{i=1}^{I} n_i (\bar{y}_{i.} - \bar{y}_{..})^2 = \sum_{i=1}^{3} n_i \hat{\alpha}_i^2 \\ &= 7 \cdot (-4)^2 + 5 \cdot 2^2 + 6 \cdot 3^2 = 186, \\ SQR &= \sum_{i=1}^{I} \sum_{j=1}^{n_i} (y_{ij} - \bar{y}_{i.})^2 \\ &= \sum_{i=1}^{3} (n_i - 1) s_i^2 = 6 \cdot 13 + 4 \cdot 10 + 5 \cdot 12 = 178. \end{aligned}$$

Die Nullhypothese wird verworfen, falls der Wert der Prüfgröße das $(1-\alpha)$-Quantil der entsprechenden F-Verteilung überschreitet. Da hier $F = 7.82 > 3.6823 = F_{0.95}(2,15)$, kann H_0 verworfen werden. Es kann also signifikant zum Niveau $\alpha = 0.05$ geschlossen werden, daß die Sprache des Beraters einen Einfluß auf die Dauer des Gesprächs hat.

Lösung 13.2

(a) Die Schätzer für α_i sind gegeben als (vgl. Abschnitt 13.1 in Fahrmeir et al., 2004)

$$\hat{\alpha}_i = \bar{y}_{i.} - \bar{y}_{..}, \text{ wobei } \quad \bar{y}_{i.} = \frac{1}{n_i}\sum_{j=1}^{n_i} y_{ij} \quad \text{ und } \quad \bar{y}_{..} = \frac{1}{n}\sum_{i=1}^{I} n_i \bar{y}_{i.}$$

Hier ergibt sich mit $n_1 = n_2 = n_3 = 4$:

$$\bar{y}_{1.} = 59.75\ (s_1^2 = 1.58\bar{3}),\ \bar{y}_{2.} = 60.75\ (s_2^2 = 1.58\bar{3}),\ \bar{y}_{3.} = 63\ (s_3^2 = 2),$$

woraus man als Gesamtmittel $\bar{y}_{..} = \frac{1}{12}(4 \cdot 59.75 + 4 \cdot 60.75 + 4 \cdot 63) = 61.17$ berechnet. Damit erhält man als Schätzer für die Effekte

$$\begin{aligned} \hat{\alpha}_1 &= 59.75 - 61.17 = -1.42, \quad \hat{\alpha}_2 = 60.75 - 61.17 = -0.42, \\ \hat{\alpha}_3 &= 63.00 - 61.17 = 1.83. \end{aligned}$$

Das erste Herstellungsverfahren führt zu einem Gehalt der krebserregenden Substanz, der unterhalb des allgemeinen Durchschnitts liegt. Das zweite Verfahren bewirkt eine leichte Reduktion, während das dritte Verfahren zu einer starken Erhöhung des Gehalts führt.

(b) Die Fragestellung läßt sich über die Effekte wie folgt als statistisches Testproblem formulieren:

$$H_0 : \alpha_1 = \alpha_2 = \alpha_3 = 0 \quad \text{gegen} \quad H_1 : \text{mindestens zwei } \alpha_i \neq 0.$$

Zur Berechnung der Prüfgröße ermittelt man die folgenden Quadratsummen:

$$\begin{aligned} SQE &= \sum_{i=1}^{3} n_i \hat{\alpha}_i^2 = 4 \cdot [(-1.42)^2 + (-0.42)^2 + 1.83^2] = 22.17, \\ SQR &= \sum_{i=1}^{3} (n_i - 1) \cdot s_i^2 = 3 \cdot [1.58\bar{3} + 1.58\bar{3} + 2] = 15.5. \end{aligned}$$

Wie in der Varianzanalyse üblich, werden die einzelnen Teilergebnisse in einer ANOVA-Tabelle (vgl. Abschnitt 13.1 in Fahrmeir et al., 2004) zusammengefaßt:

Streuungs-ursache	Streuung	Freiheits-grade	mittl. quadr. Fehler	Prüfgröße
Gruppen	22.17	$I-1=2$	$22.17/2=11.08$	$\frac{11.08}{1.72}=6.44$
Residuen	15.5	$n-I=9$	$15.5/9=1.72$	

Dabei ist H_0 zum Niveau $\alpha=0.05$ abzulehnen, falls $F > F_{1-\alpha}(I-1, n-I) = F_{0.95}(2,9) = 4.256$. Da $F = 6.44 > 4.256$, kann H_0 zum Niveau $\alpha = 0.05$ verworfen werden. Damit wirkt sich das Herstellungsverfahren statistisch signifikant auf den Gehalt der krebserregenden Substanz aus.

Lösung 13.3

(a) Die Schätzung der Effekte erfolgt allgemein gemäß

$$\hat{\alpha}_i = \bar{y}_{i.} - \bar{y}_{..}.$$

Mit $n = 10 + 6 + 8 = 24$ ergibt sich zunächst

$$\bar{y}_{..} = \frac{1}{24}(10 \cdot 17 + 6 \cdot 15 + 8 \cdot 11) = \frac{348}{24} = 14.5.$$

Damit ergeben sich die geschätzten Effekte als

$$\hat{\alpha}_1 = 17 - 14.5 = 2.5, \quad \hat{\alpha}_2 = 15 - 14.5 = 0.5, \quad \hat{\alpha}_3 = 11 - 14.5 = -3.5.$$

Es sind also deutliche Effekte der Behandlung auf den Befindlichkeitsscore zu erkennen: Während der Score bei den Patienten, die zusätzlich zu den Medikamenten noch mit Akupunktur behandelt werden, etwa dem Durchschnitt entspricht, ist dieser bei den Patienten mit zusätzlicher psychotherapeutischer Behandlung deutlich erhöht. Die Befindlichkeit dieser Patientengruppe ist also besser als durchschnittlich. Dagegen zeigen Patienten, die ausschließlich medikamentös therapiert werden, deutlich niedrigere Scores als der Durchschnitt, d.h. ihre Befindlichkeit ist tendenziell schlechter.

(b) Die Fragestellung läßt sich wie folgt als statistisches Testproblem formulieren:

$$H_0 : \alpha_1 = \alpha_2 = \alpha_3 = 0 \quad \text{gegen} \quad H_1 : \text{mindestens zwei } \alpha_i \neq 0.$$

Zur Berechnung der Prüfgröße wird eine ANOVA-Tabelle erstellt:

Streuungs-ursache	Streuung	Freiheits-grade	mittl. quadr. Fehler	Prüfgröße
Gruppen	162	$I-1=2$	$162/2=81$	$\frac{81}{7.97}=10.16$
Residuen	167.4	$n-I=21$	$167.4/21=7.97$	

$$\begin{aligned} \text{mit } SQE &= \sum n_i\hat{\alpha}_i^2 = 10\cdot 2.5^2 + 6\cdot 0.5^2 + 8\cdot(-3.5)^2 \\ &= 62.5 + 1.5 + 98 = 162 \\ \text{und } SQR &= \sum (n_i-1)s_i^2 = 9\cdot 10.4 + 5\cdot 4.4 + 7\cdot 7.4 \\ &= 93.6 + 22 + 51.8 = 167.4. \end{aligned}$$

Da hier $F = 10.16 > F_{0.95}(2,21) = 3.4668$, kann H_0 verworfen werden. Man kann also zum Niveau $\alpha = 0.05$ davon ausgehen, daß die Behandlungsmethode einen signifikanten Einfluß auf den Befindlichkeitsscore hat.

Lösung 13.4

(a) Für die mittleren Umsätze μ_{ij} und die Standardabweichungen erhält man folgende Schätzungen:

		Produkt I		Produkt II	
		$\bar{y}_{ij\cdot}$	$\sqrt{s_{ij}^2}$	$\bar{y}_{ij\cdot}$	$\sqrt{s_{ij}^2}$
Land	A	42.4	1.517	38.8	1.483
	B	35.6	0.548	37.4	1.949
	C	32.4	0.548	34.6	1.342

Folgende Skizzen zeigen die graphische Darstellung obiger Mittelwertsverläufe:

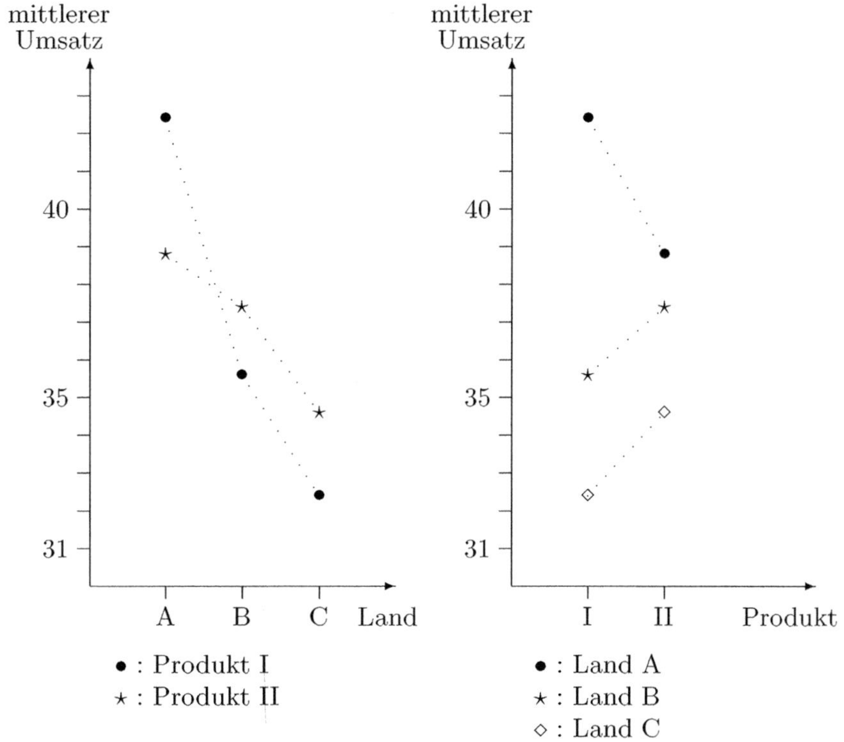

Für beide Produkte sind die Umsätze in Land A größer als in den beiden anderen Ländern. Allerdings ist dieser Effekt bei Produkt I wesentlich stärker zu erkennen als bei Produkt II. In den Ländern B und C erzielt dagegen Produkt II jeweils den höheren Umsatz, wobei die Umsätze für beide Produkte in Land B besser sind als in Land C.

Die Mittelwerte für die Länder $\bar{y}_{i..}$ ergeben sich als:

$$\bar{y}_{1..} = \bar{y}_A = 40.6, \quad \bar{y}_{2..} = \bar{y}_B = 36.5, \quad \bar{y}_{3..} = \bar{y}_C = 33.5.$$

Entsprechend berechnet man die Mittelwerte für die Produkte $\bar{y}_{.j.}$ als:

$$\bar{y}_{.1.} = \bar{y}_I = 36.8, \quad \bar{y}_{.2.} = \bar{y}_{II} = 36.93\bar{3}$$

und den Mittelwert $\bar{y}_{...}$ insgesamt als:

$$\bar{y}_{...} = 36.86\bar{6}.$$

(b) Mit $\hat{\mu} = \bar{y}_{...} = 36.86\bar{6}$ erhält man als Schätzer für die Haupteffekte von Faktor A, hier das Land, und Faktor B, hier das Produkt (vgl. Abschnitt 13.2 in Fahrmeir et al., 2004):

$$\begin{aligned}
\hat{\alpha}_1 = \hat{\alpha}_A &= \bar{y}_{1..} - \bar{y}_{...} = \bar{y}_A - \bar{y}_{...} = 40.6 - 36.86\bar{6} \\
&= 3.73\bar{3}, \\
\hat{\alpha}_2 = \hat{\alpha}_B &= \bar{y}_{2..} - \bar{y}_{...} = \bar{y}_B - \bar{y}_{...} = 36.5 - 36.86\bar{6} \\
&= -0.36\bar{6}, \\
\hat{\alpha}_3 = \hat{\alpha}_C &= \bar{y}_{3..} - \bar{y}_{...} = \bar{y}_C - \bar{y}_{...} = 33.5 - 36.86\bar{6} \\
&= -3.36\bar{6}, \\
\hat{\beta}_1 = \hat{\beta}_I &= \bar{y}_{.1.} - \bar{y}_{...} = \bar{y}_I - \bar{y}_{...} = 36.8 - 36.86\bar{6} \\
&= -0.06\bar{6}, \\
\hat{\beta}_2 = \hat{\beta}_{II} &= \bar{y}_{.2.} - \bar{y}_{...} = \bar{y}_{II} - \bar{y}_{...} = 36.93\bar{3} - 36.86\bar{6} \\
&= 0.06\bar{6}.
\end{aligned}$$

Die Wechselwirkungen werden allgemein geschätzt als:

$$\widehat{(\alpha\beta)}_{ij} = \bar{y}_{ij.} - \bar{y}_{i..} - \bar{y}_{.j.} + \bar{y}_{...}.$$

Damit berechnet man hier:

$$\begin{aligned}
\widehat{(\alpha\beta)}_{11} = \widehat{(\alpha\beta)}_{AI} &= \bar{y}_{11.} - \bar{y}_{1..} - \bar{y}_{.1.} + \bar{y}_{...} \\
&= 42.4 - 40.6 - 36.8 + 36.86\bar{6} \\
&= 1.86\bar{6}, \\
\widehat{(\alpha\beta)}_{12} = \widehat{(\alpha\beta)}_{AII} &= 38.8 - 40.6 - 36.93\bar{3} + 36.86\bar{6} \\
&= -1.86\bar{6}, \\
\widehat{(\alpha\beta)}_{21} = \widehat{(\alpha\beta)}_{BI} &= 35.6 - 36.5 - 36.8 + 36.86\bar{6} \\
&= -0.83\bar{3}, \\
\widehat{(\alpha\beta)}_{22} = \widehat{(\alpha\beta)}_{BII} &= 37.4 - 36.5 - 36.93\bar{3} + 36.86\bar{6} \\
&= 0.83\bar{3}, \\
\widehat{(\alpha\beta)}_{31} = \widehat{(\alpha\beta)}_{CI} &= 32.4 - 33.5 - 36.8 + 36.86\bar{6} \\
&= -1.03\bar{3}, \\
\widehat{(\alpha\beta)}_{32} = \widehat{(\alpha\beta)}_{CII} &= 34.6 - 33.5 - 36.93\bar{3} + 36.86\bar{6} \\
&= 1.03\bar{3}.
\end{aligned}$$

Land A hat einen relativ großen positiven Einfluß auf den Umsatz ($\hat{\alpha}_A = 3.73\bar{3}$). Land B und Land C haben negative Effekte, wobei Land C mit $\hat{\alpha}_C = -3.36\bar{6}$ am schlechtesten abschneidet. Damit bestätigen die geschätzten Haupteffekte die in (a) formulierten Aussagen. Auch die geschätzten Wechselwirkungsterme untermauern die Interpretationen aus (a). Während bei Land A Produkt I einen positiven Effekt auf den Umsatz hat, ist dieser bei den anderen beiden Ländern negativ.

(c) Die Prüfgrößen lassen sich wie üblich in einer Varianzanalysetabelle zusammenfassen:

Streuungsursache	Streuung	FG	mittl. quadr. Fehler	Prüfgröße
Faktor A	254.06	2	127.029	$F_A = 71.232$
Faktor B	$0.13\bar{3}$	1	$0.13\bar{3}$	$F_B = 0.075$
$A \times B$	$52.46\bar{6}$	2	$26.23\bar{3}$	$F_{A\times B} = 14.710$
Residuen	42.8	24	$1.78\bar{3}$	

Dabei sind hier mit $K = 5, I = 3$ und $J = 2$:

$$
\begin{aligned}
SQA &= K \cdot J \cdot \sum_{i=1}^{I} (\bar{y}_{i..} - \bar{y}_{...})^2 = K \cdot J \cdot \sum_{i=1}^{I} \hat{\alpha}_i^2 \\
&= 5 \cdot 2 \cdot \left(3.73\bar{3}^2 + (-0.36\bar{6})^2 + (-3.36\bar{6})^2\right) \\
&= 10 \cdot (13.938 + 0.134 + 11.334) \\
&= 254.06, \\
SQB &= K \cdot I \cdot \sum_{j=1}^{J} (\bar{y}_{.j.} - \bar{y}_{...})^2 = K \cdot I \cdot \sum_{j=1}^{J} \hat{\beta}_j^2 \\
&= 5 \cdot 3 \cdot \left((-0.06\bar{6})^2 + 0.06\bar{6}^2\right) \\
&= 15 \cdot (0.004\bar{4} + 0.004\bar{4}) \\
&= 0.13\bar{3}, \\
SQ(A \times B) &= K \cdot \sum_{i=1}^{I} \sum_{j=1}^{J} (\bar{y}_{ij.} - \bar{y}_{i..} - \bar{y}_{.j.} + \bar{y}_{...})^2 \\
&= K \cdot \sum_{i=1}^{I} \sum_{j=1}^{J} (\widehat{\alpha\beta})_{ij}^2 \\
&= 5 \cdot \Big(1.86\bar{6}^2 + (1.86\bar{6})^2 + (-0.83\bar{3})^2 \\
&\quad +0.83\bar{3}^2 + (-1.03\bar{3})^2 + 1.03\bar{3}^2\Big) \\
&= 5 \cdot (3.484 + 3.484 + 0.694 + 0.694 + 1.06\bar{7} + 1.06\bar{7}) \\
&= 52.46\bar{6}, \\
SQR &= \sum_{i=1}^{I} \sum_{j=1}^{J} \sum_{k=1}^{K} (y_{ijk} - \bar{y}_{ij.})^2 = (K-1) \cdot \sum_{i=1}^{I} \sum_{j=1}^{J} s_{ij}^2 \\
&= 4 \cdot (2.3 + 2.2 + 0.3 + 3.8 + 0.3 + 1.8) \\
&= 42.8.
\end{aligned}
$$

Da $F_{A \times B} = 14.710 > 3.4028 = F_{0.95}(2, 24)$, kann davon ausgegangen werden, daß zum Niveau $\alpha = 0.05$ signifikante Wechselwirkungen zwischen den Faktoren Land und Produkt vorliegen. Der Prüfgrößenwert zum Faktor A, das Land, $F_A = 71.232$ ist ebenfalls größer als der zugehörige Quantilswert $F_{0.95}(2, 24)$. Damit ist dieser Haupteffekt zum obigen Niveau signifikant. Dagegen ist $F_B = 0.075 < 2.9271 = F_{0.95}(1, 24)$. Das Produkt hat also zum Niveau $\alpha = 0.05$ keinen signifikanten Einfluß auf den Umsatz.

14

Zeitreihen

Aufgaben

Aufgabe 14.1

Betrachten Sie den folgenden Ausschnitt aus der Zeitreihe der Zinsen deutscher festverzinslicher Wertpapiere

7.51	7.42	6.76	5.89	5.95	5.35	5.51	6.13	6.45	6.51	6.92
6.95	6.77	6.86	6.95	6.66	6.26	6.18	6.07	6.52	6.52	6.71

und bestimmen Sie den gleitenden 3er- und 11er-Durchschnitt. Anstelle gleitender Durchschnitte können zur Glättung einer Zeitreihe auch gleitende Mediane verwendet werden, die analog definiert sind. Berechnen Sie die entsprechenden gleitenden Mediane. Zeichnen Sie die Zeitreihe zusammen mit Ihren Resultaten.
(Lösung siehe Seite 282)

Aufgabe 14.2

Einer Zeitreihe $\{y_t, t = 1, \ldots, n\}$ wird oft ein linearer Trend

$$y_t = \alpha + \beta \cdot t + \epsilon_t \,, \quad t = 1, \ldots, n,$$

unterstellt.

(a) Vereinfachen Sie die gewöhnlichen KQ-Schätzer.
(b) Von 1982 bis 1987 wird im folgenden die Anzahl der gemeldeten AIDS-Infektionen in den USA vierteljährlich angegeben:

185	200	293	374	554	713	763	857
1147	1369	1563	1726	2142	2525	2951	3160
3819	4321	4863	5192	6155	6816	7491	7726

Bestimmen Sie die Regressionskoeffizienten.

(c) Die Annahme eines linearen Trends ist hier unter Umständen fragwürdig. Exponentielles Wachstum $y_t = \alpha \cdot \exp(\beta \cdot t) \cdot \epsilon_t$ kann durch Logarithmieren wieder in ein klassisches Regressionsmodell transformiert werden. Berechnen Sie für dieses transformierte Modell die Regressionskoeffizienten.

(Lösung siehe Seite 283)

Aufgabe 14.3

Die folgende Abbildung zeigt zu der Zeitreihe der Zinsen deutscher festverzinslicher Wertpapiere gleitende Durchschnitte und Mediane. Bei den Abbildungen (a) und (c) handelt es sich um gleitende 5er bzw. 21er Durchschnitte und bei den Abbildungen (b) und (d) um die entsprechenden 5er und 21er Mediane.

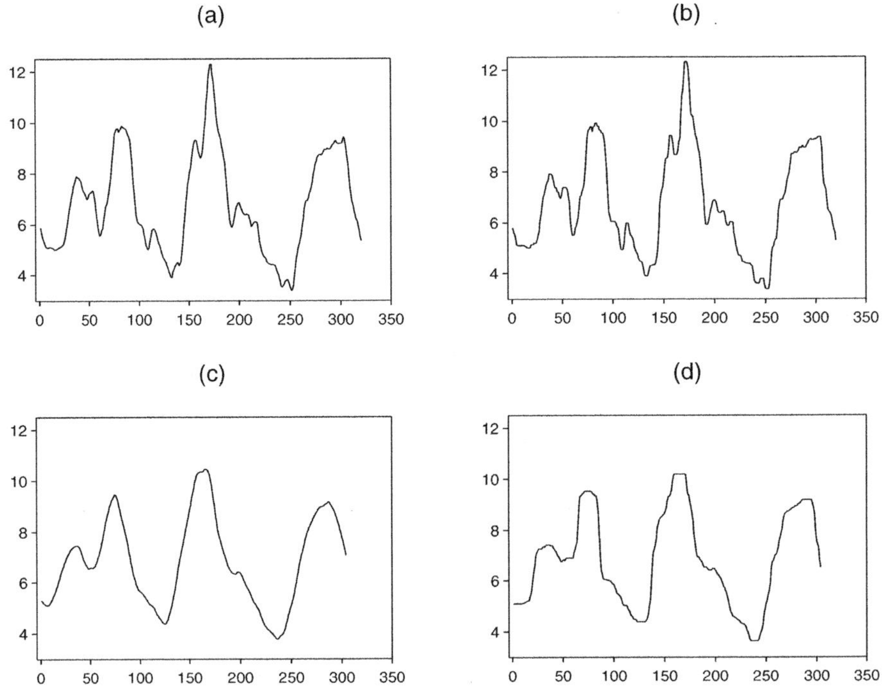

Vergleichen Sie die geglätteten Zeitreihen, und kommentieren Sie Unterschiede und Ähnlichkeiten.
(Lösung siehe Seite 284)

Aufgabe 14.4

Die folgende Abbildung zeigt die monatlichen Geburten in der BRD von 1950 bis 1980. Kommentieren Sie den Verlauf der Zeitreihe sowie Trend und Saison, die mittels STL geschätzt wurden.

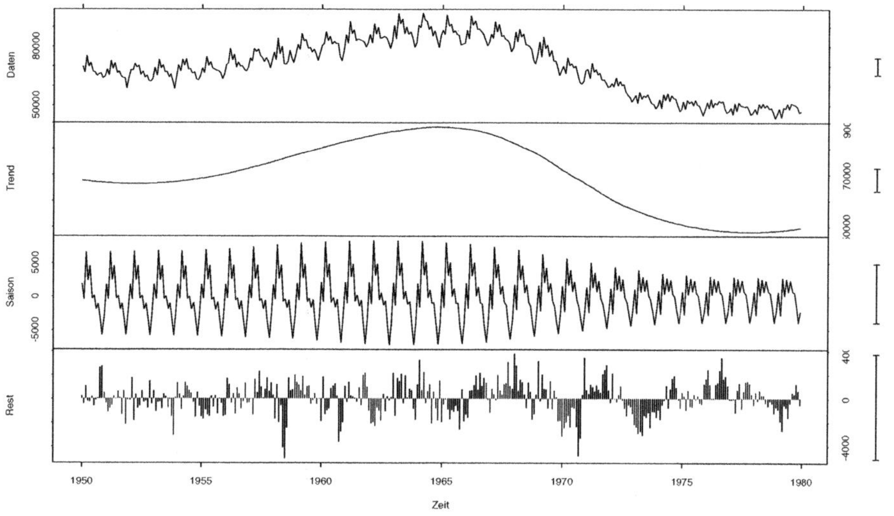

(Lösung siehe Seite 284)

Lösungen

Lösung 14.1

Die geglätteten Zeitreihen entnimmt man folgender Tabelle:

	Zeit-reihe	3er-Durchschnitt	3er-Median	11er-Durchschnitt	11er-Median
1	7.51	NA	NA	NA	NA
2	7.42	7.23	7.42	NA	NA
3	6.76	6.69	6.76	NA	NA
4	5.89	6.20	5.95	NA	NA
5	5.95	5.73	5.89	NA	NA
6	5.35	5.60	5.51	6.40	6.45
7	5.51	5.66	5.51	6.35	6.45
8	6.13	6.03	6.13	6.29	6.45
9	6.45	6.36	6.45	6.30	6.45
10	6.51	6.63	6.51	6.40	6.51
11	6.92	6.79	6.92	6.46	6.66
12	6.95	6.88	6.92	6.54	6.66
13	6.77	6.86	6.86	6.60	6.66
14	6.86	6.86	6.86	6.60	6.66
15	6.95	6.82	6.86	6.60	6.66
16	6.66	6.62	6.66	6.61	6.66
17	6.26	6.37	6.26	6.59	6.66
18	6.18	6.17	6.18	NA	NA
19	6.07	6.26	6.18	NA	NA
20	6.52	6.37	6.52	NA	NA
21	6.52	6.58	6.52	NA	NA
22	6.71	NA	NA	NA	NA

Mit Hilfe obiger Tabelle erhält man die folgenden Graphiken, in denen jeweils die Originalzeitreihe (mit Punkten versehen) und die geglätteten Zeitreihen (ohne Punkte) abgedruckt sind.

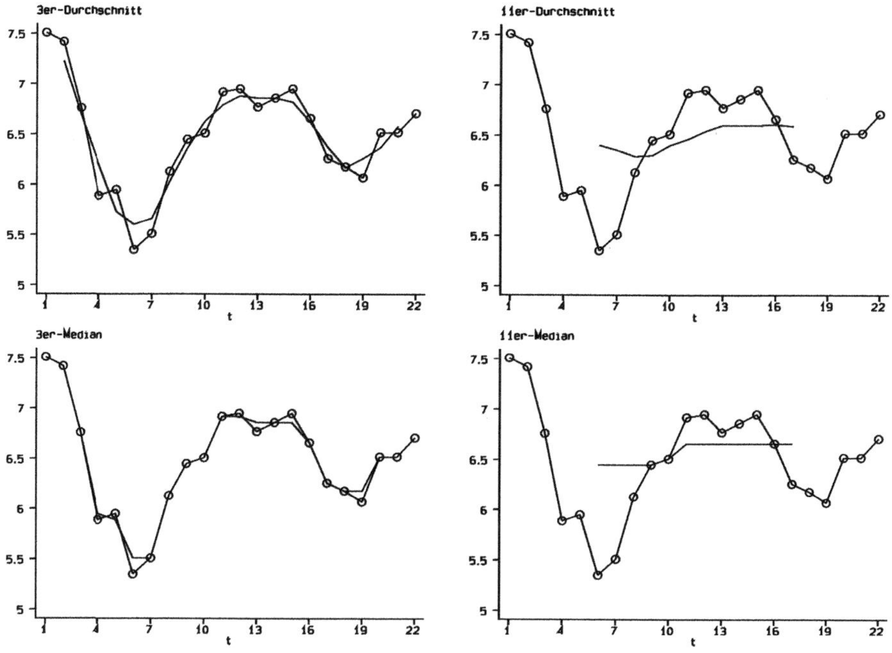

Lösung 14.2

(a) Unter der Annahme eines linearen Trends, d.h.

$$y_t = \alpha + \beta t + \epsilon_t, \quad t = 1, \ldots, n,$$

ergeben sich

$$\hat{\beta} = \frac{\sum x_t y_t - n\bar{x}\bar{y}}{\sum x_t^2 - n\bar{x}^2} = \frac{\sum t y_t - n\bar{t}\bar{y}}{\sum t^2 - n\bar{t}^2}$$

$$\text{mit } \bar{t} = \frac{n+1}{2} \text{ und}$$

$$\hat{\alpha} = \bar{y} - \hat{\beta}\bar{x} = \bar{y} - \frac{n+1}{2}\hat{\beta}.$$

(b) Man berechnet zunächst folgende Hilfsgrößen:

$$\begin{aligned}
\sum t y_t &= 1 \cdot 185 + 2 \cdot 200 + \ldots = 1218006 \\
n\bar{t}\bar{y} &= n \cdot \frac{n+1}{2} \cdot \bar{y} = 24 \cdot 12.5 \cdot 2787.708 = \\
&= 836312.5 \\
\sum t^2 &= 4900 \\
n\bar{t}^2 &= 24 \cdot 12.5^2 = 3750.
\end{aligned}$$

Einsetzen ergibt

$$\begin{aligned}\hat{\beta} &= 331.9074 \text{ und}\\ \hat{\alpha} &= -1361.134.\end{aligned}$$

(c) Sei

$$y_t = \alpha \cdot \exp(\beta t) \cdot \epsilon_t.$$

Dann erhält man durch Logarithmieren:

$$\log y_t = \log \alpha + \beta t + \epsilon_t$$

mit $\alpha_0 = \log \alpha$ ein lineares Regressionsmodell, und es gilt

$$\begin{aligned}\hat{\beta} &= \frac{\sum t \log(y_t) - n\bar{t}(\overline{\log y_t})}{\sum t^2 - n\bar{t}^2},\\ \hat{\alpha}_0 &= \overline{\log y_t} - \frac{n+1}{2}\hat{\beta}.\end{aligned}$$

Hier gelten

$$\begin{aligned}\sum t \log(y_t) &= 2412.93,\\ n\bar{t}(\overline{\log y_t}) &= 24 \cdot 12.5 \cdot 7.42 = 2226.449.\end{aligned}$$

Einsetzen ergibt

$$\begin{aligned}\hat{\beta} &= 0.1621 \text{ und}\\ \hat{\alpha} &= \overline{\log y_t} - \frac{n+1}{2}\hat{\beta} = 5.395.\end{aligned}$$

Lösung 14.3

Alle Abbildungen zeigen eine Glättung im Vergleich zum Verlauf der Zeitreihe der Daten. Insbesondere bei den gleitenden 21er-Durchschnitten und Medianen ist im wesentlichen nur noch der langfristige Trend der Zinsen zu erkennen. Gleitende Durchschnitte und Mediane der gleichen Ordnung sind sich sehr ähnlich, wobei gleitende Mediane noch mehr über Spitzen der Zeitreihe hinwegglätten.

Lösung 14.4

Die monatlichen Geburten steigen im Trend nach dem Krieg flach an, bis nach den geburtenstarken Jahrgängen in den 60er Jahren ein steiler Abfall ersichtlich wird ("Pillenknick"). Die Saisonfigur zeigt, daß im Frühjahr mehr Geburten zu verzeichnen sind als im Herbst. Lediglich die Amplitude dieser saisonalen Schwankung ist nach einem maximalen Ausschlag in den 60er Jahren kleiner geworden.

15

Übergreifende Aufgaben

Aufgaben

In diesem Abschnitt finden Sie Aufgaben, die nicht einem speziellen Kapitel des Lehrbuchs zugeordnet sind. Bei der Lösung ist demnach insbesondere die Zuordnung der Aufgabe zu einem Problembereich vorzunehmen.

Aufgabe 15.1

Es soll untersucht werden, ob sich die Teilnahme an Fortbildungsmaßnahmen positiv auf die Wiedereingliederung von Langzeitarbeitslosen in den Beruf auswirkt. Für 800 Personen, die mind. 12 Monate arbeitslos waren, wurde festgestellt, ob sie in dieser Zeit an einer Fortbildungsmaßnahme teilgenommen haben ($X = 1$) oder nicht ($X = 0$) und ob sie bis zu einem Stichtag wieder Anstellung in ihrem Beruf gefunden haben ($Y = 1$) oder nicht ($Y = 0$):

		Y		
		0	1	
X	0	448	192	
	1	32	128	

(a) Berechnen Sie die Randhäufigkeiten von Y in relativen Häufigkeiten und beurteilen Sie damit die generellen Chancen für eine Wiedereingliederung.

(b) Beurteilen Sie, ob die Wiedereingliederung in den Beruf durch die Teilnahme an entsprechenden Fortbildungen erleichtert wird. Berechnen und interpretieren Sie dazu

  (b1) geeignete relative Häufigkeitsverteilungen

  (b2) die relativen Chancen

  (b3) den Kontingenzkoeffizienten.

(c) Überprüfen Sie mit Hilfe eines geeigneten Tests (zum Niveau $a = 0.01$), ob die Merkmale X und Y unabhängig sind.

(Lösung siehe Seite 291)

Aufgabe 15.2

Die Konzentration eines spezifischen Schadstoffs in der Luft läßt sich mit zwei unterschiedlichen Meßverfahren X und Y bestimmen. Bei vorliegender wahrer Schadstoffkonzentration θ gilt

$$X \sim N(\theta, \sigma_x^2) \quad , \quad Y \sim N(\theta, \sigma_y^2).$$

Wegen der Meßungenauigkeit empfiehlt es sich, unabhängige Wiederholungen, $X_1, X_2, \ldots$ bzw. $Y_1, Y_2, \ldots$ durchzuführen. Da das genauere Verfahren X doppelt so viele Risiken verursacht wie das Verfahren Y werden alternativ diskutiert das Schätzverfahren

$$T_1 = \frac{(X_1 + X_2)}{2},$$

das aus zwei X-Messungen resultiert und

$$T_2 = \frac{(X_1 + Y_1 + Y_2)}{3},$$

das aus einer X- und zwei Y-Messungen resultiert.

(a) Sind die Schätzfunktionen erwartungstreu und konsistent für θ ?
(b) Bestimmen Sie die Varianz von T_1 und T_2.
(c) Da $\sigma_x^2 < \sigma_y^2$ stellt sich die Frage: Wie müssen sich σ_x^2 und σ_y^2 zueinander verhalten, damit T_2 die effizientere Schätzung ist?
(d) Anstatt der einfachen Summe in T_2 wird nun eine gewichtete Summe ($0 \leq w \leq 1$) der X- und Y- Messungen betrachtet in der Form

$$T_3 = wX_1 + \frac{(1-w)(Y_1 + Y_2)}{2}$$

Für welchen Wert w besitzt T_3 die kleinste Varianz?
(Lösung siehe Seite 292)

Aufgabe 15.3

Der BWL-Student Jan fährt jeden Tag mit der S-Bahn zur Uni und zurück. Diese kommt allerdings häufig (mit Wahrscheinlichkeit p) zu spät. Jan fährt jede Woche 10 mal mit der S-Bahn.

(a) Welche Verteilung kann für die Zufallsvariable X: "Anzahl der Verspätungen der S-Bahn in 1 Woche" angenommen werden? Was nehmen sie dabei an?

(b) Der Verkehrsverbund hat ermittelt, daß die Varianz der Zufallsvariablen X 1.6 beträgt. Welchen Wert hat p ?
Berücksichtigen Sie, daß weniger als jede zweite S-Bahn verspätet ist.
(c) Im letzten Semester benutzte Jan die S-Bahn 120 mal. Wie hoch ist die Wahrscheinlichkeit, daß die S-Bahn nicht häufiger als 16 mal Verspätung hat?
Benutzen Sie eine geeignete Approximation für die vorliegende Verteilung!
(d) Jan hat den Verdacht, daß der Verkehrsverbund optimistische Zahlen präsentiert und möchte aus den 40 Verspätungen des letzten Semesters seine eigenen Schlüsse ziehen hinsichtlich der sich aus den Angaben des Verkehrsverbunds ergebenden Verspätungswahrscheinlichkeit. Formulieren Sie das Testproblem und führen Sie den Test durch.

(Lösung siehe Seite 293)

Aufgabe 15.4

Ein Künstler erhält den Auftrag, ein Mosaik auf dem Marktplatz vor dem Rathaus seiner Gemeinde auszulegen. Die quadratischen Mosaiksteine bezieht er von einer Firma in Tüten zu je 100 Stück. Leider geraten manchmal einige runde Mosaiksteine in die Tüten. Sei das Merkmal X die Anzahl der runden Steine pro Tüte. Gehen Sie davon aus, daß X Poisson–verteilt ist mit Parameter λ, es gilt also

$$P(X = x) = \frac{\lambda^x}{x!}\, e^{-\lambda} \qquad \text{mit} \qquad x \in \{0, 1, 2, \ldots\}, \quad \lambda > 0$$
$$\text{und} \qquad E(X) = \lambda,\ Var(X) = \lambda.$$

Bei einer Stichprobe $X_1, \ldots, X_n$ von $n = 40$ Tüten ergab sich ein Mittelwert von $\bar{x} = 3,4$ und eine Stichprobenvarianz von $s^2 = 3,4$.

(a) Zeigen Sie, daß der Maximum–Likelihood–Schätzer für den unbekannten Parameter λ der Poisson–Verteilung gegeben ist durch $\hat{\lambda}_{ML} = \bar{x}$.
Welche Annahme haben Sie bei der Berechnung verwendet?
(b) Bestimmen Sie ein (approximatives) 99%–Konfidenzintervall für λ.

Die Herstellerfirma der Mosaiksteinchen gibt zu, daß für gewöhnlich ein gewisser Anteil an runden Steinen in jeder Tüte enthalten ist. Der Anteil ist sogar Poisson–verteilt mit einem Parameter λ_0, allerdings beträgt $P(X = 0)$, also die Wahrscheinlichkeit, eine Tüte ohne runde Steine zu erhalten, nach Herstellerangabe 6.72%.

(c) Berechnen Sie den Parameter λ_0, der vom Hersteller angegeben wird.
(d) Überprüfen Sie die Herstellerangabe mit einem geeigneten (approximativen) Test. Welche Entscheidung ist anhand der obigen Stichprobe hinsichtlich der Hypothesen

$$H_0 : \lambda \leq \lambda_0 \quad \text{gegen} \quad H_1 : \lambda > \lambda_0.$$

bei einem Signifikanzniveau von $\alpha = 0.01$ zu treffen? Interpretieren Sie das Ergebnis inhaltlich!

(e) Berechnen und interpretieren Sie den p–Wert des eben durchgeführten Tests.

(Lösung siehe Seite 293)

Aufgabe 15.5

Die Verbreitung von Pay–TV Sendern ist auch nach jahrelanger Marktpräsenz noch sehr gering. Anhand einer Stichprobe von $n_1 = 10000$ Personen wird der Zusammenhang zwischen dem Merkmal *Pay–TV* und dem kategorisierten Merkmal *Einkommen* (Tafel 1) untersucht. In einer Teilstichprobe vom Umfang $n_2 = 1000$ wird das bevorzugte *Interessensgebiet* (Tafel 2) erhoben.

Tafel 1		Einkommen	
		≤ 2000	> 2000
Pay TV	ja	150	350
	nein	3900	5600

Tafel 2		Interessensgebiet		
		Spielfilme	Sport	Sonstiges
Pay TV	ja	21	28	1
	nein	279	222	449

(a) Berechnen Sie für Tafel 1 den χ^2–Koeffizienten und den Kontingenzkoeffizienten. Vergleichen Sie die Ergebnisse mit Tafel 2 ($\chi^2 = 44.38$). Bei welcher Tafel liegt der stärkere Zusammenhang vor?

(b) Erstellen Sie die Tafeln der *relativen* Häufigkeiten, zusammen mit allen relativen Randhäufigkeiten.

Setzen Sie nun voraus, daß es sich bei den in (b) berechneten Tafeln um die *wahren* Wahrscheinlichkeitsfunktionen der drei Merkmale handelt.

(c) Geben Sie die bedingte Wahrscheinlichkeitsfunktion des Merkmals *Einkommen* an, unter der Bedingung, daß Pay–TV vorhanden ist ($Y = ja$). Tragen Sie die Ergebnisse in die folgende Kontingenztabelle zwischen den Merkmalen X_1 (*Einkommen*) und X_2 (*Interessensgebiet*) ein:

Pay–TV vorhanden		Interessensgebiet (X_2)			$f(X_1 \mid Y = ja)$
		Spielfilme	Sport	Sonstiges	
Einkommen (X_1)	≤ 2000				
	> 2000				
	$f(X_2 \mid Y = ja)$	0.42	0.56	0.02	1

Vervollständigen Sie obige Tafel unter der Annahme, daß X_1 und X_2 unabhängig sind.

(d) Berechnen Sie mit dem Satz von Bayes die Wahrscheinlichkeit, daß eine zufällig ausgewählte Person Pay–TV besitzt, falls sie bevorzugt Sportsendungen sieht.

(Lösung siehe Seite 295)

Aufgabe 15.6

In der Hoffnung, sich mühseliges Auswendiglernen in Zukunft zu ersparen, entschließt sich Student Fauli das Buch "*Leichter Lernen mit den Sternen*" zu kaufen. Dieses ist in zwei Varianten erhältlich, als Taschenbuch für 7.95 Euro und mit festem Einband für 15 Euro. Das Merkmal *Einband* (Y) sei folgendermaßen kodiert:

$$Y = \begin{cases} 0 & \text{Taschenbuch} \\ 1 & \text{fester Einband} \end{cases}$$

Jedoch läßt die Qualität der Bindung in beiden Fällen zu wünschen übrig, so daß manchmal Seiten fehlen. Aus technischen Gründen fehlen entweder 0.4 oder 8 Seiten. Die gemeinsame Verteilung der Merkmale *Einband* und *fehlende Seiten* (X) ist in der folgenden Kontingenztafel zu finden:

		Y		
		1	0	
X	8	0,07	0,23	0,30
	4	0,18	0,12	0,30
	0	0,30	0,10	0,40
		0,55	0,45	1

(a) Bestimmen sie jeweils den Erwartungswert und die Varianz der Merkmale X und Y.

(b) Das Merkmal *Preis* (Z) ist eine lineare Transformation $Z = a \cdot Y + b$ des Merkmals *Einband*. Bestimmen Sie zunächst die Konstanten a und b und zeigen Sie damit, daß $E(Z) = 11.83$ und $Var(Z) = 12.30$ gilt.

(c) Berechnen sie die Korrelation der beiden Merkmale X und Z. Geben Sie eine kurze (!) Interpretation des Ergebnisses.

Nach der Lektüre dieses Buches bei Vollmond beträgt die Zeitersparnis beim Lernen genau 1 Stunde pro gelesener Seite. Ein vollständiges Buch besitzt 50 Seiten.

(d) Berechnen Sie die bedingte Verteilung des Merkmals X, falls sich Fauli ein Taschenbuch kauft. Geben Sie zusätzlich den Erwartungswert an.

(e) Vergleichen Sie das Ergebnis aus (d) mit dem Modus der bedingten Verteilung von X.

(f) Letztendlich hat sich Fauli zum Kauf der Taschenbuchausgabe entschieden. Wieviele Stunden Zeitersparnis kann Fauli nun erwarten?

(Lösung siehe Seite 297)

Lösungen

Lösung 15.1

Die vollständige Kontingenztafel ergibt sich durch:

(a)

		Y: 0	Y: 1	
X	0	448	192	640
	1	32	128	160
		480	320	800

Y	0	1
$h(Y)$	0.6	0.4

Die Wahrscheinlichkeit für die Eingliederung ist mit 0.4 relativ niedrig.

(b1)

Y	0	1
$h(Y\|X=0)$	0.7	0.3
$h(Y\|X=1)$	0.2	0.8

Mit Fortbildung ist eine Eingliederung erheblich wahrscheinlicher als ohne Fortbildung (0.8 statt 0.3).

(b2)

$$\gamma = \frac{448 \cdot 128}{32 \cdot 192} = 9.33$$

(b3) Es ist

$$\chi^2 = \frac{800 \cdot (448 \cdot 128 - 192 \cdot 32)^2}{640 \cdot 160 \cdot 480 \cdot 320} = 133.33.$$

Damit ist

$$\begin{aligned} K &= \sqrt{\frac{\chi^2}{\chi^2 + n}} = \sqrt{\frac{133.33}{133.33 + 800}} = 0.3780, \\ M &= min\{2, 2\} = 2, \\ K_{max} &= \sqrt{\frac{M-1}{M}} = \sqrt{\frac{1}{2}}, \\ K^* &= \frac{K}{K_{max}} = 0.5345 \end{aligned}$$

Sowohl K^* als auch γ deuten auf einen starken Zusammenhang zwischen X und Y hin.

(c) Es gilt

$$\chi^2 = 133.33 \,\text{und}\, \chi^2_{1-0.01}((2-1)\cdot(2-1)) = \chi^2_{0.99}(1) = 6.63.$$

Wegen $133.33 > 6.63$ ist die Nullhypothese "Unabhängigkeit von X und Y " zu verwerfen!

Lösung 15.2

(a) Beide Schätzfunktionen sind erwartungstreu, wie sich aus

$$E(T_1) = \frac{(E(X_1) + E(X_2))}{2} = \theta$$

und

$$E(T_1) = \frac{(E(X_1) + E(Y_1) + E(Y_2))}{3} = \theta \,\text{ergibt}$$

Keine läßt sich als konsistent betrachten, da nur 2 bzw. 3 Stichprobenvariablen benutzt werden.

(b) $Var(T_1) = \frac{1}{4}(Var(X_1) + Var(X_2)) = \frac{\sigma_x^2}{2}$,
$Var(T_2) = \frac{1}{9}(Var(X_1) + Var(Y_1) + Var(Y_2)) = \frac{1}{9}(\sigma_x^2 + 2\sigma_x^2)$

(c) T_2 ist effizienter als T_1 wenn
$Var(T_2) \leq Var(T_1)$

$\Leftrightarrow \quad \frac{(\sigma_x^2+2\sigma_y^2)}{9} \leq \frac{\sigma_x^2}{2}$

$\Leftrightarrow \quad 4\sigma_y^2 \leq 7\sigma_x^2$

$\Leftrightarrow \quad \sigma_y^2 \leq \frac{7}{4}\sigma_x^2$

$\Leftrightarrow \quad \frac{\sigma_y^2}{\sigma_x^2} \leq \frac{7}{4}$

(d) Die Varianz von T_3 ist eine Funktion von w in der Form
$g(w) = Var(T_3) = w^2\sigma_x^2 + (1-w)^2\frac{\sigma_y^2}{2}$

Zur Maximierung sucht man die Nullstelle der Ableitung, also

$g'(w) = 2w\sigma_x^2 - (1-w)\sigma_y^2 = 0$

$\Leftrightarrow \quad w(2\sigma_x^2 + \sigma_y^2) = \sigma_y^2$

$\Leftrightarrow \quad w = \frac{\sigma_y^2}{2\sigma_x^2+\sigma_y^2}$

Lösung 15.3

(a) Da es sich um 10 Versuche handelt, ist unter der Annahme der Unabhängigkeit und gleichbleibender Wahrscheinlichkeit von einer Binomialverteilung auszugehen, d.h. $X \sim B(10, p)$.

(b) Man erhält

$$\begin{aligned} Var(X) &= np(1-p) = 10p - 10p^2 \stackrel{!}{=} 1.6 \\ &\Longrightarrow 10p^2 - 10p + 1.6 = 0 \\ p_{1,2} &= \frac{10 \pm \sqrt{10^2 - 4 \cdot 10 \cdot 1.6}}{2 \cdot 10} = \\ &= \frac{10 \pm 6}{20} = \begin{cases} 0.8 \\ 0.2 \end{cases} \end{aligned}$$

Da nur weniger als jede zweite S-Bahn verspätet ist, gilt $p = 0.2$.

(c) Sei Y = Zahl der Verspätungen in 1 Semester. Da $n \cdot p = 120 \cdot 0.2 \geq 5$ und $n \cdot (1-p) = 120 \cdot 0.8 \geq 5$ gilt

$$Y \sim B(120, 0.2) \stackrel{a}{\sim} N(120 \cdot 0.2, 120 \cdot 0.2 \cdot 0.8) = N(24, 19.2).$$

$$\begin{aligned} \Longrightarrow P(Y \leq 16) &= \Phi\left(\frac{16 - 24}{\sqrt{19.2}}\right) = \\ &= \Phi(-1.826) = 1 - \Phi(1.826) \\ &= 1 - 0.996 = 0.034. \end{aligned}$$

(d) Das Testproblem wird formuliert durch

$$H_0 : p = 0.2 \quad H_1 : p > 0.2$$

da es gilt, einen höheren Wert nachzuweisen. Man verwendet den approximativen Binomialtest

$$z = \frac{x - np}{\sqrt{np(1-p)}} = \frac{40 - 120 \cdot 0.2}{\sqrt{120 \cdot 0.2 \cdot 0.8}} = \frac{16}{4.38} = 3.652$$

Der Vergleich mit $z_{0.95} = 1.64$ ergibt, daß H_0 bei $\alpha = 0.05$ verworfen wird.

Lösung 15.4

(a) Unter der Voraussetzung der Unabhängigkeit der X_i ergibt sich die Likelihoodfunktion

$$L(\lambda) = \prod_{i=1}^{n} \frac{\lambda^{x_i}}{x_i!} e^{-\lambda} = e^{-n\lambda} \lambda^{\sum_{i=1}^{n} x_i} \prod_{i=1}^{n} \frac{1}{x_i!},$$

also die Loglikelihoodfunktion

$$l(\lambda) = \ln(L(\lambda)) = \ln(\lambda)\sum_{i=1}^{n} x_i - n\lambda - \sum_{i=1}^{n} \ln(x_i!).$$

Differenzieren und Nullsetzen liefert

$$\begin{aligned} \frac{\partial l(\lambda)}{\partial \lambda} &= \frac{1}{\lambda}\sum_{i=1}^{n} x_i - n \stackrel{!}{=} 0 \\ \Rightarrow \frac{1}{\lambda}\sum_{i=1}^{n} x_i &= n \\ \frac{1}{\lambda} &= \frac{n}{\sum_{i=1}^{n} x_i} \\ \Rightarrow \hat{\lambda}_{ML} &= \frac{1}{n}\sum_{i=1}^{n} x_i = \bar{x}, \end{aligned}$$

da für die zweite Ableitung gilt

$$\frac{\partial^2 l(\lambda)}{\partial \lambda^2} = -\frac{1}{\lambda^2}\sum_{i=1}^{n} x_i \stackrel{!}{\leq} 0$$

wegen $x_i \geq 0$, für $i = 1, \ldots, n$.

(b) Für beliebig verteiltes X und $n \geq 30$ läßt sich eine Normalverteilungsapproximation verwenden. Mit unbekannten $E(X) = \lambda$ und $Var(X) = \lambda$ ist ein approximatives Konfidenzintervall gegeben durch

$$KI = \left[\bar{X} - z_{1-\frac{\alpha}{2}}\frac{S}{\sqrt{n}}, \bar{X} + z_{1-\frac{\alpha}{2}}\frac{S}{\sqrt{n}}\right].$$

Hier gilt:

$$1-\alpha = 0,99 \quad \Rightarrow \quad \alpha = 0.01 \quad \Rightarrow \quad \frac{\alpha}{2} = 0.005 \quad \Rightarrow \quad 1 - \frac{\alpha}{2} = 0.995\ ,$$

also aus der Tabelle der Standardnormalverteilung

$$z_{1-\frac{\alpha}{2}} = 2.57.$$

Man erhält

$$KI = \left[3.4 - 2.57\frac{\sqrt{3.4}}{\sqrt{40}}, 3.4 + 2.57\frac{\sqrt{3.4}}{\sqrt{40}}\right] = [2.65\ ,\ 4.15].$$

(c) Nach Herstellerangabe gilt:

$$\begin{aligned} P(X=0) = \frac{\lambda_0^0}{0!}\, e^{-\lambda_0} &\stackrel{!}{=} 0.0672 \\ \Leftrightarrow \quad e^{-\lambda_0} &= 0.0672 \\ \Leftrightarrow \quad \lambda_0 &= -\ln(0.0672) = 2.70\,. \end{aligned}$$

(d) Man verwendet den (approximativen) Gauß–Test mit der Teststatistik

$$T = \frac{\bar{X} - \lambda_0}{S}\sqrt{n} = \frac{3.4 - 2.7}{\sqrt{3.4}}\sqrt{40} = 2.40.$$

Es gilt $z_{1-\alpha} = z_{0.99} = 2.33$, also kann wegen

$$T = 2.40 > 2.33 = z_{0.99}$$

die Nullhypothese signifikant verworfen werden.
Interpretation: Die Herstellerangabe ist falsch! Es sind durchschnittlich mehr runde Mosaiksteine in einer Tüte enthalten, als vom Hersteller behauptet wird.

(e) Für den p–Wert ergibt sich

$$\begin{aligned} p &= P(T > 2.4) \\ &= 1 - P(T \leq 2.4) \\ &= 1 - \Phi(2.4) \\ &= 1 - 0.9918 \\ &= 0.0082\,. \end{aligned}$$

Interpretation: Der Test würde die Nullhypothese verwerfen bis zu einem Signifikanzniveau von $\alpha = 0.0082$.

Lösung 15.5

Zunächst werden die Randhäufigkeiten für beide Tafeln berechnet:

Tafel 1 & 2		Einkommen ≤ 2000	Einkommen > 2000	$\sum$	Interessensgebiet Spielfilme	Interessensgebiet Sport	Interessensgebiet Sonstiges	$\sum$
Pay TV	ja	150	350	500	21	28	1	50
	nein	3900	5600	9500	279	222	449	950
	$\sum$	4050	5950	10000	300	250	450	1000

(a) Es gilt

$$n_1 = 10000 \quad \text{und} \quad n_2 = 1000.$$

Tafel 1: Für eine 4-Feldertafel gilt

$$\begin{aligned} \chi_1^2 &= \frac{n_1(ad - bc)^2}{(a+b)(a+c)(b+d)(c+d)} \\ &= \frac{10000 \cdot (150 \cdot 5600 - 350 \cdot 3900)^2}{500 \cdot 4050 \cdot 5950 \cdot 9500} = 24.08. \end{aligned}$$

Daraus ergibt sich

$$K_1 = \sqrt{\frac{\chi_1^2}{n_1 + \chi_1^2}} = 0.049$$

Tafel 2: Mit $\chi_2^2 = 44.38$ erhält man

$$K_2 = \sqrt{\frac{\chi_2^2}{n_2 + \chi_2^2}} = 0.206.$$

Zum Vergleich der beiden Tafeln genügt der berechnete Kontingenzkoeffizient. Dieser berücksichtigt bereits die unterschiedlichen Stichprobenumfänge. Da bei beiden Tafeln das Minimum der Zeilen- bzw. Spaltenzahl gleich ist ($M = \min\{k, m\} = 2$), ist die Berechnung des korrigierten Kontingenzkoeffizienten nicht notwendig. Der Zusammenhang ist bei Tafel 2 stärker ($K_2 > K_1$).

(b) Die Tafeln der *relativen* Häufigkeiten sind sofort aus den Tafeln der absoluten Häufigkeiten (siehe oben) abzuleiten:

Tafel 1 & 2		Einkommen		$\sum$	Interessensgebiet		
		≤ 2000	> 2000		Spielfilme	Sport	Sonstiges
Pay TV	ja	0.015	0.035	0.05	0.021	0.028	0.001
	nein	0.39	0.56	0.95	0.279	0.222	0.449
	$\sum$	0.405	0.595	1	0.3	0.25	0.45

(c) Die bedingten Wahrscheinlichkeiten erhält man über den allgemeinen Zusammenhang:

$$f(x|y) = \frac{f(x,y)}{f(y)}.$$

Die gemeinsamen Wahrscheinlichkeiten und die Randwahrscheinlichkeiten sind direkt den Tafeln aus (b) zu entnehmen. Also gilt

$$f(X_1 \leq 2000|Y = ja) = \frac{f(X_1 \leq 2000, Y = ja)}{f(Y = ja)} = \frac{0.015}{0.05} = 0.3.$$

und

$$f(X_1 > 2000|Y = ja) = \frac{f(X_1 > 2000, Y = ja)}{f(Y = ja)} = \frac{0.035}{0.05} = 0.7$$

bzw.

$$f(X_1 > 2000|Y = ja) = 1 - f(X_1 \leq 2000|Y = ja) = 1 - 0.3 = 0.7\,.$$

Alle weiteren Einträge in der Tafel ergeben sich aufgrund der Unabhängigkeit als Produkt der Randwahrscheinlichkeiten, somit

Pay–TV vorhanden		Interessensgebiet (X_2)			
		Spielfilme	Sport	Sonstiges	$f(X_1 \mid Y = ja)$
Einkommen (X_1)	≤ 2000	0.126	0.168	0.006	0.3
	> 2000	0.294	0.392	0.014	0.7
$f(X_2 \mid Y = ja)$		0.42	0.56	0.02	1

(d) Gesucht ist die Wahrscheinlichkeit $P(Y = ja \mid X_2 = Sport)$. Nach dem Satz von Bayes gilt

$$\begin{aligned} P(Y = ja \mid X_2 = Sport) &= \frac{P(X_2 = Sport \mid Y = ja) \cdot P(Y = ja)}{P(X_2 = Sport)} \\ &= \frac{0.56 \cdot 0.05}{0.25} \\ &= 0.112. \end{aligned}$$

Lösung 15.6

(a) Merkmal X:

$$\begin{aligned} E(X) &= 0.40 \cdot 0 + 0.30 \cdot 4 + 0.30 \cdot 8 = 3.6 \\ E(X^2) &= 0.40 \cdot 0^2 + 0.30 \cdot 4^2 + 0.30 \cdot 8^2 = 24 \\ Var(X) &= E(X^2) - E(X)^2 = 24 - 3.6^2 = 11.04 \end{aligned}$$

Merkmal Y:

$$\begin{aligned} E(Y) &= 0.45 \cdot 0 + 0.55 \cdot 1 = 0.55 \\ E(Y^2) &= E(Y) = 0.55 \\ Var(Y) &= E(Y^2) - E(Y)^2 = 0.55 - 0.55^2 = 0.2475 \end{aligned}$$

(b) Für die Konstanten a und b, muß gelten:

$$7.95 = a \cdot 0 + b = b \quad \text{und} \quad 15.00 = a \cdot 1 + b = a + b$$

$$\Rightarrow b = 7.95 \quad \text{und} \quad a = 7.05\,.$$

Nach dem Transformationssatz ergibt sich

$$E(Z) = a \cdot E(Y) + b = 7.05 \cdot 0.55 + 7.95 = 11.8275$$

und

$$Var(Z) = a^2 \cdot Var(Y) = 7.05^2 \cdot 0.2475 = 12.30\,.$$

(c) Zunächst erfolgt die Berechnung der Kovarianz von X und Z. Es gilt

$$\begin{aligned} E(X \cdot Z) &= 8 \cdot 15.00 \cdot 0.07 + 8 \cdot 7.95 \cdot 0.23 \\ &+ 4 \cdot 15.00 \cdot 0.18 + 4 \cdot 7.95 \cdot 0.12 \\ &+ 0 \cdot 15.00 \cdot 0.30 + 0 \cdot 7.95 \cdot 0.10 \\ &= 37.644 \end{aligned}$$

und somit nach der Verschiebungsregel

$$Cov(X, Z) = E(XZ) - E(X)E(Z) = 37.644 - 3.6 \cdot 11.8275 = -4.935\,.$$

Damit berechnet sich die Korrelation zu

$$\rho(X, Z) = \frac{Cov(X, Z)}{\sqrt{Var(X) \cdot Var(Z)}} = \frac{-4.935}{\sqrt{11.04 \cdot 12.30}} = -0.4235\,.$$

Interpretation: Eine negative Korrelation zwischen den Merkmalen *Preis* und *fehlende Seiten* bedeutet, daß bei der gebundenen Ausgabe tendenziell weniger Seiten fehlen, als bei der billigeren Taschenbuchausgabe.

(d) Es gilt

$$\begin{aligned} P(X = 0|Y = 0) &= \tfrac{P(X=0,Y=0)}{P(Y=0)} = \tfrac{0.10}{0.45} = 0.2222 \\ P(X = 4|Y = 0) &= \tfrac{P(X=4,Y=0)}{P(Y=0)} = \tfrac{0.12}{0.45} = 0.2667 \\ P(X = 8|Y = 0) &= \tfrac{P(X=8,Y=0)}{P(Y=0)} = \tfrac{0.23}{0.45} = 0.5111 \end{aligned}$$

und damit

$$E(X|Y = 0) = 0 \cdot 0.2222 + 4 \cdot 0.2667 + 8 \cdot 0.5111 = 5.1556\,.$$

Es sind also 5.1556 fehlende Seiten beim Kauf eines Taschenbuchs zu erwarten.

(e) Der Modus der bedingten Verteilung von X, gegeben Y=0 ist x=4 und damit kleiner als $E(X|Y = 0)$. Der Unterschied wird durch die linkssteile Verteilung verursacht.

(f) Sei V das Merkmal *Zeitersparnis in Stunden*, dann gilt:

$$V = 50 - X\,.$$

Somit gilt nach dem Transformationssatz für Erwartungswerte:

$$E(V|Y = 0) = E(50-X|Y = 0) = 50-E(X|Y = 0) = 50-5.1556 = 44.84\,.$$

16

Computeraufgaben

Aufgaben

Die Aufgaben in diesem letzten Kapitel sind kapitelübergreifend und können nur in Verbindung mit einem Computer und einem geeigneten Statistikprogrammpaket gelöst werden. Ziel dieser Aufgaben ist einerseits die Vertiefung des erworbenen statistischen Wissens anhand von praxisrelevanten Fragestellungen, andererseits soll eine gewisse Vertrautheit mit statistischen Programmpaketen und deren Möglichkeiten zur Auswertung von Datensätzen geschaffen werden. Die Datensätze, die zur Lösung der Aufgaben benötigt werden, kann man über das Internet unter
`http://www.stat.uni-muenchen.de/~fahrmeir/uebbuch/uebbuch.html`
beziehen. Aus Platzgründen sind Lösungsvorschläge zu den Aufgaben hier nicht abgedruckt. Diese lassen sich ebenfalls über die oben genannte Internetseite abrufen. Bei dem Statistikprogramm, mit dem die Aufgaben gelöst werden können, ist man nicht auf ein einziges Programmpaket beschränkt, vielmehr kommen mehrere gängige dafür in Frage. Die meisten Unteraufgaben lassen sich bereits mit einer Tabellenkalkulation wie etwa MS-Excel lösen. Für Einsteiger geeignet sind die Statistikprogramme SPSS und Stata, für Fortgeschrittene eignen sich auch die Programme S-Plus und SAS.

Aufgabe 16.1

Zur Bearbeitung dieser Aufgabe benötigen Sie den Datensatz *miete2003*, den Sie über oben genannte Internetadresse abrufen können. Dabei handelt es sich um einen Teil der Daten, die anläßlich der Erstellung des Münchener Mietpiegels von 2003 erhoben wurden. Aus Datenschutzgründen wurde der vorliegende Datensatz gegenüber den Originaldaten leicht verändert. Ziel eines Mietspiegels ist die Bestimmung der sogenannten ortsüblichen Miete, deren Betrag in der Regel von Ausstattungs- und Lagemerkmalen der Mietwohnung abhängt. So enthält der Datensatz *miete2003* neben der Nettomiete (Variable *miete*), der Wohnfläche (Variable *flaeche*) und dem Baujahr (Variable *bjahr*) einer Wohnung auch Ausstattungsmerkmale wie etwa die Variablen *bad* (gehobenes Bad vorhanden/nicht vorhanden), *zh* (Zentralheizung vorhanden/nicht vorhanden) und *kueche* (gehobene Küche vorhanden/nicht vorhanden).

Univariate Analyse der Mietspiegeldaten
Ziel der univariaten Analyse des Mietspiegeldatensatzes ist die Gewinnung eines Überblicks über die Variablen.

(a) Veranschaulichen Sie sämtliche Variablen des Datensatzes durch geeignete graphische Hilfsmittel (etwa Säulendiagramme, Kreisdiagramme, Box-Plots, Histogramme, Kerndichteschätzer etc.).
(b) Berechnen Sie für alle Variablen geeignete deskriptive Kennzahlen (Mittelwerte, Streuungsmaße, Quantile etc.).
(c) Erzeugen Sie eine zusätzliche Variable $logmiete = \ln(miete)$ (ln ist der natürliche Logarithmus). Veranschaulichen Sie auch diese Variable graphisch, und berechnen Sie geeignete Kennzahlen.
(d) Fassen sie kurz die Informationen über die Verteilungen der untersuchten Variablen zusammen.

Multivariate Analyse der Mietspiegeldaten
Ziel der multivariaten Analyse der Münchener Mietspiegeldaten ist das Auffinden von Variablen, die einen Einfluß auf die Nettomiete *miete* haben. Beispielsweise erscheint es plausibel, daß große Wohnungen teurer sind als kleine. In der Regel sind auch ältere Wohnungen tendenziell billiger als neuere.

(e) Veranschaulichen Sie den (möglichen) Zusammenhang sowohl zwischen Nettomiete und Wohnfläche als auch den Zusammenhang zwischen Nettomiete und dem Baujahr der Wohnung durch ein Streudiagramm. Berechnen Sie zusätzlich die empirischen Korrelationskoeffizienten.
(f) Zeichnen sie auch Streudiagramme zwischen der logarithmierten Miete und der Wohnfläche bzw. dem Baujahr. Berechnen sie auch die empirischen Korrelationskoeffizienten.
(g) Welche Schlüsse können sie aus den gezeichneten Streudiagrammen ziehen?
(h) Veranschaulichen Sie (mögliche) Zusammmenhänge zwischen der Nettomiete und den im Datensatz enthaltenen diskreten Variablen (z.B. *bad*, *zh* etc.) anhand geeigneter Hilfsmittel (etwa für jede Kategorie getrennte Boxplots für die Nettomiete etc.).
(i) Schätzen Sie Regressionsmodelle mit der Nettomiete bzw. der logarithmierten Nettomiete als abhängige Variable. Verwenden Sie als erklärende Variablen diejenigen, die Ihnen aufgrund Ihrer bisherigen Ergebnisse in (e)-(h) am geeignetsten erscheinen. Beachten Sie dabei, daß kategoriale Variablen (z.B. die Wohnlage) erst mittels Dummykodierung umkodiert werden müssen, bevor diese in Ihr Regressionsmodell mit aufgenommen werden können.
(j) Prüfen Sie, ob Ihre geschätzten Regressionsmodelle eventuell noch verbessert werden können durch eine feinere Modellierung des Einflusses der

Wohnfläche und des Baujahrs (Transformationen der Variablen, Modellierung durch Polynome etc.).

(k) Interpretieren sie die bisher geschätzten Regressionsmodelle.

(l) Überprüfen Sie die Modellannahmen Ihrer geschätzten Regressionsmodelle mit Hilfe geeigneter Diagnoseverfahren (Normal-Quantil-Plots, Residualanalysen etc.). Welche Annahmen erscheinen besonders kritisch?

(m) Entwickeln Sie ein Regressionsmodell mit der Nettomiete pro Quadratmeter als abhängige Variable. Interpretieren sie wieder die Ergebnisse.

(n) Prognostizieren sie die Nettomiete auf der Basis ihrer bisher berechneten Regressionsmodelle. Gehen Sie von einer 1998 gebauten Wohnung mit 60 Quadratmetern Wohnfläche in guter Lage mit Zentralheizung und gehobener Küche aus.

Aufgabe 16.2

Zur Bearbeitung der vorliegenden Aufgabe benötigen Sie den Datensatz *kurse*. Der Datensatz *kurse* enthält für den Zeitraum Januar 1980 - Dezember 1993 tagesaktuell die Zinsentwicklung deutscher festverzinslicher Wertpapiere (Variable *zins*) und die Kursentwicklung einiger deutscher Standardaktien (z.B. BMW, VW und Siemens). Darüber hinaus spiegelt ein Aktienindex (Variable *index*) analog zum Deutschen Aktienindex (DAX) die Gesamtentwicklung deutscher Aktien im genannten Zeitraum wider.

(a) Stellen Sie die Zeitreihe der Zinsen graphisch dar, und identifizieren Sie Hochzins- und Niedrigzinsphasen. Erstellen Sie ein Histogramm für die Zinsen. Was passiert, wenn Sie die Klassenbreite (bzw. Anzahl der Klassen) variieren?

(b) Stellen Sie den Kursverlauf der Aktien und des Aktienindex graphisch dar. Entscheiden Sie durch geeignete Normierung der Zeitreihen, welche der Aktien sich besser und welche sich schlechter als der Gesamtmarkt entwickelt haben.

(c) Bestimmen Sie für alle Aktienkurse sowohl einen gleitenden 30 Tage- als auch 200 Tage-Durchschnitt, und stellen Sie die errechneten Zeitreihen zusammen mit den ungeglätteten Zeitreihen graphisch dar. Verwenden Sie auch andere Ihnen bekannte Trendbereinigungsverfahren. Welche Unterschiede stellen Sie fest?

(d) Berechnen Sie einen 200 Tage-gleitenden Durchschnitt, bei dem in die Durchschnittsbildung lediglich die Kurse der Vergangenheit einfließen. Häufig gilt in Analystenkreisen das Durchbrechen dieses 200 Tage-Durchschnitts von unten bzw. von oben als Kauf- bzw. Verkaufssignal. Welchen Gewinn bzw. Verlust hätten Sie (unter Vernachlässigung der Transaktionskosten) erzielt, wenn Sie zu Beginn des Untersuchungszeitraums von jeder Aktie eine gekauft hätten und anschließend nach obiger Strategie ge- bzw. verkauft hätten?

(e) Erstellen Sie neue Variablen mit den jeweiligen Renditen der Aktienkurse, und stellen Sie die erhaltenen Zeitreihen graphisch dar. Bestimmen Sie auch Histogramme bzw. Kerndichteschätzer der Renditen.
(f) Zeichnen Sie NQ-Plots, um einen Eindruck zu gewinnen, ob die Renditen annähernd normalverteilt sind.

Aufgabe 16.3

Zur Bearbeitung dieser Aufgabe benötigen Sie den Datensatz *kredit*. Der Datensatz *kredit* wurde von einer großen deutschen Bank zur Beurteilung der zukünftigen Bonität potentieller Kreditnehmer erhoben. Insgesamt liegt eine geschichtete Stichprobe mit 1000 Beobachtungen vor, von denen 300 aus nichtzurückbezahlten Krediten und 700 aus zurückbezahlten Krediten bestehen. Neben der Bonität des Kunden (Variable *boni*) enthält der Datensatz erklärende Variablen wie die Laufzeit des Kredits (Variable *laufzeit*), die frühere Zahlungsmoral (Variable *moral*) oder die Kredithöhe (Variable *hoehe*), denen ein möglicher Einfluß auf die Bonität unterstellt wird.

(a) Veranschaulichen Sie sämtliche Variablen des Datensatzes durch geeignete graphische Hilfsmittel (etwa Säulendiagramme, Kreisdiagramme, Box-Plots, Histogramme, Kerndichteschätzer etc.).
(b) Berechnen Sie für alle Variablen geeignete deskriptive Kennzahlen (Mittelwerte, Streuungsmaße, Quantile, Schiefemaße etc.).
(c) Erstellen Sie jeweils Kontingenztafeln zwischen der Variable Bonität (*boni*) und den (diskreten) erklärenden Variablen *lfd-kont*, *moral*, *zweck*, *geschl* und *famst*. Testen Sie auch jeweils auf Unabhängigkeit, und interpretieren Sie das Ergebnis.
(d) Bestimmen Sie jeweils die bedingten relativen Häufigkeitsverteilungen der in (c) genannten diskreten Variablen bei gegebener guter bzw. schlechter Bonität. Interpretieren Sie Ihre Ergebnisse. Wie beeinflussen die Variablen jeweils die Bonität?
(e) Bestimmen Sie den Korrelationskoeffizienten nach Bravais-Pearson zwischen der Bonität und der Laufzeit des Kredits bzw. der Kredithöhe. Interpretieren Sie Ihr Ergebnis.

Aufgabe 16.4

Diese Aufgabe basiert auf dem Datensatz *absol95*. Er enthält einen Teil der in der sogenannten Münchener Absolventenstudie erhobenen Variablen. Diese Studie wurde 1995 vom Institut für Soziologie der Ludwig-Maximilians-Universität München durchgeführt. Eine zentrale Fragestellung war die Bestimmung von Determinanten für den beruflichen Erfolg von Absolventen des Diplomstudiengangs Soziologie in München. Der berufliche Erfolg wurde

unter anderem durch das Einkommen operationalisiert, das in dem vorliegenden Datensatz als Variable "Stundenlohn" (*stlohn*) vorliegt. Zudem wurde die Variable "Zufriedenheit" (*zufried*) als Indikator für den beruflichen Erfolg angesehen. Sie wurde in vier Kategorien (sehr zufrieden, zufrieden, unzufrieden, sehr unzufrieden) als Antwortmöglichkeiten auf die Frage "Wie zufrieden sind Sie alles in allem mit Ihrer beruflichen Situation?" erfaßt.
Als mögliche Einflußgrößen interessierten neben biographischen und rein persönlichen Variablen wie das Geschlecht (*geschl*) auch die Rolle von Studieninhalten, Zusatzqualifikationen und den Vorstellungen, die die Absolventen zum Studienende von ihrem zukünftigen Job hatten. Außerdem waren Variablen wie die "Art des Beschäftigungsverhältnisses" (*beschver*), das die Ausprägungen befristet, unbefristet und selbständig bzw. freiberuflich besitzt, von Interesse, die sich auf die momentane oder letzte Beschäftigung beziehen. In diesen Katalog gehört auch die Variable "Fachadäquanz", ein Score, der aus mehreren Items gebildet wurde, und der Werte zwischen 0 und 24 annehmen kann. Dabei sprechen hohe Punktzahlen für eine hohe Fachadäquanz, was bedeutet, daß die im Studium vermittelten Inhalte in hohem Maße für die tägliche Arbeit genutzt werden können.
Die Variable "Übereinstimmung des Berufsfeldwunschs" (*wunsch*) setzt sich aus zwei der ursprünglich erhobenen Variablen zusammen. Sie ist binär und nimmt den Wert eins an, wenn die momentane Beschäftigung im zum Studienende gewünschten Berufsfeld liegt, und null, wenn dies nicht der Fall ist.
Sie interessieren sich dafür, ob sich das mittlere Einkommen in den drei Gruppen, die durch die Variable "Art des Beschäftigungsverhältnisses" gebildet werden, unterscheidet.

(a) Vergleichen Sie zunächst die Mittelwerte in den drei Gruppen untereinander und mit dem Gesamtmittel.
(b) Sie wollen nun auch eine einfaktorielle Varianzanalyse durchführen. Beurteilen Sie dazu vorab, ob die Modellannahmen der Varianzhomogenität und der Normalverteilung erfüllt sind, indem Sie
    (b1) die Varianzen in den Gruppen berechnen und vergleichen,
    (b2) die Verteilung des Stundenlohns durch ein Histogramm veranschaulichen,
    (b3) einen Test auf Normalverteilung des Stundenlohns durchführen.
(c) Stellen Sie nun eine ANOVA-Tabelle auf, und führen Sie den F-Test durch. Schließen Sie im Falle einer Signifikanz von H_1 weitere Paarvergleiche zur genaueren Analyse der Unterschiede an.

Es ist eine bekannte Tatsache, daß Frauen in vergleichbaren Positionen tendenziell weniger verdienen als Männer.

(d) Überprüfen Sie, ob auch in dieser Population der Stundenlohn bei Männern im Schnitt höher ist als bei Frauen.

Betrachten Sie nun die diskreten Variablen "Zufriedenheit", "Übereinstimmung des Berufsfeldwunschs" und "Fachadäquanz". Teilen Sie dazu die Ausprägungen der Variable "Fachadäquanz" in die drei Kategorien geringe (0-8 Punkte), mittlere (9-16 Punkte) und hohe Fachadäquanz (17-24 Punkte) ein. Beurteilen Sie jeweils, welcher Zusammenhang zwischen "Übereinstimmung des Berufsfeldwunschs" bzw. "Fachadäquanz" und "Zufriedenheit" besteht, indem Sie

(e) geeignete deskriptive Maße für die Stärke des Zusammenhangs berechnen,
(f) gegebenenfalls einen χ^2-Test durchführen.